우리 아이
이대로 괜찮은가요?

자녀와 소통할 때 필요한 감정 코칭 기술과 긍정 훈육법

우리 아이 이대로 괜찮은가요?

초판 1쇄 인쇄 2017년 10월 15일
초판 1쇄 발행 2017년 10월 25일

지 은 이 져스틴 최
펴 낸 이 고정호
펴 낸 곳 베이직북스

주   소 서울시 마포구 양화로 156,1508호(동교동 LG팰리스)
전   화 02) 2678-0455
팩   스 02) 2678-0454
이 메 일 basicbooks1@hanmail.net
홈페이지 www.basicbooks.co.kr

출판등록 제 2007-000241호
I S B N 979-11-85160-86-3   13590

＊ 가격은 뒤표지에 있습니다.
＊ 잘못된 책이나 파본은 교환하여 드립니다.

자녀와 소통할 때 필요한 감정 코칭 기술과 긍정 훈육법

우리 아이
이대로 괜찮은
가요?

져스틴 최 지음(미주 한국인 심리학회 회장)

베이직북스

감성적인 훈육은 어떤 후유증을 낳을까?

"정민이는 너무 말을 안 들어요. 말을 해도 못들은 척하기가 일쑤고 집에서도, 학교에서도 너무 말썽을 부려서 힘들어요. 친구들을 때리질 않나, 동생을 못살게 굴고, 소리를 지르는데 어떻게 해야 할지 모르겠습니다. 부드럽게 잘 타이르려고 해도 딴청을 부리고 신경질을 내서 이젠 아이의 얼굴에 대고 소리를 지르는 게 일상이 되었어요."

정민이는 6살의 남자아이다. 정민이에게는 3살 어린 여동생이 있고, 열심히 생활하는 젊은 부모님이 있다. 겉으로 보기에는 더없이 단란하고 행복한 가정이었다. 그러나 언제부터인지 정민이는 귀엽게 생긴 모습에 어울리지 않는 행동으로 문제를 일으키기 시작했고, 어머니는 아이 때문에 화를 내고 소리를 지르는 것이 일상화되어 있었다.

어머니는 언젠가부터 자신의 감정을 조절하지 못하고 점점 더 언성이 높아지고 매사에 감정적으로 변했다고 느끼고 있었는데 어느 날 화장실에서 정민이를 야단치다가 거울에 비친 자신의 모습을 보게 되었다. 자제력을 잃고 얼굴을 붉히며 아이에게 소리를 지르고 있는 자신의 모습에 놀라 어머니는 아이를 내보내고 문을 잠근 채 주저앉아 한참 동안 울었다고 한다. 그러다가 생각 끝에 필자에게 상담의뢰를 하게 되었다.

상담을 시작하기 전 필자는 정민이가 다니는 학교에 양해를 구하고 정민이의 학생에서의 생활태도를 관찰했다. 관찰 중 나타난 정민이의 행동장애는 생각보다 심각했다. 학교에서도 정민이는 선생님에게 얼굴을 붉히며 언성을 높이기도 하고, 걸핏하면 친구들을 때리고 상습적으로 거짓말을 하는 양상을 보였다.

선생님은 정민이가 감정이 기복이 심하고 특히 지난 몇 달간 침울한 모습을 보였으며, 친구들에게 함부로 대하는 것이 심해졌다고 전했다. 상담치료를 시작하기 며칠 전에는 정민이가 친구의 집에 놀러가서 강아지와 놀다가 집에 있던 공구로 강아지의 발톱을 뽑는 반사회적인 모습이 돌출되는 상황이 벌어졌다.

부모님과의 인터뷰에서 아버지는 침착하고 차분한 성격을 보였으며, 어머니는 자상하고 적극적인 성향을 나타냈다. 부부는 충분한 대화를 통해 서로의 입장을 잘 이해하고 있었고, 여러 가지 측면에서 불화 없이 잘 협조하는 모습이었다. 조그마한 자영업을 운영하고 있었던 부부는 자녀와 함께하는 시간이 부족할까 걱정이 된 나머지 주가로 종업원을 고용해서 자녀와 보낼 수 있는 시간을 일부러 만드는 등 여러모로 노력하는 모습을 보였다.

그러면 도대체 어디에서 무슨 문제가 생겼을까? 필자는 의구심이 생겼다. 정민이가 어떤 정신적인 또는 신체적인 학대 때문에 이러는 것일까? 학교나 단체생활에서의 적응이 힘들어서 나오는 행태일가? 아니면 정민이는 원래 반사회적인 성격을 소유하고 있는 아이일까?

어머니의 이야기를 듣던 필자는 어머니의 고통에 구도를 맞추어 케이스를 재조명하기 시작했다. 혹시 상담이 필요한 사람은 정민이가 아니고 어머니일 수도 있지 않을까? 만일 그렇다면 어머니의 증상은 무엇이며, 증상의 원인은 무엇일까? 증상은 어머니로서의 역할을 제대로 할 수 있는지에 대한 불확신과 여기에서 비롯되는 불안감과 더불어 우울함이 작용되었을 것이다. 그렇다면 이 증상의 원인은 무엇일까? 이 증상의 원인은 어머니의 비효과적인 훈육방법과 이것으로 인해 발생하는 정민이의 행동장애가 아닐까?

실제로 정민이의 어머니는 언제가 부터 감정적인 훈육으로 일관했고 이러한 훈육은 고치고 가르치는 목적을 떠나 거의 감정해소에 가까웠다. 일방적인 공격이었으며 부모로서의 위치를 잃은 자제심 없는 화풀이였다. 어머니는 기회가 있을 때마다 소리를 지르고 아이를 구석으로 몰고 가는 등 계속해서 공포분위기를 조성했다.

정민이는 6살에 불과했지만 독립성이 무척 강했으며, 비교적 성격도 강직한 아이였다. 강압적이고 신경질적인 어머니의 모습은 점점 정민이의 생활 속에서 폭력적인 대인관계로 표출되어 급기야 행동장애로 불거져 나온 것으로 판단되었다.

치료의 초점은 효과적인 훈육을 위한 자녀교육의 테크닉, 특정 상황에 대한 대화요령 및 대처법, 그리고 가정 안에서의 건강한 분위기 조성으로 맞춰졌다. 상담을 진행하는 과정에서 어머니는 자신의 자라오며 받았던 훈육에 대한 문제점을 돌아볼 수 있게 되었고, 그 관계가 다시 자신의 아들에게 되풀이되고 있었다는 것을 알게 되었다. 부모의 훈육에 대한 이해, 기술 습득, 그리고 전반적인 분위기의 전환은 정민이에게 좋은 영향으로 작용되었고, 정민이는 서서히 '문제아'의 모습에서 벗어나게 되었다. 정민이의 행동장애는 결국 부모의 올바르지 못한 훈육에서 비롯된 문제였다고 이해할 수 있는 케이스였다.

사람이라면 누구든지 화를 낼 수 있다. 행복, 슬픔, 애정과 더불어 분도 또한 인간으로서 느끼는 지극히 자연스러운 감정이다. 하지만 자녀를 훈육함에 있어서 보이는 감정적인 분노는 자녀에게 심각한 영향을 끼칠 수 있다. 어떤 부모는 화를 내다보면 아이 때문에 화를 내고 있는지, 자신에게 화를 내고 있는지, 아니면 도대체 왜 그렇게 화를 내고 있는지도 판단할 수 없을 때가 종종 있다. 거의 대부분 자녀의 잘못을 핑계 삼아 복잡하게 엉켜있던 다른 감정들이 폭발하는 경우다. 대부분의 부모는 이런 자신의 모습을 보지 못하고 자신의 분노는 자녀를 올바른 길로 인도하기 위해 내는 화라고 합리화 시킨다.

20십여 년 전의 영화를 각색한 <베스트 키드>라는 영화가 있었다. 성룡과 윌 스미스의 아들인 제이든 스미스가 등장해 어릴 때 중국 영화를 보던 기분으로 즐겁게 보았다. 그런데 영화 속에서 부술지노자로 출연한 성룡은 어린 학생을 가르치며 이런 말을 했다.

"나쁜 선생님은 있어도 나쁜 제자는 없단다"

자녀교육에 관심이 많은 필자에게는 참으로 인상 깊은 말로 다가왔다. 선생님이란 존재는 제자들에게 막대한 영향력을 줄 수 있는 존재이기 때문에 제자의 배움과 행동, 그리고 성품에 이르기까지 다양한 측면에서 직접적인 영향을 끼칠 수 있다는 말이다. 사실 그 말은 자녀양육에 있어 정곡을 찌르는 말이다. 우리는 부모로서 우리가 자녀에게 얼마나 지대한 영향을 끼치는지 이해를 못할 때가 많다. 부모가 소리을 지르거나 때리며 훈육하는 가정을 관찰하면, 이런 훈육이 비효과적이라는 것을 쉽게 볼 수 있다. 자녀는 순간적으로는 문제의 행동을 멈추겠지만, 이것은 행동의 근본적인 교정보다는 부모의 분노에 집중하게 되고 혼나는 순간에 대한 두려움만 유발시키게 된다. 자녀는 부모의 눈치만 보게 될 것이고 내면적으로는 점점 무모가 내 편이 아닌 두려움의 대상으로 여겨지게 된다.

예를 들어 어떤 아이가 과자를 먹으려고 주방 찬장으로 손을 뻗다가 엄마가 소중히 여기는 찻잔이나 접시를 깨뜨렸다고 해보자. 놀라서 달려온 어머니들은 거의 대부분 아이에게 "너! 엄마가 조심하라고 그랬지! 아유, 이게 얼마짜린데!"하며 야단을 친다. 아이는 접시를 떨어뜨리는 순간 벌써 자신의 실수에 대한 죄책감과 놀람으로 주눅이 들게 마련이다. 그러나 화를 온 몸으로 내뿜고 있는 어머니의 얼굴을 대하는 순간 아이의 마음속에서 죄책감과 책임감은 증발해 버리고 대신 '어떻게 하면 이 위기를 모면할까?' 하는 생각만으로 가득 차버리게 된다. "앞으로 어떻게 하년 이런 실수를 하지 않을까?" 하는 것에 대한 생각이 들 리가 만무하다. 따라서 이렇게 혼을 내는 것은 백 번을 반복해도 교육적인 목적도, 효과도 거의 없다.

아이가 실수를 할 때는 부모가 효과적으로 가르칠 수 있는 자녀교육의 좋은 기회다. 이런 기회를 매번 분노를 이기지 못함으로써 날려버리는 것은 참 안타까운 일이다. 이렇게 격하게 화를 내는 부모의 눈치를 보며 자란 아이는 모든 것에 대한 자신감을 잃게 된다. 실수를 할까봐 걱정하고, 지레 겁을 먹고 시도도 하지 못하는가 하면 불안증과 우울증으로 중요한 시기에 자신의 지적 능력을 발휘하지 못하거나 학창시절 동안 대인관계의 문제로 고통을 받기도 한다. 때로는 자아 발달에 문제가 생겨 권위주의를 앞세우는 부모에게 반항적인 행동으로 일관하거나 섭식장애(거식증, 폭식증)나 비정상적인 성격이 형성되는 등의 아주 심각한 문제로 이어질 수 있다. 격앙된 부모의 모습이 자녀에게 줄 수 있는 심각한 후유증을 알면서고 자녀가 이렇게 자라길 바라는 무모는 한 명도 없을 것이다.

감정이나 분노를 조절하지 못하는 부모는 일반적으로 다음과 같은 공통점을 가지고 있다.

① 휴식이 부족하거나 피로가 누적되어 있다.

② 자녀를 올바로 잘 키울 수 있는지에 대한 회의를 느낀다.(예를 들면 자신의 '좋은 엄마'라는 것에 대한 자신감이 부족하여 회의감이 든다)

③ 아이가 옷을 더럽힌다든지, 음식물을 흘린다든지 하는 몇 가지 특정한 일에 민감하게 반응한다.

④ 원리 원칙에 대한 유연한 입장을 취하거나 스스로 다독일 수 있는 마음의 여유가 부족하다.

⑤ 아이에게 감점을 솔직하게 표현할 줄 모른다.(예를 들면 속으로는 미안하면서도 "엄마가 화를 내서 미안해!"라고 표현하지 못한다.)

⑥ 우울증 등의 증상으로 인해 심적인 어려움을 겪고 있다.

부모의 분노를 조절하는 몇 가지 효과적인 방법이 있다.

첫째, 화가 날 때 자신의 모습을 관찰한다.

화가 날 때 얼굴이 붉어지는지, 심장이 마구 뛰는지, 말소리가 커지는지, 말이나 행동이 빨라지는지, 속이 쓰라린지, 손에 땀이 나는지 등 자신의 신체에 오는 변화와 상태를 파악하여 감정을 조절하는 것으로 신체의 변화를 어떻게 가라앉힐 수 있는지에 대한 이해 선행되어야 한다.

둘째, 아이의 행동을 감정적으로 받아들이지 않는다.

예를 들어 아이가 반항적인 모습을 보일 때 일단은 아이가 일부러 그런 것이 아니라는 것을   믿어야 한다. 별다른 이유가 없는 데도 아이가 밉고, 아이를 보기만 해도 짜증이 나고 화가   솟구친다면 뭔가가 잘못된 것이다. 감정이 컨트롤되지 않는 그 내면의 진짜 이류가 무엇인지를 스스로 파악해야 한다.

셋째, 부모는 객관성을 유지해야 한다.

매일 보는 자녀와의 생활 속에서 객관성을 유지한다는 것이 사실은 쉽지 않지만 아이에게 감   정이 격해질 때는 한두 걸음 뒤로 물러나 상황을 관망할 수 있는 여유를 가져야 한다. 그만   큼 합리적이어야 한다는 걸 의미한다.

넷째, 스스로 자신감을 갖는다.

자신과의 긍정적인 대화를 통해 자신의 생각과 느낌을 솔질하게 이해하고 자신의 잊고 있었   전 자의식을 되찾아야한다.

심리학적인 관점에서 볼 때, 어머니가 평소 아이의 특정한 행동에 민감하게 반응한다면 어머니의 내면에서 그런 행동과 관련된 어떤 원인이 있는지를 점검해볼 필요가 있다. 어머니 스스로 자신의 성장과정에 있었던 사건들이 자신의 자녀양육에 어떤 영향을 미치고 있는지 짚어보는 것도 좋은 도움이 될 수 있으며 자녀에 대한 많은 기대와 욕심이 어디에서 오는지 스스로를 돌아보는 것이 필요하다.

아이의 심리 상태를 이해하는 것 또한 간과할 수 없다. 자녀의 반복되는 심각한 문제행동은 어디에서 비롯되는 것인지 그리고 왜 반복되는 것인지에 대해 인터넷과 교육서를 통해 정보를 얻고, 전문가와의 상담을 통해 도움을 받을 수 있다. 아이의 문제행동에 대한 폭넓은 지식과 대처 방법을 갖추는 것도 또한 자녀를 훌륭하게 키울 수 있는 현명한 부모의 과제가 아닐까 생각된다. 중요한 것은 부모의 감정적인 훈육 방법은 자녀의 문제를 궁극적으로 해결할 수 없을 뿐만 아니라 오히려 독이 될 수 있으며, 솔직함과 자신감을 바탕으로 한 양육 방법을 습득한 부모는 자녀와의 공감대를 이룰 수 있고 자녀양육에 있어서 보다 나은 결과를 얻을 수 있다는 것이다.

저자 드림

Contents

Chapter 3

마음이 평화로운 아이가 성공한다

Chapter 4

실전 심리상담 사례별 처방 및 대책

0~3세 아이들의 사례별 처방 및 대책

7~10세 아이들의 사례별 대책 및 처방

10세 이후 아이들의 사례별 대책 및 처방

가정환경 문제의 상황별 대책 및 처방

Chapter 1

공감 훈육으로
아이와 소통하라

아이는 부모의 감정을 먹고 자란다. 그래서 아이를 키울 때 가장 중요하면서도 가장 어려운 것

이 바로 부모의 감정 조절이다. 아이의 마음을 다치지 않게, 부모와 아이가 서로 감정을 교감

하면서 가르치고 배우는 공감 훈육법을 제시해 보고자 한다.

과연,
훈육은 무엇일까?

"우리 아이는 정말 말썽꾸러기에요. 학교에서는 친구들이랑 싸우고, 선생님 말씀도 듣지 않고, 집에서는 울고불고 소리 지르기 일쑤에요. 아무리 타일러도 말을 듣지 않고 아주 막무가내에요. 아이 때문에 남편과도 자주 다투게 되니까 요즘엔 부부 사이도 멀어지는 것 같아요."

필자를 찾아와 이렇게 하소연을 하는 어머니에게 그동안 아이를 어떤 방식으로 양육을 했는지, 그리고 아이와의 관계는 어떤지 물었다. 어머니는 이렇게 대답했다.

"아유! 그야 금지옥엽처럼 키웠죠. 늘 사랑으로 대하고 야단도 함부로 치지 않았어요. 심부름 같은 것도 절대 안 시키고 귀하게 대했어요. 아이 앞에서는 큰 소리도 안 내고 부부싸움도 하지 않았어요. 그런데 어디서 그렇게 떼를 쓰고 소리 지르는 걸 배웠는지……."

훈육이란 부모가 자식에게 줄 수 있는 사랑 다음으로 가장 큰 선물이다. 부모는 아이의 정신적인 건강과 행복을 위해서 삶 속에 체계적인 구조를 만들어줄 의무를 가지고 있다. 이것은 훈육의 형태로 나타난다. 아이들은 스스로 그러한 통제의 틀을 이루어 나가기가 어렵기 때문에 이런 의무가 부모에게 지워지는 것이다. 아이의 삶에 있어서 그 체계가 튼튼하고 흔들림이 없을 때 아이는 그 안에서 정서적인 안정을 느끼며 정상적으로 생활을 하면서 자라게 된다.

모든 일이 다 그렇듯 아이를 가르치며 기르는 일에도 균형이 중요하다. 어린 시절 훈육 속에서도 두려움과 혼나는 것에 대한 긴장감 등이 지배적이게 되면 아이는 성장하면서 '엄격하고 차가운 집'에서 자랐다고만 기억할 수도 있다. 따라서 언제나 따뜻하고 너그러운 부모님의 심성이 생활 속에서 나타나야 이런 훈육도 좋은 기억의 하나가 되고 아이들이 더욱 긍정적으로 받아들일 수 있다.

훈육은 흔히 부모들이 생각하는 것처럼 그냥 '야단을 치거나 처벌하는 것'이 아니라 한자어의 뜻 그대로 '가르치며(訓) 기르는 것(育)'이다. 아이를 훈육하는 것은 단시일 내에 이루어지지 않는다. 따라서 부모는 여유로운 마음을 갖고 자녀가 스스로 깨우칠 수 있는 길을 열어놓고 인내심을 가지고 지켜봐야 한다.

이런 훈육의 중요한 목표 중 하나는 통제력과 자제력을 길러주고 자기가 자신을 컨트롤할 수 있도록 돕는 것이다. 목표까지 가기에는 아이가 갖고 있는 기질이나 성격, 환경상의 문제 등에 따라 한동안의 더 많은 노력이 필요할 수도 있다. 아마 대부분의 아이들이 다 그럴 것이고 그렇게 시간과 노력이 필요한 것이 어쩌면 당연하다.

사실 아이가 이러한 과정을 일찍 겪는 것이 부모에게도 아이에게도 훨씬 수월한 삶을 제공한다. 반항심이 극도에 도달한 10대와 사고방식이 이미 굳어버린 성인이 되어 자기 제어가 안 됨으로 인하여 겪는 각자의 고통은 표현하기 어려울 정도로 극심할 수 있기 때문이다.

자녀를 훈육한다는 것은 무엇일까? 어떻게 해야 제대로 된 참교육을 할 수 있을까? 다음의 예를 보자. 사랑이란 관점에서 보면 훈육이란 어떤 것인지 쉽게 이해할 수 있다.

아직 걷지 못하는 아기가 마루에서 부엌 쪽으로 기어가고 있다. 마침 부엌에는 저녁식사를 준비 중인 오븐이 있고, 아기는 예쁜 불빛이 반짝이고 맛있는 냄새가 나는 그 오븐을 향해서 나름대로 전속력을 다해 기어가는 중이다.

갑자기 아기는 무슨 생각이 들었는지 멈추고 엄마 쪽을 돌아본다. 아기는 벌써 경험으로 이렇게 가다보면 저 신기하고 재미있어 보이는 오븐에 도착하기 전에 엄마가 자신을 들어 올릴 것을 알고 있는 것이다.

하지만 아이는 저 건너편에 있는 오븐이 너무나 궁금하다. 아기는 오븐이 뜨겁다는 것도 모르고 불에 데면 얼마나 아픈지도 아직 모르기 때문에 오븐에 손을 대면 안 된다는 것을 모른다. 엄마가 방해하기 전에 빨리 오븐에 가야 한다는 생각뿐이다. 아이는 속도를 낸다.

여기에서 엄마가 당연히 맡아주어야 할 역할은 아기가 뜨거운 오븐에 다가가지 않도록 제어를 해주는 일일 것이다. 아기는 어떻게 보면 언제나 엄마가 따라와서 잡아주어 위험으로부터 보호해 줄 것을 믿고 있기 때문에 안심을 하고 있다. 따라서 아기는 항상 오븐을 향해 돌진할 것이다.

훈육이란 바로 이런 것이다. 이 상황에서의 엄마 역할처럼 열 번이라도 스무 번이라도 계속해서 아기가 다치지 않도록 제어해 주는 것, 이것이 모든 부모의 책무이며, 자녀가 세상에 대해 안전하게 느끼고 자신을 보호할 수 있도록 무의식 속에 부모의 마음을 내장하게 되는 통과의례다.

두뇌발달상 생후 초기의 아기들은 충동을 자제하는 역할을 맡는 뇌 조직이 비교적 덜 발달되어 있다. 이마 바로 뒤에 있는 전두엽이 사고와 의욕 및 모든 생각과 행동을 통제하는 역할을 하는데 이 부분은 첫 한두 해 동안에 엄청난 발달과 성장을 한다. 그렇기 때문에 이 시기의 적절한 훈육은 자녀에게 최대한의 좋은 영향을 미칠 수 있는 것으로 굉장히 중요하다.

이 전두엽은 남자의 경우 서른 살까지도 계속해서 발달하고 변화한다. 물론 사람에 따라 뇌의 발달상황이 다르기 때문에 충동을 자제하지 못하는 사람의 경우는 뇌의 발달 미숙으로 인한 것일 수도 있다. 어쨌든 자녀에 대한 첫 번째 효과적인 훈육은 아이가 혼자서 기거나 걸을 때 아이의 안전을 중심으로 시작하게 된다.

필자는 아기를 낳고 기르는 젊은 부모라면 이러한 훈육을 아기에게도 가르치지만 자신들도 배우는 기회로 삼아야 한다고 생각한다.

예를 들어 아이가 위험한 것을 만지거나 그것을 향해서 갈 때 부모가 흔들림 없이 확고한 목소리로 "안 돼!"라는 말과 함께 아기를 부드럽게 살짝 들어 올려서 위험에서 멀리 해주는 상황이라고 하자.

여기에서 주의해야 할 한 가지가 있다. 한국의 부모는 "안 돼!"라고 말을 할 때 약간 화를 내는 것처럼 소리를 지르는 습관이 있다. 하지만 여기에서 부모가 신경질을 낸다든지 화를 내면 안 된다. 훈육을 마치 나쁜 것인 양 아기와 부모가 모두 습관적으로 받아들일 수 있기 때문이다.

이런 식으로 아이를 가르치면서 부모는 가르치는 방식을 배우는 기회를 놓치지 말아야 한다. 사실 아기가 위험한 것을 만진다든지 위험한 곳으로 간다든지 하는 것은 아기의 잘못이 아니다. 그리고 이러한 상황에서 아기를 보호하는 부모도 아이에게 화를 내며 보호하려고 한다는 것은 말이 안 된다. 서로 당연히 해야 할 것을 하는 것이고, 또한 이런 경험을 통해 아기는 부모의 사랑을 배우고 부모는 부모가 되는 법을 배우게 되는 것이다.

벌을 줄 때 부모가 지켜야 할 원칙

어린 나이의 아기는 호기심으로 가득 찬 생명체다. 세상의 모든 것이 궁금하고 모든 것을 알고 싶어 하는 것은 어쩌면 너무도 당연하다. 사람마다 다르겠지만 아기나 어린 아이에게 "그렇게 하면 안 돼!"라고 한번 가르쳤다고 아이가 부모의 기대에 따라 행동하기를 기대할 수는 없다. 뇌가 아직 발달되어 있지 않은 상황에서 수용하기 불가능한 요구라고 볼 수 있기 때문이다.

아이가 좀 더 자라 아이와 본격적인 대화가 가능해지는 생후 24개월부터는 좀 더 본격적인 훈육의 실행이 가능하며 이것은 아이의 특성과 성격에 맞추어주는 것이 바람직하다.

훈육은 감정이 배제된 상태에서 이루어져야 하며, 자녀가 생각하기에 공평해야 하며 아이의 동기, 이해력, 성향 등을 잘 파악해야 한다는 것이 무엇보다도 중요하다.

효과적인 훈육은 치밀한 계획과 올바른 실행이 아주 중요하며 자녀의 미래를 위한 부모의 정성이 뒷받침되어야 한다. 임상심리치료와 마찬가지로 자녀를 훌륭하게 키우는 훈육은 과학이며 예술이다. 이런 어려운 훈육에 대한 공부는 누구에게도 쉽지 않은 일이지만 자녀를 키우는 모든 부모에게 꼭 필요한 일이다.

올바르게 실행된 훈육은 소리 한 번 지르지 않고 자녀로 하여금 부모를 존중하게 하고 권위가 세워지도록 도와준다. 따라서 현명한 부모는 훈육을 통해 자신의 권위를 세우되 그 방법이 자녀의 심리적, 감정적인 웰빙과 부합되도록 노력한다.

벌을 줄 때 부모가 지켜야 할 아주 중요한 원칙이 있다.

① 자녀에게 '처벌'처럼 느껴지는 벌은 정말 필요할 때만 주어야 하고, 빈번한 체벌은 최대한 피해야 한다.

왜냐하면 아이가 벌을 받는 것에 익숙해지고 일상의 일부가 되면 그때는 벌에 대해 이골이 나서 벌의 긍정적인 효과가 사라지기 때문이다.

② 아이가 아무리 큰 잘못을 했더라도 심한 벌은 피하는 것이 좋다.

예를 들어 아이가 비디오 게임을 하지 않아야 할 때 몰래 게임을 하다가 엄마에게 들킨 상황을 생각해 보자. 이럴 때는 게임을 하루 정도 못하게 하는 게 적당하다. 이런 상황에서 엄마가 얼굴을 붉히며 화를 내고, 2주 또는 한 달 동안 게임을 못하게 벌을 내린다면 아이는 잘못에 비해 너무 심한 벌을 받는다는 생각을 하게 되고 반발심만 앞서게 되어 벌의 효과가 오히려 반감될 수 있다.

③ 받아야 할 벌은 그때그때 주어야 한다.

며칠 전의 벌을 묵혔다가 주게 되면 효과가 반감된다. 아이와 시선을 맞추고 아이가 뭘 어떻게 잘못했는지 지적해주고, 벌과 잘못이 단순한 생각과 행동의 선을 지나 무의식까지 연결될 수 있도록 시간을 맞춰 그때그때 바로 벌을 주는 것이 좋다.

④ 벌을 줄 때 부모가 아이를 향해 비아냥거리거나 남들과 비교하는 것은 절대 금물이다.

⑤ 아이가 무언가 잘못했을 때 벌을 주기로 서로 약속했다면 벌을 엄격하게 줘야 한다.

벌을 받게 될 잘못을 했는데 치벌이 없으면 자녀에게 부모의 약속과 부모의 권위 자체가 신뢰를 잃게 될 것이다. 물론 벌을 주기에 급급한 부모가 되라는 것은 아니다. 벌을 받아야 할 때는 벌을 주어야 하고, 특히 이런 잘못에는 이런 벌을 주기로 아이와 함께 약속해 둔 경우에는 공명정대한 저벌이 있어야 한나는 뜻이다.

호기심과
자녀의 미래

아기가 거실 구석에 있는 화분을 발견한다. 아기는 의지를 발휘해 열심히 기어가서 나뭇잎과 줄기를 바라보다가 너무나도 신기한 나머지 입을 벌리고 감탄한다. 웃는 얼굴로 이리저리 만져보다가 화분 밑에 놓인 받침접시의 물을 발견하고는 손을 넣어본다. 젖은 손을 바라보다가 바닥에 작은 손자국이 찍히는 것을 보고 환희의 소리를 지른다. 소리를 듣고 아기가 뜻밖에 먼 곳까지 가 있는 것을 알게 된 엄마의 접근으로 아기의 지구 탐험은 중단된다.

아기들과 어린 아이들을 관찰하다 보면 신기한 걸 발견할 수 있다. 아이들은 살아남기 위해 필요한 본능적인 호기심을 가지고 있으며 학습이라는 목표를 향해 무조건 돌진한다. 오래 전부터 심리학에서는 갓난아이를 라틴어로 Tabula Raza(Blank Slate, 백지)라고 부르고 현대 심리학에서는 아이를 정보를 흡수하는 스펀지라고 일컫는다. 이것은 심리학자들이 어린 아이들은 어른들보다 더 쉽고 빠르게 정보를 흡수하고 학습할 수 있는 조건을 갖추었다고 주장한 데서 유래한다.

아기에게는 배움과 학습이라는 목표를 효과적으로 달성할 수 있는 절대적인 무기가 있다. 그것은 바로 호기심이다. 물론 아이의 호기심은 성장하면서 자연스럽게 서서히 줄어든다. 불행하게도 많은 부모가 아이가 대화를 시작하면서 묻기 시작하는 많은 질문들에 지치고 피곤해져 자신도 모르게 아이의 호기심을 통제하고 억제하기 때문이다.

"나중에 물어봐."

"학교에 가서 선생님들한테 물어봐."

"엄마도 몰라. 아빠한테 물어봐."

"아, 그만 물어봐!"

아이의 창조적인 호기심을 억제하는 부모의 그릇된 반응은 너무나도 많다. 부모가 현대의 초스피드 정보화 사회에서 아이들에게 해줄 수 있는 최고의 선물은 그들이 호기심을 갖고 연구할 수 있는 환경을 만들어주는 것이라 믿고 노력해야 한다. 아이가 호기심을 계속 느낄 수 있도록 도와주고 부모로서 아이의 모범이 되어 호기심을 배움의 동기와 의욕의 발판으로 이용하는 것을 보여주어야 한다.

예를 들면, 땅바닥에 앉아서 개미를 관찰하는 아이가 있다고 하자. 현명한 부모는 아이 옆에 가만히 앉아서 함께 관찰하면서 자연스럽게 아이와 대화하며 아이의 주의를 집중시킨다.

"저 개미들은 어디로 가는 걸까?"

"저 개미는 참 무거운 걸 들고 가네."

"제 몸보다 저렇게 큰 먹이를 어떻게 들 수 있지?"

"저 개미들은 어떻게 길을 알고 모두 한 줄로 갈까?"

이런 대화는 아이의 호기심을 증폭시키고 아이의 지식욕구를 자극해 준다. 이런 질문들은 호기심을 직접적인 배움으로 연결해주는 다리의 역할을 하기 때문에 아이들이 점차 혼자서 자체적인 연구를 하고 지식을 얻을 수 있게 도와줄 수 있는 효과적인 양육방법이다.

창조적인 사람들의
3가지 공통점

성인이 되어서도 사물에 대한 감탄의 시선을 잃어버리지 않는 사람들이 있다. 레오나르도 다빈치, 뉴턴, 리히텐베르크, 괴테, 파스퇴르, 마리 퀴리, 피카소 등과 같은 위대한 인물들이 그런 사람들이다.

그 중에서도 뉴턴은 우리가 모두 잘 알고 있는 것처럼 모든 물리와 수학의 바탕이 되는 학문에 이바지한 과학자로서 2006년 세계 물리학자들이 왕립학회에서 아인슈타인을 제치고 인류에 가장 큰 영향을 끼친 학자로 뽑은 바 있다.

뉴턴은 1987년 《자연철학의 수학적 원리(Philosophiae Naturalis Principia Mathematica)》에서 중력이라는 개념을 선포하였는데 뉴턴의 조수이자 뉴턴의 조카 사위였던 존 콘두잇이 쓴 글에 소개된 재미있는 일화는 너무나도 유명하다.

1665년 페스트가 크게 번져 케임브리지 대학이 휴교에 들어가는 바람에 뉴턴은 집으로 돌아왔지만 집에서도 끊임없이 공부하였다. 뉴턴은 왜 달이 우주 공간 속으로 달아나지 않고 지구와 항상 붙어 있는지 의문을 품고 있었다. 어느 날 그는 정원을 배회하다가 사과가 나무에서 떨어지는 것을 보고 또다시 생각에 빠졌다.

'만약 사과가 땅으로 떨어지지 않고 하늘 높이 계속 뻗어가면 어떻게 될까? 사과를 지구 중심으로 끌어당기는 것과 똑같은 힘이 달에도 미칠까? 그 힘이 없다면 달이 지구에서 점점 멀어질까?'

뉴턴은 지구에 작용하는 힘과 하늘에 작용하는 힘 사이의 연관 관계를 발견했다. 그것은 바로 모든 곳에 작용하는 중력이었다. 뉴턴은 중력이 달의 궤도까지 뻗어있다고 생각하기 시작했다. 중력은 우리의 발을 땅에 붙어 있게 하는 힘인 동시에 달과 별과 행성을 궤도에 붙들어 두는 힘이기도 하다는 것을 뉴턴은 깨달았다.

뉴턴은 중력에 관한 개념을 발전시키고, 미적분의 기초를 세우고, 색에 관한 이론을 만들고, 운동의 법칙에 관한 연구를 하였다. 이당시 뉴턴의 나이는 불과 스물세 살이었다.

현대과학은 몇 백 년 전에 사과가 나무에서 떨어지는 지극히 평범한 현상에서 뉴턴이 발견한 우주의 법칙에서 시작되었다고 해도 과언이 아니다.

부모는 아이가 일정한 나이가 되면 학원과 개인과외 등 아이가 공부에 열중할 수 있도록 모든 노력을 다 기울인다. 하지만 이 나이가 되면 교육으로 이루어질 수 있는 잠재력의 폭은 벌써 정해져 있다. 그 잠재력을 극대화시키는 작업은 아이가 학교에 다니기 오래 전부터 부모가 어떤 방식으로든 해오고 있었다. 차이는 부모가 그 작업을 분명한 목표의식을 갖고 했느냐 무심코 했느냐에 따른 것일 뿐이다. 아이가 무한한 지식욕구를 갖고 공부의 즐거움을 누리길 원한다면 부모는 우선 그의 호기심을 키워 주도록 노력해야 할 것이다.

이를 반영하는 차원에서 1990년대에는 인간의 창의성에 대한 여러 가지 연구가 활발히 이루어졌다. 그 중 미하이 칙센트미하이(Mihaly Csikszentmihalyi)가 발표한 흥미로운 연구 결과에는 각 분야에서 두드러지게 창의적이라고 알려져 있는 인물들 개개인의 인터뷰가 포함되어 있었다. 노벨상 수상자, 교수, 연구가, 시인, 음악가, 미술인, 사학자 등이 있었고, 이 연구 결과는 이들에게서 발견된 3가지의 공통점을 조명했다. 열정적인 끈기, 남다른 호기심과 그런 호기심을 유발해주는 개방성(open mind)이 바로 그것이다.

아이를 창조적인 인물로 키우기 위해 유념해야 하는 것은 호기심과 더불어 개방성을 키워줘야 한다는 것이나. 사실 간단하게 생각해 보면 개방성이 없이는 호기심의 폭은 좁을 수밖에 없다. 예를 들어 개방성이 없는 사람은 자신의 사고나 입장과 거리가 있는 사상이나 상황을 대할 때 자연스럽게 거부감이 들면서 그것들에 대해 불편해하거나 무관심하거나 또는 회피하는 모습을 보이고 또 심지어는 두려움에 사로잡히게 된다. 이런 여러 형태의 거부감은 호기심을 멀리하는데 직접적인 역할을 하게 된다. 자녀의 삶에서 호기심을 심어주고 키워

주는 것에는 요령이 있다. 부모는 어린 자녀에게 이러한 주의를 기울임으로써 자녀의 미래에 좋은 영향을 끼칠 수 있다.

호기심을 얻기 위한 노력은 그 노력에 비례하는 보상을 반드시 가져다준다. 이것은 곧 생활을 경험하는 시야가 달라지고 생활 속에서 기쁨과 행복을 얻을 수 있는 기회를 열어준다. 예를 들어 원자물리학 교과서도 학생들의 호기심을 살릴 수만 있다면 커다란 즐거움을 줄 수 있게 된다. 이러한 마음가짐으로 시야를 단련할 때 우리는 삶에서 새로운 발견을 하게 되고 놀라운 경험을 할 수 있게 된다. 여기에서 비범한 학습 동기가 생기고 이것을 이룰 수 있게 돕는 에너지와 추진력이 생겨나게 된다.

〈웨스트사이드 스토리〉 등의 주옥같은 작품을 남긴 음악가 번스타인(Leonard Bernstein)은 호기심을 '소수의 특권'이라고 말했다. 그 특권을 누리는 사람들은 자연과 과학, 철학, 예술 등 각 분야 전반에서 깊이 숨겨져 있는 아름다움을 발견할 수 있고 그로 인해서 평범하지 않은 업적을 남길 수 있게 된다.

우리가 사는 현대 사회는 사실은 인생의 첫 부분을 어떻게 시작하고 또 어떻게 발전시키느냐에 따라 삶의 전반적인 방향, 행복과 성공의 수준을 좌우하는 경우를 많이 보게 된다. 때문에 자녀에게 얼마만큼의 호기심의 성향을 심어주고 개방성을 살려주느냐에 따라 자녀의 미래는 크게 달라질 수 있다.

자녀와
대화하는 방법

드라마나 영화를 보면 직장상사에게 혼나고 있는 주인공의 모습을 자주 보게 된다. "무슨 서류를 이따위로 작성했어! 이렇게 일하려면 그만둬!"라고 상사가 소리를 지르면 드라마의 주인공은 주로 두 가지의 모습 중 하나를 보인다. 첫 번째는 묵묵히 참으며 좀 더 열심히 노력하는 모습이고, 두 번째는 까칠하게 성질부리면서 "그만두면 될 서 아니에요!"라며 사표를 던지고 나가버리는 모습이다. 심하게 질타하던 직장 상사는 한숨을 쉬면서 "회사를 그만두라는 것이 아니라 일을 좀 더 열심히 해서 잘했으면 좋겠다는 거지."라고 말한다.

이런 마음속의 뜻은 텔레파시가 아니라 말과 대화라는 매개체를 통해서 상대방에게 전달이 되기 때문에 대화의 기술이 없이는 마음속에 갖고 있는 진심을 제대로 표현하기가 어렵다. 부모와 자녀간의 대화도 마찬가지이다. 일방적인 대화와 상처를 주는 대화방식 때문에 부모가 원래 전하고 싶었던 메시지가 자녀에게 제대로 전달되지 않고 상처만 남기게 되는 일이 많다. 특히 이런 대화와 관계상의 문제는 아동기에 상처를 많이 받아 마음의 여유가 없는 사람일수록 두드러지게 나타난다.

한국의 부모는 세계 어느 나라의 부모보다 자녀에게 많은 정성과 경제적인 투자를 하기로 유명하다. 미국의 오바마 대통령도 찬사를 보냈던 것처럼 대부분의 한국인 부모는 교육에 대한 상당한 관심이 있고 자녀를 경쟁사회에서 살아남도록 준비시키는데 모든 노력을 아끼지 않는다. 하지만 안타까운 것은 이렇게 자녀교육에 관심이 많은 반면 이 많은 관심을 자녀에게 효과적으로 표현하는 구체적인 방법을 모르기 때문에 강압적인 관계 형성으로 자녀에게 타성을 심어주게 되며 다른 부모들이 하는 대로 무엇이든 경쟁적으로 따라하는 웃지 못할 풍조가 생기는 것이다.

올바르지 못한 교육 방법에 더해진 지나친 관심은 위험하다. 많은 경우 이런 부모는 본의 아니게 아이들에게 상처를 주고, 그의 자존감에 흠집을 내고, 일방적인 관계 형성으로 인하여 창의성과 의욕을 현격하게 저하시킨다.

현대의 부모로서 자녀를 키우면서 겪는 가장 어려운 과제 중 하나는 아마도 스스로 자라면서 자신의 부모에게서는 한 번도 받아본 적이 없는 대화 방법과 자녀교육 방법을 새로이 배워 자녀에게 실천해야 한다는 것이다. 지금은 예전에 비해 과학, 문화, 교육의 전반적인 형태와 변화하는 속도가 현저하게 다르고 자녀들 또한 지능과 발달상의 차이가 예전과는 판이하게 틀리다. 여기에 자녀의 기질과 성격이나 성향 등을 제대로 파악하지 못하고 부모의 강압적인 의지만으로 자녀를 양육할 때에는 그 관계가 서로에게 실망, 좌절, 그리고 큰 상처로 남게 될 수 있다. 뒤떨어진 부모의 자녀 양육법은 자녀에게서 반항심과 좌절감만을 불러일으킬 수밖에 없다.

우리는 자주 '성공하는 법'에 대해 이야기하곤 한다. 성공하는 법을 잘 이해하기 위해서는 '실패하는 법'을 잘 파악하면 된다. 단점을 꿰뚫어 보고 미리 피함으로써 실패의 확률을 최대한 낮출 수 있다는 논리다.

이와 유사한 논리로 자녀양육을 실패하는 방법을 살펴보자. 자녀양육에서 가장 바람직하지 못한 결과 중의 하나는 자녀를 나이가 들어도 자율적으로 생각할 줄 모르고 책임감이 없는 사람으로 키우는 것일 것이다. 이렇게 자녀를 타율적이고 책임감 없는 사람으로 성장하게 하는 방법은 간단하다. 무조건적으로 시키고, 스스로 생각하고 결정할 수 있는 기회를 주지 않으며, 자신의 행동에 대한 책임을 질 줄 모르도록 하는 것이다. 하지만 반대로 어려서부터 어떤 상황을 맞았을 때 스스로 해결을 해내어 자신감과 책임감을 키워나갈 수 있도록 도와준다면 성장하면서 스스로 자신 안의 가능성을 극대화시키고 부모와의 관계도 좋아져 서로 감정적인 충돌은 생기지 않게 될 것이다.

자녀를 이렇게 키우기 위한 가장 중요한 기술 중 하나는 자녀와의 효과적인 대화이다. 이런 대화를 통해서 부모와 자녀는 건강하고 우호적인 관계의 형성을 이룰 수 있다.

부모가 주의하지 않고 상황에 계속해서 끌려가게 되면 자녀와 크고 작은 갈등을 하게 되며 시간과 에너지를 소비하게 될 뿐 아니라 자녀는 부모의 눈치만 보며 행동하게 되고, 부모는 부모대로 자녀를 믿지 못하는 관계로 이어질 수 있다. 이런 하루하루가 계속해서 이어진다면, 지금 당장의 갈등이나 두통거리가 문제가 아니라, 자녀가 성장하며 다가올 인생의 중대한 결정에 대한 문제나, 어떤 어려운 상황에 봉착했을 때 도움이 될 수 있는 부모로서의 영향력을 상실하고 말게 될 것이다.

반대로 효과적인 양육으로 자녀가 부모의 마음을 진심으로 이해하고, 고마워하고, 이에 상응하는 노력으로 보답을 하는 관계가 이루어진다면 어떤 문제가 다가와도 해결을 해내는 것은 시간문제라고 해도 과언이 아니다.

한번은 어느 아버지가 나에게 이렇게 말했다.

"저는 원래는 컴맹입니다. 그런데 이번 여름 내내 컴퓨터를 열심히 배워서 이제는 이메일도 잘하게 됐습니다. 이번에 우리 아들이 대학 기숙사에 들어갔거든요. 아들이 전화하는 걸 부담스러워 하기에 제가 이렇게 이메일을 배워서 이젠 항상 서로 이메일을 주고받고 있습니다."

이렇게 대화하기 위해 노력하는 아버지와 그 노력에 상응하는 자녀가 생각과 감정을 서로에게 전달하는 것이 나에게는 희망적으로 느껴졌다.

공부 못하는
아이를 위한 공부법

"아이의 불안증을 약으로 치료하는 것에 대한 질문을 드립니다. 우리 아이는 불안증 때문에 힘들어해서 성적도 많이 내려갔습니다. 의사가 항우울제를 처방했지만 약을 먹이기가 너무 주저됩니다. 처음에는 성적 문제 때문에 많은 걱정을 했었지만 이제 생각해보니 제가 아이를 어떻게 도와줄지 몰라서 본의 아니게 너 고통을 준 것 같습니다. 박사님 도와주세요. 감사합니다."

이메일로 받은 어느 어머니의 질문에 답장을 쓰다 말고 필자의 이메일을 가만히 들여다보니 답이 아니라 질문투성이였다.

"자녀의 나이는 몇 살이고 현재는 몇 학년입니까? 성적이 많이 내려갔다는 것은 어디에서 어떻게 내려갔다는 것입니까? A에서 F로 내려갔습니까? A에서 B로 내려갔습니까? 아니면 D에서 F로 내려갔습니까? 또 자녀의 학교 안에서의 불안증은 어떻게 나타납니까? 선택적 함묵증, 공황증, 변비, 유분증이나 유사한 증상이 있습니까? 자녀에게 예전에 어떤 일이 있었습니까? 그리고 언제부터 이런 모습이 나타났습니까? 가정환경은 어떻습니까? 형제는 있습니까? 부부 사이, 부모 자녀 사이의 대화는 어떻습니까? 성장 과정에서 아무 문제가 없었습니까? 아동상담이나 심리치료를 받은 적이 있었습니까?"

질문은 한없이 이어지지만 이메일로는 이것이 불가능하므로 대체적이고 포괄적인 답을 해줄 수밖에 없었다. 따라서 이런 식의 조언은 질문을 한 부모에게 크게 도움이 되기가 어려운 것이 사실이다. 이런 한없는 질문의 퍼레이드는 심리치료 외에도 교육코칭(Educational Coaching) 중에도 자주 나타난다. 특히 "집중을 잘 못하는 우리 아이가 학업성취에 대한 동기를 얻을 수 있도록 도와주세요."라는 코칭의뢰를 자주 받게 되는데 이런 코칭을 하는 과정에서 학생과 그의 생활 및 학업환경을 살펴보면 저절로 많은 의문이 생기게 된다.

제임스는 고등학교 2학년이 되도록 혼자 숙제를 하지 못했다. 부모는 제임스가 공부에 대해 전혀 관심이 없는 것으로 치부하고 있었다. 그나마 공부를 잘하는 그의 형과 공학도였던 아버지, 가정교사까지 함께 매달려 겨우 B에서 B⁻ 성적을 유지하고 있는 상태였다.

제임스와 상담을 하면서 그가 지금껏 스스로 자신의 미래를 생각해 본 적이 없었다는 것을 알게 되었다. 제임스는 이상하게도 아주 어렸을 때부터 미래에 대한 상상을 하는 것을 꺼려했던 것으로 보였다. 여기에서 필자는 '제임스는 원래 그런 애'라고 치부하기 싫었다. 하지만 이런 원인을 알아내기 위해서는 많은 시간을 들여서 상대를 관찰해야 하고 일상적이지 않은, 그리고 심도 깊은 이해가 있어야만 한다. 사람의 심리, 그것도 현재의 심리가 아니라 과거 어느 때인지도 모르는 어린 시절에서부터 비롯된 심리의 흐름을 추리해서 읽어내는 일이기 때문이다. 이것을 명쾌하게 풀어가는 데 비록 소설 속이지만 셜록 홈즈 이상의 인물은 없을 것이다. 여기서 코난 도일의 《공포의 계곡》 한 장면을 소개해 본다.

"자네는 어떻게 생각하나?"
셜록 홈즈는 친구이자 조수인 왓슨에게 물었다.
"뭘 말인가?"
의아해하며 돌아보는 왓슨에게 홈즈는 구석에 놓여있는 아령을 지그시 바라보며 다시 말했다.
"저것 말일세."
홈즈의 시선을 따라간 곳에서 아령을 발견한 왓슨은 점점 더 미궁에 빠졌다. 왜냐하면 지금 조사하고 있는 이 방은 살인 사건이 일어난 현장인데, 중요한 단서를 찾으려고 방안을 샅샅이 살피고 있는 사람을 도와주지는 못할망정 홈즈가 자꾸 엉뚱한 말로 작업을 방해하기 때문이었다.
"아령이 아닌가."

왓슨의 퉁명스러운 답에 홈즈는 말했다.

"그런데 왜 저기에 아령이 한 개만 놓여 있을까?"

왓슨은 아직도 왜 홈즈가 구석에 놓여있는 아령에 집착하고 있는지 몰라 어깨를 으쓱했다. 홈즈는 계속해서 말했다.

"아령은 원래 두 개가 짝이 아닌가? 아령 한 개로 운동을 하면 균형 있게 운동을 할 수 없어서 일반적으로 두 개씩 있는 게 정상인데, 다른 한 개의 아령은 어디에 있을까?"

여기에서 하나밖에 없는 아령은 결정적인 단서로 스토리 후반에서 범인이 피 묻은 단서들을 근처의 늪에 던져 넣기 위해 아령 하나를 썼던 것으로 밝혀진다.

이렇게 셜록 홈즈는 모순된 증거가 가득히 남아 있는 살인현장에서 놀라운 관찰력을 발휘해 살인 미스터리를 멋지게 풀어나간다. 물론 필자는 셜록 홈즈가 아니지만 환자와 의뢰인에게 도움이 되기 위해 그런 관찰력을 가지려는 마음가짐으로 노력하는 편이다. 자연히 필자는 제임스의 케이스를 맡게 되면서 그의 아령은 무엇일까?라는 의구심을 가지게 되었다.

제임스는 자아성찰이나 주변에 대해 기민하게 반응하지 않는, 무척 무딘 학생이었다. 그렇다고 머리가 나쁜 것도 아니고 가정환경이 어려운 것도 아니었다. 나중에 서서히 밝혀진 것은 그런 수동적인 자세와 무기력함은 어느 정도 '주입'이 된 모습이라는 것이었다. 반복되는 사업체의 파산으로 인해 자주 이사를 다니며 환경에 적응하기 어려워하던 제임스는 부정적인 부모의 인생관을 서서히 자신의 것으로 받아들였고, 삶에 대한 회의적인 태도를 점점 가지게 되었던 것이다.

셜록 홈즈의 이야기로 돌아가서 19세기 말, 과학은 가시적인 발달을 거듭하면서 관찰과 성찰에 대한 관심이 크게 증폭하게 되었고 이 두 가지를 아낌없이 활용하는 세 가지 신종 직업이 생겨났다고 한다. 이 세 가지 직업은 미술품 감정, 범죄추리, 심리분석이었다.

1870년 경 지오바니 모렐리는 당시 모조품이 판을 치는 미술계에서 미술품의 진품을 가려내는 법을 새롭게 개발했다. 모렐리는 전의 방법과는 달리, 전체적인 느낌을 보고 진품인지를 판단하는 대신 손톱 등 그림의 세부적인 일부를 주의 깊게 관찰해 진위를 가리는 방식을 이용하여 위조된 작품을 찾아냈다고 한다.

모렐리의 이런 관찰 방법은 작가인 코난 도일에게도 큰 영향을 끼쳤다. 그래서 코난 도일이 창작한 셜록 홈즈 역시 미술 감정가인 모렐리처럼 눈에 쉽게 띄지 않는 세부에서 단서를 찾고 사건을 해결하는 모습을 보이곤 한다. 사실 당시 범죄 수사도 점차 더욱 과학적인 증거를 이용한 현대적인 방법을 활용하기 시작했다.

같은 시기에 활동했던 현대 심리분석학의 아버지인 프로이드(Sigmund Freud, 1856~1939)는 당시 무의식의 존재와 심리역동이론을 창시함으로써 근대 심리학에 지대한 공헌을 했다. 프로이드의 이론을 비판하는 학자들도 많지만 근대 심리학의 거의 모든 설계는 그의 아이디어를 따르거나, 그의 아이디어에 대한 반대되는 반응으로 생겨났다고 봐도 무리가 아니다. 아무튼 프로이드는 자신의 뛰어난 창의력에 역시 모렐리와 같은 주의 깊은 관찰과 심도 있는 성찰을 더함으로써 모방할 수 없는 역사의 한 획을 그었다.

현대 사회의 학생은 예전의 전통적인 학습 방식이던 꾸준하고 무던한 노력만으로는 학업의 성취도를 높이기 어렵다. 이제는 기민한 시간활용에 성공의 열쇠가 달려 있기 때문에 자신의 공부 습관 및 생활 방식에 대해 셜록 홈즈와 같은 세부적인 디테일을 보는 눈을 키우는 것이 필요하다.

제임스는 자신의 장·단기 미래에 대한 상상 훈련, 목표에 대한 동기 부여 및 공부 습관의 재정비를 통해 서서히 변화되는 모습을 보이기 시작했다. 공부 습관은 스위스의 취리히 공과대학에서 실시한 성공적인 공부기술에 대한 설문 조사에서 밝혀진 몇 가지를 반영했다.

① 언제나 공부가 끝난 뒤에 즐길 수 있는, 노력에 대한 간단한 보상을 준비했다.
② 매번 공부하기 위해 의자에 앉을 때마다 "자, 이제부터 본격적으로 공부를 시작하자!"라는 의식적인 결심을 했다.
③ 시험이라는 스트레스에 대처하기 위해 자신이 완벽하게 시험 준비를 할 수는 없다는 사실을 인정함으로써 시험에 대한 부담을 줄였다.
④ 기억력의 향상을 위해 시험기간에는 시험 준비를 하면서 매일 잠깐씩 낮잠을 잤다.
⑤ 운동부족으로 인해 불어난 몸을 단련하기 위해 자전거를 타며

이해하기 어렵던 수업내용을 복습했다.

⑥ 쉽지 않았지만 제임스는 주말에는 오전 5시에 일어나 조깅을 하고 개운한 마음으로 몇 시간을 집중하여 공부하도록 스케줄을 잡았다.

⑦ 영화에서 나오는 수사 현장처럼 벽에 중요한 개념을 포스트잇을 이용해 써 붙이는 방식으로 체계적이고 시각적인 구도를 만들어 이해와 암기를 도왔다.

⑧ 공부 중 자주 주방을 들락거리는 것을 막기 위해 공부를 시작하기 전 간단한 간식과 물을 자신이 직접 준비를 했다.

이러한 공부 방법들은 학생들에게 있어 감정과 마음자세, 생활리듬, 공부전략과 기억법, 그리고 심지어는 음식물의 영향까지 학습에 미치는 다양한 요인들을 볼 수 있게 해준다. 자신만의 효과적인 공부 비결을 셜록 홈즈와 같은 끊임없는 관찰과 성찰을 통해 찾아내고 발전시키는 것이 학업의 목표에 이르는데 크게 도움이 될 수 있다.

공부와
자존심의 상관관계

성공적인 학업성취에 대한 토픽을 다루면서 자존심을 언급하지 않을 수 없다. 언뜻 들으면 공부와 별 관계없을 것 같은 자존심은 사실은 학습능력과 밀접한 관계를 가지고 있다. 지난 40여년간 인간의 자존심을 연구해온 미국의 심리학자인 나다니엘 브렌든(Nathaniel Brenden) 박사에 의하면 자존심은 자신감과 자긍심, 두 가지로 이루어져 있다고 한다. 여기에서 자신감은 스스로의 사고와 능력에 대한 확신과 신뢰를 말하며, 자긍심은 자기 자신에 대한 존경심을 말한다. 이 두 가지가 모두 확립되어야 건강한 자존심이라고 칭할 수 있다.

또한 인간의 자존심은 외부 의존적인 자존심과 독자적인 자존심으로 나누어진다. 예를 들어 평소에 존경하는 선생님이나 목사님 또는 사회에서 성공하여 인정을 받는 이들로부터 받는 칭찬은 듣는 이로 하여금 기분이 좋아지고 자신감이 생기도록 만들어준다. 이것은 외부에 의존하는 자존심의 한 예이다. 반면에 독자적인 내면의 자존심은 스스로 발전시킬 수 있다.

학창시절 필자는 신경과학을 전공했는데, 과목 중 가장 어려웠던 것은 필수과목이었던 신경연구소의 실습이었다. 연구 과목은 그때 당시에 이루어지고 있는 새로운 실험에 참여하여 연구의 경험을 쌓는 것이 목적이었는데, 대략 몇 가지의 연구에 참여하게 되었다.

당시 학계에서 크게 관심을 끌었던 헝거 호르몬(배고픔을 유발하는 호르몬)의 발견을 위한 실험에도 참여하였는데 그 실험은 살아있는 실험용 쥐들의 두개골에 직접 구멍을 뚫고 주사기로 두뇌의 특정 부분에 다양한 신경전달물질과 호르몬을 투여하는 내용이 골자였다.

책으로만 공부하다가 직접 실험용 쥐를 다루는 것도 힘들었고, 살아있는 쥐를 실험에 이용하는 것에 대한 갈등도 무척 심했다. 실험용 쥐에 긁혀 양팔이 알레르기 현상으로 퉁퉁 부은 적도 있었고, 실험 후 죽은 쥐에 대한 죄책감으로 슬퍼하기도 했다. 수 십장에 달하는 실험 리포트를 밤을 지새워 쓰다가 지쳐, 거의 나 끝나가던 힌 힉기를 포기하고 싶었던 적도 있었다. 하지만 그렇게 한 번씩 고비를 넘길 때마다 점차 자신감이 생겼고 나중에는 새로운 과제에 두려움이 앞서기보다는 이번엔 어떻게 하면 해낼 수 있을까? 도전하는 오기가 생겼다.

독자적인 자존심은 이렇게 어려운 과정을 하나씩 해내면서 높일 수 있다. 여기에서 주의해야 할 점은 비현실적인 자존심과 자신감은 학생에게 오히려 해가 된다는 것이다. 실력이 뒷받침되지 않은 자신감은 실패의 큰 요인이 되는 것으로 예를 들면 자영업에 도전하는 이들이 시장조사 등 사전 준비를 철저히 하지 않고 비현실적인 자신감만을 앞세워 밀고 나가다가 어려운 현실에 부딪쳐 파산을 하는 것, 또는 비현실적인 자신감을 가진 학생이 SAT 등의 큰 시험을 별 준비 없이 신청하였다가 형편없는 점수를 받는 경우 등이다.

실패를 경험할 때 쉽게 좌절하는 학생들은 그 경험을 배움의 기회가 아니라 개인적인 실패와 패배로 생각하기 때문이다. 따라서 실패의 경험을 도약을 위한 받침대로 쓰기 위해서는 독자적인 자존심을 키우는 것이 중요하다. 이것을 개발하기 위해서는 인내심을 가지고 조금씩이라도 능력을 향상시키는 것이 필수적이다. 그래야 실패를 경험하더라도 열의를 갖고 꾸준하게 노력할 수 있고, 좋은 학업의 미래가 보이게 된다.

현세대의 스승이라고 일컬어지는 신학자이며 철학자였던 아브라함 헤첼은 "자존심은 수양의 열매이다. 그리고 자신에 대한 존엄성은 자신을 단련할 수 있는 능력에서부터 성장한다."라고 말했다.

어느 정도 자존심을 확립한 학생은 학습의 틀 안에서 크고 작은 도전을 통해 자신의 능력을 체험하고 그 능력의 범위를 무한히 넓혀갈 수 있다. 자신의 학습능력을 서서히 존중하게 되면서 더 큰 도전을 경험하길 원하며 점차 다른 학생과의 건전하고도 자신감 있는 경쟁심이 생겨나게 될 것이다.

겁이 많은
아이

"평소에 밝고 또래보다 듬직한 7살 아들에게 얼마 전부터 이상한 증상이 생겼습니다. 몇 주 전 여행길에 고속도로의 전광판에 아동 납치 뉴스가 올라오는 걸 보고 아이에게 '나쁜 아저씨'를 피하려면 어떻게 해야 되는지 이야기를 해준 후부터 아이가 악몽에 시달리고 매사에 불안해하며 계속해서 범인이 잡혔는지 물어보고 확인합니다. 혹시 나쁜 사람들이 우리를 해치면 어쩌냐며 자주 눈물을 글썽입니다. 저희 가족은 TV에서 다큐멘터리를 즐겨 보는데 가만히 생각해보니 프로그램에서 자주 나오는 항공사고, 해양사고, 테러리즘 등 사건과 사고에 대한 다큐멘터리를 보면서 더 불안해하는 것 같아 요즘은 주의하고 있습니다. 아이가 갑자기 눈물을 흘리고 공포에 질려있는 모습 때문에 많이 속상합니다."

두려움에 떠는 자녀를 부모가 안타까워하고 불안해하는 이유는 단순히 자녀가 두려움에 떠는 모습을 보기 싫어서가 아니라 자녀가 용기 있고 자신감 있게 성장하기를 바라는 마음이 크기 때문일 것이다. 따라서 자녀가 자주 그리고 쉽게 두려워하는 모습을 보게 되면 부모로서 차분해지기가 어렵고 당황하기 마련이다.

어떤 부모는 자녀를 두려움의 원인으로부터 보호하기에 급급해 과잉보호를 하거나 자녀의 끊이지 않는 불안함에 지쳐 자녀에게 오히려 화를 내기도 한다. 이 두 가지는 모두 자연스러운 모습이지만 부모로서의 우선적인 과제는 자녀에게 점차 두려움을 이겨낼 수 있는 용기를 길러주는 것이다. 그러기 위해서는 첫 번째로 자녀에게 부모가 그의 두려움을 잘 이해하고 있다는 것을 보여주어야 하며, 두 번째로 그 두려움을 이겨낼 수 있도록 도울 수 있는 실질적인 대처방법을 가르쳐 주어야 한다. 부모의 이런 도움이 자녀에게는 미래에 다가올 많은 어려움을 이겨낼 수 있는 길잡이가 될 것이다.

두려움(공포)이란 감정은 인간의 생존본능을 위해 모두가 타고나는 원초적이고 필수적인 감정이다. 대부분의 어린 자녀들은 위험에 대한 두려움을 느끼지만 자라면서 그 두려움이 비현실적이라는 것을 자각하게 되면서 차츰차츰 스스로 극복하는 법을 배우게 된다. 따라서 대부분의 경우, 자녀가 성장하고 세상에 대한 이해가 깊어지면서 이러한 수많은 두려움들은 시나브로 사라지게 된다. 일단, 당장 두려움이 많아 일상생활에 지장을 초래하는 경우의 사례를 보자.

11살 태신이는 아주 어렸을 때부터 불안한 모습을 보이곤 했다. 부끄러움을 많이 탔고, 내성적인 성향이 강했다고 한다. 하지만 초등학교에 입학하면서 태신이는 친구도 생기고 공부도 잘해서 부모는 차츰 안심하게 되었다. 어느 날 아침 태신이는 복통을 호소했고 이 증상은 점점 심해져 밤낮을 가리지 않고 '아프다'는 소리를 하게 되었다. 병원에 아무리 찾아다녀도 어떤 증상도 찾아내지 못했고, 결국 1학년 동안 20일이나 이 증상으로 인해 결석을 하게 되었지만 딱히 그 이유를 알 수가 없었다. 밤이면 잠을 못자 고생을 하고 엄마나 아빠가 곁에 있어야 마음을 놓는 경향을 보였으며, 학교에서 무슨 행사가 있으면 '버스 사고가 날까봐 두려워하는' 것을 모두가 알게 되었다.

태신이는 자신이나 가족 중 누군가 죽을까봐 두려워하고 있었다. 학교에 시험이 있을 때면 잠을 한숨도 자지 못했고 부모는 아이가 이렇게 힘들어하는 것을 고통스러워했다. 밤마다 누군가 침입할까봐 문을 잠그러 일어난다는 것을 알고는 어머니는 상담 중 눈물을 흘렸다.

치료 중, 태신이의 삶 속에서 자신이나 가족이 기억하는 어떤 충격도 찾지 못했지만 같은 나이 또래의 10%의 모든 아이들이 경험하듯 아동불안증을 겪고 있는 듯했다. 이런 불안증은 태신이로 하여금 집에서, 학교에서, 친구들과의 관계에서 같은 나이의 아이들보다 뒤떨어질 수밖에 없는 환경을 조성하기 때문에 본인과 가족은 많은 스트레스를 경험하게 된다. 따라서 성장기 이후 알코올 중독이나 우울증의 위험이 항상 도사리고 있다고 볼 수 있다.

아이들에게 두려움이란 자연스러운 일이다. 필자는 태신에게 What if 질문을 했다. What if 질문의 기술은 극도로 불안함을 느끼는 범불안장애(Generalized Anxiety Disorder) 환자에게 "만일 ~라면"이라는 질문으로 근본적인 두려움의 원인이 어디에서 나오는지 끄집어낼 수 있도록 유도하는 질문기술이다.

"만일 밤중에 문이 열려있다면 무슨 일이 일어날까?"

"누군가 들어올 수도 있죠!"

"만일 누군가가 들어온다면 어떻게 될까?"

"누군가가 들어오면 저를 해칠 수도 있죠. 엄마나 아빠를 죽일 수도 있고, 또 동생을 죽일 수도 있구요."

"만일 누군가가 죽게 된다면 누가 죽는 것이 제일 두렵지?"

"제가 죽는 것이 제일 무섭죠, 당연히. 그런데 엄마 아빠가 죽는 것도 너무 무서워요."

"엄마 아빠가 죽는 것이 왜 무서울까?"

여기에서 태신이는 잠시 입을 다물고 생각을 정리했다. 필자는 머릿속으로 수십 가지의 생각이 범람하면서 마치 퀴즈쇼에 출연한 것처럼 태신이의 생각을 맞춰보고 싶은 느낌이 차올랐지만, 인턴 과정 중 가장 존경하는 교수님이 당부하신 말씀대로 필자는 정적을 깨지 않고 태신이가 더욱 깊은 곳의 자신과 만날 수 있도록 기다려주었다.

"그러면 저는 혼자가 되겠죠."

"혼자?"

"네. 모든 것을 혼자 해야 하고, 아무도 도와주지 않고……"

태신이의 두려움의 중심에는 부모로부터의 독립과 개체화에 대한 양가감정(ambivalence)이 가득 차 있었다. 양가감정이란 상반되는 정반대의 감정을 동시에 가지고 있어 많은 불안함을 유발하게 되는 감정이다. 물론 이것이 치료의 결정체라거나 커다란 수확이라고 볼 수는 없겠지만 의미가 있는 상담의 시작이었다.

우리 아이가 불안증이 있는지를 측정하고 싶다면 도움이 될 수 있는 몇 가지의 유용한 질문들이 있다.

• 부모가 거의 매일 아이를 안심 시키려 안간힘을 쓰는가?
• 아이가 부모 없이 혼자 자기 또래에 맞는 활동하기를 피하거나 어려워하는가?
• 아이가 자주 복통이나 두통, 또는 호흡곤란을 호소하는가?
• 아이가 반복적이고 습관적인 의식(repetitive ritual)을 통해 불안을 해소하려 노력하는가?

태신이는 이 질문들 모두가 해당이 되는 모습을 보여 심한 불안증을 표출하고 있었다. 현재 태신이는 다양한 치료 방법을 통해 서서히 불안한 모습에 변화를 가져오고 있다.

자녀는 부모의 모습을 보면서 모든 일에 대처하는 것을 배운다. 사실 어린 자녀들은 아무리 충격적인 일이 일어나더라도 그 사건에 대해 그렇게 놀라지 않는다고 한다. 충격적인 사건 자체보다 그 상황에서 놀라는 부모의 모습을 보고 충격 받는 법을 배운다.

　두려움이 많은 자녀를 둔 부모는 불안하거나 두려운 상황을 맞았을 때 차분히 대처하는 모습을 보여주고 자녀에게 "나도 이런 때는 두렵고 어렵단다. 하지만 엄마는 그래도 용기를 내어 극복할 수 있도록 최선을 다할 거야."라고 자녀와 대화를 한다면 자녀에게 귀감이 될 것이다. 만일 자녀가 나이가 들면서 더욱 불안한 모습을 보이고 또는 두려움이 심해져 학교를 다니지 못한다든지, 친구를 사귀지 못한다든지 하는 일상생활에서의 장애로 나타난다면 자녀의 공포증과 불안증을 치료할 수 있는 전문의를 만나 상담을 하는 것이 좋다.

죽음에 대해
자녀와 대화하기

몇 주 전에 필자는 도로시가 죽어 있는 것을 발견하고는 무척 상심했다. 도로시는 〈세서미 스트리트〉에 나오는 엘모의 금붕어 이름을 딴, 필자를 비롯해서 온 가족이 무척 아끼던 붉은 빛의 작은 금붕어였다. 당시 네 살이었던 필자의 딸은 "도로시, 자는 거야?"하며 옆으로 반듯이 누워있는 모습에 사뭇 궁금해 하는 표정을 지었다. 잠시 고민한 후에 뒷마당에 있는 오렌지 나무 옆에 함께 묻어주면서 필자는 "그래. 도로시는 이제 자. 편히 쉬게 묻어주자."라고 얘기해 주었다.

우리는 부모로서 어린 자녀들에게 죽음이라는 단어에 대해 설명해 주는 문제에 대해 난감해 한다. 그러나 필자는 다섯 살짜리 아이가 밤마다 죽음에 대한 두려움과 공포 때문에 잠을 못 이루고 힘들어하는 문제에 대한 질문을 받거나 엄마를 잃은 다섯 살짜리 아이가 상담치료 중에 "엄마가 나 때문에, 내가 못되게 굴어서 죽었어요."라고 흐느끼며 얘기하는 것을 들을 때마다 부모가 자녀와 함께 죽음이란 것에 대해 대화하는 것이 얼마나 중요한지 새삼 느끼곤 한다.

약 4~5세 즈음에는 자녀와 함께 죽음에 대한 정의, 또는 죽음에 대한 두려움 등에 대한 대화를 할 수 있는 기회가 생기게 된다. 어린 아이와 그런 심각한 주제에 대해 대화를 나누기가 쉽지 않지만 죽음이란 삶의 일부이며 언젠가는 어떤 경로로든 겪어야 하는 성숙의 과정이기 때문에 부모는 자녀와 이에 대한 대화를 할 마음의 준비가 되어 있어야 한다.

중요한 것은 자녀들은 부모가 생각하는 것보다 훨씬 전부터 죽음에 대해 눈을 뜨기 시작한다는 것이다. 실생활에서, 또는 TV 등의 미디어를 통해 죽음에 대해 배우고 알게 된다. 부모가 자녀에게 죽음에 대한 대화를 오픈하게 한다는 것은, 자녀가 솔직하고 편안하게 자신의 감정에 대한 대화를 할 수 있도록 허락해주고 마음을 열 수 있도록 도와준다는 것에 보다 큰 의미가 있다.

1971년에 발행된 《자녀에게 죽음에 대해 설명하는 방법(Explaining Death to Children)》의 저자 그롤맨 박사는 아주 어린 자녀에게 죽음에 대해 설명해 줄 때는 "항상 있었던 것이 없어지는 것, 예를 들어 강아지는 죽으면 짖지 않고, 뛰지 않고, 꽃은 피지 않고 자라지 않는 것처럼 사람도 먹지 않고, 말하거나 생각하거나 느끼지 않는 것으로 설명할 수 있다."라고 표현할 수 있다고 제안하고 있다.

하지만 사실은 우리 어른들도 죽음에 대한 느낌과 생각에 대한 확신이 없고 잘 모르는 경우가 많기 때문에 자녀의 질문에 당황할 수 있다. 이럴 때의 정답은, 할 수 있는 만큼 자연스럽게 대답해 주는 것이라고 말할 수 있다. 사실은 이럴 때일수록 어른들도 모든 질문에 대한 답이 없다는 것을 얘기해 줄 수 있는 좋은 기회가 될 수 있다.

죽음에 대한 대화가 좀 더 편안하려면 부모 자신이 죽음에 대한 공포에서 어느 정도의 자유로워야 가능할 것이다. 중요한 키포인트는 자녀가 죽음에 대한 어떤 생각이 있고 어떤 느낌을 가지고 있는지 경청해 주는 데에서 부모 자녀의 관계 형성이라는 보다 큰 이로움을 얻을 수 있다.

최근의 조사에 의하면 아이들은 성장기에 따라 죽음에 대한 이해와 반응이 다르다고 한다. 우선 프리스쿨이나 유아원 나이의 아이들(2~4세)은 죽음은 '되돌릴 수 있는, 잠깐 동안의, 그리고 자신과 별로 관계가 없는' 일이라고 이해한다고 한다. 하지만 곧 5~9세의 나이가 되면 대부분의 아이들은 죽음은 삶의 끝이며 모든 살아있는 것들은 죽지만 아직도 자신과는 관계가 없는 멀리 있는 일로 받아들인다고 한다.

따라서 이 또래의 아이들은 노력과 방법들을 통하면 죽음을 피할 수 있을지도 모른다는 생각을 지니고 있다고 한다. 이 시기의 아이들은 또한 죽음을 가시화적인 존재, 예를 들면 해골이나 저승사자 등의 실존하는 존재로 생각하고 따라서 이들이 등장하는 악몽을 자주 꾸곤 하는데 이때가 가장 죽음에 대한 대화가 적합한 시기라고 볼 수도 있다.

이 시기 이후의 아이들(10세 이후)은 죽음에 대해 거의 성인과 같은 관념을 갖게 된다. 그러면서 점점 철학적이고 종교적인 관점으로 죽음에 대한 이해를 하게 되는데 그 전에 부모와의 건강한 대화를 통하여 접근하길 권한다.

자녀는 영화나 책 외에도 자연스럽게 실제 삶 속에서 죽음을 접하게 된다. 예를 들어 키우던 물고기나 강아지가 병이나 노화로 죽거나 안락사 시키는 경험을 하게 되면 돌연 죽음이란 개념은 현실에서 강한 존재감을 드러내게 된다. 애완동물이 없더라도 가족이나 친척의 병원 방문이나 장례식 참여 등으로 인해 부모가 생각하지 못하는 순간에 자녀는 많은 생각의 변화를 경험하게 된다.

우선은 대화를 시작하기 전에 자녀가 죽음에 대해 어떤, 얼마만한 이해를 갖고 있는지를 알고 대화에 임하는 것이 좋다. 또한 자녀가 정신적인 안정을 찾는데 부모의 도움과 다독거림을 필요로 한다면, 부모와의 편안하고 솔직하고 따뜻한 대화는 자녀의 불안함을 조절해주는 기능 이외에도 자녀와의 관계를 돈독히 하는데 큰 도움이 될 것이다.

도전과
모험심

어느 무더운 여름 아침이었다. 등산 동호회의 에릭, 사티바, 레이는 주말 동안 근교에서 등산 여행을 즐기기 위해 길을 나섰다. 등산코스는 완만하고 안전한 길이었으며 멤버들은 정상에 도착할 수 있는 만반의 준비를 마친 상태였다. 그런데 마침 차에서 내려 장비를 점검하고 길을 떠나려 하자 하늘에 먹구름이 끼면서 곧 빗방울이 뚝뚝 떨어지기 시작했다.

예상치 못했던 갑작스런 빗줄기에 세 사람은 서로 얼굴을 바라보았다. 어떻게 하지? 비가 금방 그칠 것 같지는 않았다. 비를 피해 버스 정류장 지붕 아래에 서서 세 사람은 의견을 나누었다.

그러다 에릭은 빗속에서 등산을 하는 것은 생각해볼 가치도 없는 일이라며 두 사람에게 양해를 구하고 집으로 돌아갔고, 레이와 사티바는 예정대로 등산길에 올랐다. 만일을 대비하여 준비한 우비를 입었기 때문에 그리 젖진 않았지만 사티바는 시간이 지날수록 점점 빗속의 등산이 싫어지고 짜증이 나기 시작했다. 마침내 사티바는 지치고 낙심한 나머지 중도에 발길을 돌려 집으로 돌아갔다.
레이는 여전히 내리는 비를 보면서 '지금 상황이 혼자 등산을 해도 안전한가?'를 스스로 점검한 후 돌아간 두 사람에 아랑곳하지 않고 정상을 향해 발걸음을 재촉했다. 후드득후드득 우비 위로 떨어지는 빗방울 소리, 피부에 닿는 신선한 감촉, 빗줄기는 아까보다 좀 더 굵어졌지만 준비한 정보에 의하면 위험한 길은 없다는 것을 잘 알고 있기 때문에 레이는 한걸음 한걸음씩 정상을 향해 조심스럽게 전진했다. 머리카락도 몸도 점차 비에 젖어 들었다. 레이는 예전 무더운 여름날에 땀에 흠뻑 젖어 오르던 산길을 생각하자 지금이 훨씬 더 상쾌하다는 생각이 들고 즐거움이 가득 차 올랐다.
얼마 후 소나기는 멈추고 레이는 정상에 도착했다. 하늘에 떠있는 커다란 무지개를 바라보며 레이는 깊은 만족감을 느꼈다. 레이는 이제 기억에 남을 작은 모험 하나를 더한 셈이다.

위의 스토리의 세 사람은 같은 환경에서 각기 다른 반응을 나타냈다.
첫째, 먹구름과 비에 주눅이 든 에릭은 시작도 하기 전에 '안전함'을 앞세워 도전할 생각을 접었다. 에릭은 보수적이며 "오르지 못할 나무는 쳐다보지도 말자."라는 생각을 항상 해오고 있으며 자신의 잠재력을 잘 알고 있다고 생각하며 실수하지 않도록 노력하는 스타일이

다. 에릭과 같은 성격은 시간낭비를 하지 않고 실질성과 효율성을 최대화하기 위해 있는 힘껏 노력하지만, 대부분의 경우 자신의 숨은 잠재력을 안타깝게도 미처 극대화하지 못하고 마는 경우가 많다.

둘째, 사티바는 처음에는 용기를 내어 출발을 하였지만 점차 굵어지는 빗줄기에 좌절하고 의욕이 떨어져 해낼 수 있다는 가능성에 대해 비관적인 생각을 하고 곧 포기하게 되는 경우로 볼 수 있다. 동기가 결여된 상태에서는 다른 사람이 하는 것이 '좋은 생각'인 것 같아서 노력해보다가도 힘들어지면 쉽게 지쳐서 그만두게 되는 것이다.

셋째, 레이는 천둥이 치고 비가 내리는 것을 새로운 경험이라는 생각으로 호기심을 가지고 받아들였다. 안전상의 문제를 점검한 후, 그는 빗속을 걸어서 캠핑을 하는 것이 어떤 느낌인지 체험하고 이겨냈다. 그에게는 에릭과 사티바에게 없었던 동기와 자신감이 있었다.

많은 학생들은 의욕이 없거나 두렵거나 좌절의 경험을 하게 될 때 미래에 대한 가능성을 바라보지 않고 비관하여 스스로 자신의 시야를 가려버리는 경우가 많다. 이렇게 되면 새로운 도전과 경험이 될 수 있는 찬스를 놓치고 외면하게 된다. 그리고 점점 현재에 안주하는 것을 우선시하고 앞에 놓여 있는 가능성과 미래를 무시하게 된다.

압박감과 좌절을 호기심과 희망찬 모험심으로 변화시킬 수 있는 사람에게는 미래에 관한 모든 옵션이 열려 있다. 결국 어떤 상황이든지 그것을 어떻게 판단하고 어떻게 다가가느냐는 모두 우리 각자에 달려 있다. 어려움을 받아들이는 마음 자세는 어려움이 닥친 그 순간만을 결정하는 것이 아니라 이것을 경험하는 그들 안에 점차 각인되어 미래를 향한 전반적인 자세와 관점 자체로 발전한다.

지금 좌절을 경험하는 상황에 처해 있다면 이럴 때는 어떻게 하면 호기심을 가지고 새로운 마음과 터닝 포인트 포지션으로 전환할 수 있을까 생각하는 것이 상황 해결을 위한 현명한 방법일 것이다.

가정폭력과
자녀교육

예전에 LA에서 〈행복의 다이얼〉이라는 라디오 방송 중에 들었던 기억에 남는 사연이 있다. 사연의 내용은 이랬다.

"저는 가정폭력에 시달리다가 이혼을 한 후 캘리포니아에서 멀리 이사를 가서 미국의 동부에서 생활을 하고 있는 두 아이의 엄마입니다. 저는 큰 아이가 너무 걱정이 됩니다. 큰 아이는 이혼 전에도 학교를 다닐 때 다른 아이들에게서 따돌림을 당하고, 대인관계가 원만하지 않으며 가족에게 거짓말을 자주 하는 등의 문제가 있었습니다. 성적은 항상 저조했고, 싸우고 훔치는 등의 별의 별 문제를 일으키며 말썽을 부려 학교에 수도 없이 불려갔습니다. 아이가 사춘기를 겪게 되면서 이젠 말도 듣지 않고, 부모나 선생님이 주는 어떤 벌도 소용이 없고, 근방의 또래 말썽꾸러기들과 어울려 다니면서 문제가 감당할 수 없이 커져서 아이를 어쩔 수 없이 LA에 있는 아빠에게 보냈습니다. 아들이 간지 1년이 지나고 이제 겨우 마음을 추스르고 있는데 아빠가 도저히 못 키우겠다며 연락이 왔습니다. 아들은 나름대로 자기는 아무 잘못이 없는 것처럼 이야기를 합니다. 더구나 자기는 죽고 싶다고 전화에 대고 소리를 지릅니다. 나중에 알아보니 아빠 집에서도 아들의 친구들이 와서 집을 뒤지고, 도둑맞기도 하여, 급기야 피해서 이사를 가도 똑같은 나쁜 친구들만 만나고 학교도 빠지고 이제는 외박을 하는가하면 마약까지 한다고 합니다. 데려와서 어떻게 감당해야 할지도 걱정이고 지금 겨우 초등학생인 딸에게 올 악영향도 걱정입니다."

한국도 그렇지만 미국 이민사회의 한인들이 가장 관심 있어 하고 가장 걱정스러워 하는 것은 바로 자녀를 올바르게 키우고 잘 인도하는 것이다. 최근 상담 의뢰 추세를 살펴보면 이혼 가정이 급격히 늘면서 자녀의 교육, 특히 인성교육에 점점 더 어려움이 드러나고 있다. 자녀에게는 이혼이 매우 충격적인 사건이지만 사실, 이혼이라는 정점에 이르기까지의 직·간접적인 학대와 폭력 등의 고통스러운 경험 또한 자녀에게 크나큰 상처로 남을 수 있다. 대개의 경우, 이런 불행한 상황으로 인해 자녀가 문제를 일으키면서, 학교생활에서 문제가 일어나고, 가정에서 대화상의 문제가 일어나며, 탈선의 끝에서는 마약 복용 등의 심각하고 난처한 상황으로 이어질 수도 있다.

사실 자녀의 이런 고통스러운 상황은 이혼 가정에서만 일어나는 것은 아니다. 자녀와의 대화가 부족하고 부모와 자녀 사이에 거리감이 있으며 가정 안에서 충돌이 잦고, 집안에서 안전하지 못한 분위기가 자주 조성되면 부모가 이혼을 하지 않은 상태라고 하더라도 자녀에게 충분히 이런 문제가 생길 수 있다. 특히 자녀가 학교생활에 적응을 하기 시작할 어린 나이에 이런 가정문제가 생기면 몇 가지의 두드러진 발달상의 장애가 생기는 것은 불가피하다고 볼 수 있다.

① 추상적이고 논리적인 사고의 정상적인 발달에 문제가 올 수 있다.
② 독립성의 발달에 문제가 생길 수 있고, 독립체로서의 불안함을 잘 감당하지 못하는 모습이 관찰된다.
③ 대인관계에 있어 원만하지 않고 쉽게 상처받으며 다른 사람의 마음을 헤아리는 능력이 떨어지게 된다.
④ 학교 같은 집단에서의 적응이 어려워지며, 공격적이거나 파괴적인 행동장애가 나타난다.

　　자녀가 이렇게 여러 가지의 행동장애를 보일 때는 전문의의 진단과 치료가 중요하고 시급하다. 어린 자녀의 반항적이고 공격적인 모습은 어떤 때는 훈육 부족이 아니라 아동 우울증의 증상일 수가 있고 도움을 요청하는 '외침'일 수도 있기 때문에 '버릇을 고치기 위해' 심하게 야단을 치거나 그냥 내버려두는 등의 방관적인 자세는 바람직하지 못하다. 대신에 마음을 열고 대화에 임해서 서로 간의 입장을 이해하고 어떤 문제로 인해 여기까지 이르렀는지 그 원인과 과정을 이해하는 것이 큰 도움이 될 수 있다. 자녀의 공격적이거나 반항적인 행동은 부모의 입장에서는 다루기가 매우 힘들다.

인내심이 강한 부모도 자녀가 계속해서 사건을 일으키면 참다못해 폭발하기도 하고, 포기하고 싶은 심정이 들게 되는 것은 너무도 당연한 것이다. 계속 이어지는 자녀의 탈선행위는 부모로써 자신의 역할에 대한 의문을 가지게 하고 체벌과 훈육 등 부모기술의 전반적인 면에서 부모로서의 능력이나 정체성을 의심하게 한다. 이렇게 자신감이 없어질 때 아이와의 기 싸움이 계속되면 부모는 당연히 극심한 스트레스를 피할 수가 없게 된다. 그래서 점점 자녀와 격한 말다툼을 하기도 한다.

그러면 부모와의 마찰 외에 또 어떤 경우에 이런 행동장애가 보일 수 있을까? 최근의 연구결과는 학생의 학습능력의 문제는 행동장애의 발달로 이어질 수도 있다고 보여준다. 예를 들어 과잉성 행동장애나 독서장애 등을 경험하고 있는 학생들은 노력해도 공부가 되지 않고 치료와 훈련 없이는 정상적인 학습이 불가능하기 때문에 학교생활이 힘들고, 매사에 자신감이 없어지거나 반항심이 생겨, 행동장애로 이어질 수도 있다. 이런 증상이 있다면 심리적인 문제보다도 병리적인 문제를 야기하기 때문에 정확한 감별진단이 필요하며, 또한 약물치료나 상담치료 등의 적절한 치료가 뒤따라야 한다.

만일 우울증, 불안증, 적응의 문제 등이 직접적인 행동장애의 원인이라면 아이의 슬픔과 내면의 고통에 대한 심리치료를 우선적으로 시행해야 한다. 예를 들어 어떤 아이가 5살 때부터 이런 문제에 시달리고 고통 속에 있었다면 현재 나이가 15살이라도 심리적이고 정서적인 성장이 더뎌져 그의 성숙함은 5살의 수준에 멈춰 있을 수도 있다. 항상 남을 원망하고 자신의 선택과 행동에 책임을 지지 않고 핑계를 대는 책임감 없는 어른으로 자라게 될 수도 있는 것이다.

사연 속의 큰 아이는 사회에 적응하는데 총체적인 문제를 보이고 있다. 성적이 좋지 않을 뿐 아니라, 거짓말을 하고, 기물을 파손하고, 마약에도 손을 대고 있다. 반항성 장애나 적대적 반항장애를 지나서 반사회적 인격장애로 치닫고 있는 모습을 보이기 때문에 행동교정이 시급한 상황이다.

무엇보다 가장 급한 문제는 마약중독이기 때문에 일단은 이 문제에 초점을 두어야 한다. 지역마다 다른 치료소가 산재해 있으며 다양한 비영리 마약치료센터에서 도움을 받도록 더 많은 정보를 찾아볼 수 있다. 마약중독 치료를 위해서 외래 환자 진료소, 입원 환자 진료소, 예방 프로그램 등 다양한 방면의 도움이 준비되어 있고, 특히 LA 지역에는 한인 사회에 도움이 될 수 있는 한국어를 하는 전문인이 상주해 있는 것으로 알려져 있다. 한국이라면 www.drugfree.or.kr을 통해 관련된 유익한 정보를 찾을 수 있다.

사춘기의 방황하는 자녀를 슬기롭게 키우는 효과적인 방법

사춘기의 방황하는 자녀를 슬기롭게 키울 수 있는 몇 가지 효과적인 방법을 소개하려고 한다.

첫째, 자녀에게 부모가 무엇을 기대하는지를 명확하게 알려준다.

자녀가 부모의 기대를 정확히 파악하지 못하면 생활 속에 양가성의 분위기를 가지는 것이 습관화된다. 부모의 기대가 여기에 있는지, 저기에 있는지를 명확히 몰라 답답해 하다가 그 어떤 기대에 부응하는 것을 포기하기가 쉽다. 예를 들면 발표를 앞두고 긴장하고 있는 자녀에게 "우리 아들 잘 해!"라고 말하는 것보다 "전에 얘기한 것처럼 말을 한 단어 한 단어 천천히 발음하고 자세를 똑바로 하면 잘할 수 있을 거야."라고 구체적으로 말하는 것이다.

둘째, 자녀가 자신의 문제를 어느 정도는 직접 해결할 수 있도록 도

움으로써 자신의 삶을 관리하는 능력을 장려한다.

자녀의 독립심을 키워 현명한 선택을 할 수 있도록 배려하는 것은 참으로 지혜로운 부모의 모습이다.

셋째, 자녀가 부모로부터 사랑 받고 있고 부모가 자랑스러워하고 있다는 것을 항상 인지하도록 돕는다.

자녀가 문제를 일으킬 때만이 아니라 잘하고 있을 때도 대화를 함으로써 자녀와 대화의 채널을 항상 열어 놓아야 한다. 대화를 할 때마다 혼이 난다면 그 누가 괴로운 '대화'란 것을 하고 싶을까? 부모가 기억해야 할 것은 대화는 체벌이 아니라는 점이다.

넷째, 부모 자신이 말과 약속의 신용을 지킨다.

지키지 못할 약속은 하지 않아야 한다. 약속을 자주 어기고 신의가 없는 부모는 자녀에게 도덕과 윤리를 가르쳐줄 자격이 없다. 왜냐하면 이런 올바른 가치관에 대해 지도할 때 그 무게가 떨어질 수밖에 없고 그만큼 사춘기 즈음의 자녀에게 자연스럽게 무시를 당할 뿐 아니라, 가치관 자체에 반항심이 생길 수밖에 없기 때문이다.

"가정폭력이 자녀에게 미치는 악영향에 대해 궁금해 문의를 드립니다. 결혼한 후 얼마 안 되어 시작한 남편의 의처증은 해가 지나면서 점점 더 그 정도가 심해져서 언젠가부터 트집이 잡히면 손찌검이 시작되었고 정신적인, 신체적인 학대가 계속 되었습니다. 오랫동안 고통을 받아오던 저는 심한 폭력에 신체적, 정신적인 상처를 입고 곧 친척집으로 거처를 옮겼습니다. 어려운 결정이었지만 저보다는 어린 아들을 위해 폭력이 난무하는 가정에서 나오기로 했습니다. 마음에 특히 걸리는 것은 8살짜리 어린 아들이 아무것도 묻지는 않지만 벌써 많은 걸 알고 있는 눈치입니다. 아빠에게 전화하고 싶다든지 그런 말도 하지 않습니다. 아이는 요즘 특히 의기소침하고, 게임에 몰두하거나 가만히 방에 앉아 있고, 친척어른들과 제가 얘기를 하려면 자기도 급하게 방으로 들어와 눈치를 보는 등 불안한 모습이 보여 마음이 아픕니다. 아들에게서 그런 행동을 보면서도 저 역시 지금의 마음 상태로는 혼자 추스르기도 어려워 그냥 지켜보기만 했습니다. 아이에게 미칠 나쁜 영향이 걱정 됩니다."

사실 가정폭력에 대한 상담의뢰가 들어올 때처럼 마음이 아플 때가 없다. 험한 세상 속에서 가장 안전하고 기쁨이 충만해야 할 가정 안에서 폭력이 일어날 때는 구성원에게 많은 고통과 상처를 남기기 마련이다. 현재 미국에서 밝혀진 통계에 의하면 전체 가정의 10% 이상이 가정폭력을 경험하고 한국에서는 훨씬 더 심해서 무려 34% 이상의 가정이 1년에 한 차례 이상의 폭력을 경험하고 있다고 한다.

이런 상황에서 경험하는 심리적인 충격과 불안은 자녀에게 전반적으로 영향을 줄 수밖에 없다. 다행인 것은 우리의 자녀는 대부분의 경우 정신적으로 매우 유연하고 상황에 적응하는 능력이 어른보다 뛰어나다. 그래서 어려운 상황을 나름대로 잘 견뎌낼 수 있지만 오히려 부모의 당황하고 고통스러워하는 모습을 대할 때는 자녀들도 정신적으로 심한 압박을 느끼고 혼돈을 경험하게 된다. 따라서 일단은 어머니가 마음을 강하게 가지고 흔들리는 모습을 밖으로 드러내지 않는 것이 일단은 지금 상황에서 최선의 모습이다.

물론 지금 가장 큰 우려가 되는 것은 어머니가 자신의 어려움 때문에 자녀를 세심하게 돌볼 마음의 여유가 없다는 것이다. 그래서 알아야 할 것은 때로는 자녀가 감정적이고 정서적인 어려움을 말로 표현하기 어려울 때 신체적인 고통이나 행동적인 장애로 호소할 때가 있다는 것이다. 예를 들어 두통 등의 신체적인 통증을 호소한다든지 학교수업 중 예전보다 심하게 집중을 못하거나 친구들과 심한 나툼을 하는 행동적인 장애를 보인다든지, 수면이나 식사량에 있어 너무 많아지거나 너무 적어진다든지 하는 큰 변화가 보일 때는 바로 어느 정도의 관심을 보이며, 문제를 해결하려고 노력해야 한다. 특히 가정폭력은 가정 안에서 남모르게 일어나고 외부로 노출되지 않으며 동시에 피해자가 가정폭력에 대한 죄책감을 가지게 되는 문제가 생길 수 있기 때문에 더욱 주의 깊게 관찰해줄 필요가 있다.

자녀에게 있어 부모는 세상의 모든 위험으로부터 보호해주는 방어막이자 보루이기 때문에 가정폭력과 같은 사건이 일어나면 자녀는 마음에 상처를 입게 되고 이 상처는 자아 존중감의 저하, 불행, 무력감, 거부감, 죄의식, 분노 등의 격한 감정으로 이어질 수 있으며, 두통, 복통, 천식, 야뇨증, 불면증, 말더듬이나 우울증, 학교공포증, 약물 남용 등의 행동장애와 학습장애를 보이고 극심한 경우에는 자살로 이어지는 경우도 있다.

이런 힘든 상황에서 자녀의 학습 자세와 학교생활은 그만큼 어려워지는 것이 어쩌면 당연한 모습일 것이다. 여기에서 한 가지 도움이 될 수 있는 팁을 제시하면 가능한 한 전학을 하지 않는 것이 좋다. 자녀에게 생활의 환경이 변화하면서 친숙했던 학교와 친구들을 동시에 모두 잃게 한다면 그만큼 충격을 더하게 된다. 전학이 피치 못하다면 다니던 학교나 교회를 한동안 다니면서 친구들과 선생님과 작별 인사를 할 기회를 주는 것이 도움이 될 수 있다. 또 도움이 될 수 있는 것은 가능하면 예전부터 해오던 활동들을 계속해서 하는 것이다. 예를 들어 자녀가 예전처럼 어머니와 함께 영화를 보러 간다든지, 주말에는 함께 도서관에 간다든지 하는 등의 활동을 지속적으로 하는 것은 갑작스러운 변화로 경험하게 되는 충격을 완화시켜 주고 학교생활에 계속해서 집중을 할 수 있도록 도와준다.

또 한 가지 이런 상황에서 자녀가 학교생활에 지장이 적도록 도움이 될 수 있는 것은 상담전문인과의 연결이다. 대부분의 학군에서 학생들에게 힘들고 충격적인 일이 있으면 도움이 될 수 있도록 많은 전문인을 채용하고 있으니 이 점을 이용할 수 있도록 학교측과의 적극적인 대화를 권하는 바이다.

공감대가
필요한 이유

얼마 전 미국의 명문대인 MIT공대에서는 2,000만 달러를 들여 학생들에게 리더십 자질을 키울 수 있는 프로그램을 개발했다고 한다. 이 프로그램의 요지는 학생들에게 공감대를 이루는 대인관계의 기술과 대화법을 익혀 사회의 리더로 자리 잡을 수 있도록 도와주는 데 있다. 1948년에 MIT를 졸업한 버나드 고는은 최근 이런 프로그램을 시작할 수 있도록 거액을 기부하며 이렇게 말했다고 한다.

"많은 새로운 기업들이 엘리트 인재들로 구성되어 있는데도 불구하고 대부분 실패하는 것은 대인관계에 대한 이해 부족 때문이다. 젊은 공학도들은 대인관계를 두려워하고 기피할 것이 아니라 남들을 이해하는 능력을 익히고, 그들에게 공감대를 통한 리더십을 발휘할 수 있는 능력을 키워야 할 것이다."

대부분의 학부모들은 심한 경쟁사회를 의식한 나머지 자녀의 학업 능력에만 치중해 자녀가 사회에서 성공하고 행복한 삶을 영위하는데 필요한 다른 요소를 무시하곤 한다. 시야를 넓게 가지지 못한 부모는 자녀의 전인교육에 힘쓰는 것이 아니라 독선적이고 이기적인 성격을 키워주기까지 하면서 성적에만 치우치도록 유도하는 경우를 자주 접할 수 있다. 이런 가정의 아이들은 자신의 말이나 행동이 다른 이들과 공감대를 이루고 받아들여질 수 있는가에 대한 이해가 부족하며, 이로 인해 성인이 되었을 때 원만한 대인관계나 사회 적응의 실패로 어려움을 경험할 수밖에 없다.

거식증과 우울증으로 고통을 받고 있던 10대 소녀가 어머니와 함께 치료를 받으러 왔다. 딸이 섭식 장애 등 우울증으로 고통 받고 있다는 호소를 하자 어머니는 "네가 왜 우울증에 걸리니? 우울증에 걸릴 이유가 하나도 없잖아! 우리 집이 남들보다 부족한 것도 없고, 해달라는 것은 다 해주고…… 이렇게 사랑이 넘치는 가족과 함께 사는데 왜 그래?"라며 다그쳤다.

그 말속에 있는 어머니의 안타까움은 충분히 이해할 수 있지만 이런 다그침은 딸의 고통을 이해하지 못하고 딸의 아픔을 받아들이지 못하는 단면이며, 또한 거리감과 소외감을 유발하는 원인 중 하나였다. 그리고 평소 일상 속에서도 학생의 가정은 사랑이라는 이름을 내걸었지만 부모와 자녀 사이에 공감대를 이루지 못하고 있다는 것을 느낄 수 있었다. 어머니가 이렇게 다그치는 대신 "우리 딸이 이렇게 솔직하게 힘든 걸 얘기해줘서 참 다행이다. 그 동안 얼마나 힘들었을까? 앞으로 같이 어떻게 덜 아프고 덜 힘들게 할 수 있는지 노력해 보자."라고 얘기했더라면 딸도 마음이 든든해지고 증상이 나아지는데도 훨씬 더 많은 도움이 되었을 것이다. 공감대에 대한 다른 예를 들어 보도록 하자.

평소에 남들과 어울리지 못하는 소극적인 성격 때문에 '왕따'를 자주 당하던 어느 초등학생이 친구의 생일파티에 초대되어 놀러 갔다. 많은 친구들이 참석한 가운데 어떤 아이가 다가와 "넌 여기 어떻게 초대받았니? 네가 이런 파티에 놀러올 자격이 있기나 해?" 라며 악의가 가득한 핀잔을 주었다. 이 말에 상처를 받은 아이는 홀로 구석에 앉아 우울한 모습으로 어머니를 기다렸고 아이를 데리러 온 어머니는 그런 모습을 보고 아이에게 이렇게 말했다. "네가 이렇게 항상 혼자 앉아 있으니까 친구도 없고 왕따를 당하지! 넌 항상 왜 이런 모습이니?" 아이는 바로 눈물을 줄줄 흘렸고 어머니는 순간 후회가 밀려왔다고 한다.

구석에 혼자 있던 아이를 봤을 때 느꼈던 답답함과 실망감 때문에 어머니는 아이의 마음을 감싸주고 어루만져 주는 대신 감정적인 말로 아픈 상처를 자극하였을 뿐이었다. 사실 아이가 무엇보다 필요로 했던 것은 사랑의 표현과 단 한마디의 따뜻한 말이었지만 어머니는 아무런 도움을 주지 못했고, 전혀 공감대를 형성하지도 못했다. 이후 상담 중에 어머니는 그때 아들에게 했던 말이 얼마나 상처가 되었을까 생각하며 눈물을 흘렸다.

부모가 자녀에게 감정을 앞세우는 말보다는 공감하는 대화를 하고 이로 인해 대인관계를 잘할 수 있는 모습을 보여줄 수 있다면 사회에 공헌을 할 수 있는 리더로서의 자질을 키워주고 삶 속에서 끊임없이 행복을 찾을 수 있는 참으로 바람직한 자녀교육을 이룰 수 있을 것이다.

현대 사회는 불안한 경제와 더불어 각종 사건으로 말도 많고 탈도 많은 과도기가 아닐까 하는 생각이 든다. 하루가 멀다 하고 터지는 충격적인 사건들의 연속으로 그 어느 때보다도 사회적인 상실감과 혼돈이 범람하는 시기라고 할 수 있을 것이다. 태평양 건너의 모국도 그렇고 이곳 미국의 한인 사회 또한 그 어느 때보다 힘든 시기를 겪고 있지만 이렇게 어려운 가운데서도 우리는 희망을 가슴에 품고 열심히 견뎌왔다고 생각한다. 이렇게 어려울 때일수록 우리가 공동체로서, 같은 사회 속에서 소외되고 홀로 고통을 받고 있는 이들을 외면하지 말고 따스한 마음과 대화로 지원해주며 공감대를 형성할 수 있으면 어떨까? 우리의 자녀들도 그런 부모의 모습을 보며 공감대를 이루는 법을 배우고 실천하는 기회가 될 것이라고 확신하는 바이다.

바움린드의
3가지 양육 스타일

부모가 자녀를 양육하면서 그들이 생각하는 방법, 사물에 대한 시각 (인식), 그리고 인생에 대한 전반적인 태도를 가르치게 되는데 이렇게 해서 형성되는 것이 자녀의 성격과 인품이 되는 것이다.

이렇게 이루어지는 성격 발달에 대한 심리학자들의 의견은 참으로 다양하다. 근대 심리학의 초기에 성립된 지그문트 프로이드의 전통적인 유아 발달 모델이 있는가하면 인간은 성격상 일생 동안 성장한다는 에릭슨(Erik Erikson)의 학설이 있다.

성격의 발달에는 유전적인 요소 등 많은 것들이 영향을 주지만 그 중 가장 커다란 영향을 주는 것이 '육아법(parenting)'이다. 이것은 심리학적인 관점에서 볼 때, 자녀가 앞으로의 모든 대인관계의 초석이 되는 부모와 자식 간의 인간관계 형성이라고 볼 수 있다. 육아법의 관찰에 있어 가족마다 가풍이나 대화 방식이 다르기 때문에 어떤 육아법이 옳고 어떤 육아법은 그르다 식의 단순한 판단을 내리는 것은 곤란하다. 하지만 자녀가 성장하면서 그의 내면적인 성향을 부모가 좀더 파악하게 되고 부모 또한 가족의 대화 패턴을 파악하게 되면 어떤 방법으로 자녀와 대화하고 훈육하는 것이 가장 바람직할 지를 분간하는데 크게 도움이 될 수 있다.

바움린드(Dr. Baumrind)는 크게 세 가지 양육법의 형태를 관찰할 수 있다고 주장했다.

첫째, 가족 독재적인 양육 스타일(Authoritarian Parents)

이 스타일의 부모는 무조건적인 복종과 존경을 당연하게 요구하고, 자녀의 감정을 자신의 기분에 따라 조종하며, 협박하고, 처벌을 가하는 방법을 쓴다. 이러한 부모는 권위적인 모습으로 나타나며 자녀들은 거리감을 느끼고 부모에게 이해받지 못한다고 느낀다. 이런 스타일의 부모 밑에서 자란 자녀는 침울하고 민감하며, 매사에 불만이 많고, 내성적이고, 의심이 많고, 공격적이고, 행동장애 등을 보이는 경우가 많다. 한국의 부모는 대부분 이런 식의 양육 스타일을 보고 자랐기 때문에 유교식 사고방식을 앞세운 이런 육아법을 이용하는 것을 자주 보게 된다.

둘째, 지나치게 관용적인 양육 스타일(Permissive Parents)

이런 부모는 자녀의 자기 표현과 자율적인 절제를 중요하게 생각한다. 자녀의 독립성을 권장하고 기를 살려주는 등의 아이디어는 좋지만 대부분의 경우 이런 부모들은 무관심에 가까운 관용이나 자녀가 아무렇게 해도 허용할 줄밖에 모르는 등의 행태를 보이게 된다. 관용밖에 할 줄 모르는 부모는 자녀에게 필요한 훈육에 있어서 무능력하고, 필요한 관심을 적절한 시기에 주지 못하게 되며, 어떻게 보면 전체적으로 냉정한 느낌을 주기도 할뿐만 아니라 자녀와 생활이 따로 겉도는 듯한 부모로 보이기도 한다. 이런 양육 스타일 속에서 자라게 되면 자신을 통제하는 능력이 현저히 저하되고, 주변 사람들에게 무리한 요구를 하는 모습을 자주 보이고, 말을 잘 안 듣는 등 반항적인 모습을 보이거니 주로 대인관계가 원만하지 않는 경우가 허다하다.

이렇게 관용을 가장 중요하게 생각하며 키우는 부모는 사랑을 주고, 감정적인 교류를 하기를 원하며 자녀가 원하면 언제든지 대화를 할 준비가 되어있을 수도 있지만, 훈육과 자녀의 감정 조절을 적절한 시기에 해주지 못하기 때문에 자녀들이 충동적이고, 성숙하지 못하고, 비교적 자신의 감정에 대한 통제능력이 부족하게 된다. 바움린드 박사의 연구 결과에 의하면 이런 양육 스타일은 자녀들이 '충동적이고 공격적'으로 자랄 수 있다는 결론을 내렸다.

셋째, 권위적인 양육 스타일(Authoritative Parents)

이것은 자녀들에게 다분히 합리적인 요구를 하는 통제적이고도 유연한 양육 방법이다. 부모가 정한 규율을 자녀가 존중하고 따르도록 이끌어야 하는 것이 가장 중요한 조건이며, 훈육을 적절히 이용하는 한편 정서적으로 가장 건강한 양육법이다. 이러한 양육 스타일의 부모는 자녀에게 관심을 가져주고 감정적인 교류를 활발히 하되, 강할 때 강하게 대처함으로써 합리적이고 효과적인 통제 방법을 적극적으로 이용한다. 이 양육법에서 가장 중요한 것은 필요할 때마다 자녀를 통제할 수 있으며, 규율이 제대로 서있고, 자녀가 노력할 때 맞춰주는 분위기를 조성하게 된다. 이런 스타일의 가정에서 자란 자녀들은 대부분의 경우 노력을 통해 결과를 얻는 편이고, 자신감이 넘치고, 자립심이 강하며, 팀을 위해 협동할 줄 알고, 사회성이 강한 편이다. 바움린드는 이런 스타일의 양육법을 '에너지가 넘치며 우호적'이라고 칭하고 자녀들이 '자립심'을 키울 수 있게 된다고 주장했다.

사실 마지막의 양육법이 가장 바람직하지만, 이것은 그만큼 부모가 많은 노력과 시간을 투자해야 이루어질 수 있는 방법이다. 자녀를 사랑하는 것만큼, 자녀가 성장할 동안 그들을 위해서 노력하는 것이 사실은 미래를 위한 투자라고 말할 수 있다. 왜냐하면 우리 문화의 특성상 자녀가 아무리 나이가 들어도 어려운 일에 처했을 경우 한국 부모님들은 함께 아파하고 고통스러워하기 때문이다. 자립심과 사회성을 키우고 합리적인 사고를 가지고 생활을 할 수 있도록 유도함으로써 자녀가 자라면서 스스로 해결해야 할 앞으로의 무수한 어려움들을 자신의 힘으로 헤쳐나갈 수 있도록 도와주는 것이야말로 부모로써 자녀에게 해줄 수 있는 가장 큰 선물인 것이다.

죄책감을 통한 부모의 컨트롤은 NO!

"저는 자식 때문에 살아요. 힘들어도 참고 …" 이런 말을 자주 듣게 된다. '나는 못하였을지라도 내가 희생을 하니 너는 당연히 잘해야 한다.' 라는 메시지다. 좋은 의미이지만 자녀에게는 아무 합의 없이 빚을 지고 삶을 시작하는 듯한 부담이 가는 관계이다. 이런 성장환경은 성장기에 압박감으로 작용할 수밖에 없고 자의로 성공하는 것이 아니라 부모의 희생에 대비한 성취라는 빚 독촉에 시달리며 단기간의 목표들로 이어지는 짧은 시야의 성인으로 자랄 수밖에 없다.

대신 부모가 자신을 위해 스스로의 자아실현을 추구하고 노력을 하게 되면 이것을 보고 자라는 자녀는 자아실현을 당연한 삶의 목표로 삼게 된다. 부모는 자녀가 행복하기를 바라지만 효과적인 양육법을 잘 모르기 때문에 이런 죄책감이라는 멍에를 씌워 자녀가 성공적이고 행복한 삶을 살 수 있도록 컨트롤을 하는 경우도 많지만 유명 작가인 로버트 훌검이 말했듯이 부모는 자녀가 말을 듣지 않는다고 걱정을 할 것이 아니라 자신을 늘 지켜보고 있다는 점을 느낄 수 있도록 해야 할 것이다. 부모가 자녀에게 "너 학원비 때문에 얼마나 힘든지 알아?" 등의 채무부담을 지워주는 대신 부모가 스스로 자신의 삶속에서 스스로를 위해 노력하는 모습을 보이는 솔선수범이야말로 자녀가 자신의 인생의 주인이 될수록 도와주는 길일 것이다.

Chapter 2

아이의 행동장애에는
심리적인 이유가 있다

아이가 행동장애를 일으키는 심리적 요인을 분석하고 이를 극복하게 하는 훈육 지침을 제시해

본다. 저자의 임상 사례를 통해 피부에 와 닿는 생생한 해결책들을 내놓으려고 한다.

자해

"4살 된 딸입니다. 유아원에서 선생님이 딸아이의 어떤 행동에 대해 하지 못하게 제재를 하자 스스로 자신의 팔을 꼬집고 뜯으며 자학을 했다고 합니다. 저도 전에 아이를 제가 혼내면 자신의 머리를 스스로 때리는 것을 몇 번 본 적이 있었는데 얼마 전에는 타임아웃을 시켰더니 벽에 자신의 이마를 부딪쳐 빨갛게 상처가 나있는 것을 발견했습니다. 고집이 세고 자기주장이 확실해서 그런 거라고 하던데 이럴 때 어떻게 대처하고, 어떻게 행동해야 하는지 궁금합니다. 저희는 맞벌이 부부라 아이가 언니와 할머니하고만 있는 시간이 많습니다."

어린 자녀의 자해 케이스를 접할 때는 어떤 상황이건 안쓰러운 마음이 앞선다. 자해는 자신에게 일부러 상처를 입히는 행동으로 어떻게 보면 스스로 긴장을 풀어주기 위한 행위로 이해할 수도 있다.

지난 1990년대부터 급증한 자해 행위 사례는 칼로 긋는 것 외에도 물거나, 때리거나, 부딪쳐 멍이 들게 하거나, 화상을 입히거나 하는 등의 다양한 모습으로 나타나고 있으며, 이제는 전문인들도 자해에 대한 좀 더 현실적이고 체계적인 이해가 생기게 되었다.

미국에서는 약 100명 중 한 명꼴로, 250만 명의 인구가 자해를 하는 것으로 밝혀졌고, 여아가 남아보다 네 배의 비율로 자해를 하고 있으며 16~25세 사이가 가장 위험한 시기로 나타났다.

커팅(칼로 손목을 긋는 자해의 일종)을 하는 경우는, 심한 불안, 분노, 슬픔 등에서 오는 극도의 긴장감을 풀어주기 위한 행동이지만 모든 중독성 행동과 마찬가지로 자해는 점점 그 정도가 심해질 수 있는 위험성이 존재하며, 마약중독 등의 위험하고 파괴적인 성향으로 이어질 수도 있다. 따라서 증상이 나타날 때는 임상 심리학 박사나 정신과 의사 등 전문인과 대화를 하고 치료로 이어질 수 있도록 노력하는 것이 필요하다.

치료 방법은 개인상담, 가족상담, 그룹상담이 효과적이며, 상담치료는 인지치료와 대처능력 개발, 행동교정과 대화의 전반적인 소통법 등이 주제가 된다. 약물치료는 주로 항우울제가 쓰이며 이것은 특히 우울증의 증상이 동반될 때 효과적이다.

흥미로운 것은 글이나 그림, 또는 다른 예술 활동 등으로 자기표현을 하는데 익숙한 학생들은 거의 자해를 하지 않는 것으로 나타났으며, 이로써 느낌과 생각에 대한 자기표현의 중요성을 다시 한번 부각시키게 되었다.

사실 상담을 하다보면 고집스러운 아이들이 자해로 분노를 표출하는 것을 자주 보게 된다. 상담사례에서 질문한 아이의 '벽에 머리를 박는' 등의 감정표출은 만 1살이 되기 전부터 시작되어 24개월 무렵 정점에 도달하지만 언어의 발달에 따른 자기표현이 생기면서 점점 줄어드는 것이 대부분이다. 좌절상황에서 생기는 지나친 관심과 통제에 대한 반발작용으로 자해행위가 나타날 수도 있기 때문에 이런 경우는 올바른 훈육이 절실한 시기라고 볼 수 있다.

그렇다면 어떤 아이들이 자해를 할까? 언어 능력이 발달되어 있지 않는 경우, 공격적인 성향이 조절되지 않는 경우, 형제가 많거나 부모와 함께하는 시간이 부족하여 관심이 더 필요한 경우, 극도의 긴장감으로 안정이 필요한 경우, 발달장애가 있는 경우 등이 자해로 이어질 수 있다고 밝혀졌다.

자녀가 어린 경우의 대처법

자해하는 아이의 부모에게 아이가 호전될 수 있도록 가정에서 대처할 수 있는 몇 가지의 방법을 소개하고자 한다.

첫째, 아이의 마음을 읽어준다.

예를 들어 형선이라는 아이가 "아냐! 나 양치질하기 싫어!"라고 말할 때 엄마가 "우리 형선이가 양치질이 하기 싫구나!"라고 말해주면 마음을 읽어주는 것이다. "우리 형선이가 아까 엄마가 숙제하라고 혼을 내서 양치질이 하기 싫구나!"라고 아이가 양치질하기 싫은 이유까지 파악해서 말하면 공감의 소통이 되는 것이다. 물론 이유를 모르면 아이가 이유를 말하도록 다정하게 유도하도록 한다.

둘째, 평소에 자녀에게 칭찬을 자주 해준다.

칭찬에도 노하우가 있다. "우리 형선이는 참 착해!" 등과 같은 상투적이고 수박겉핥기 식의 칭찬은 효과가 미약하다. 예를 들면 "아까 형선이 혼자서 양치질을 했구나. 정말 이제 다 컸구나." 등의 구체적인 칭찬이 현실적인 자아발달과 행동교정에 도움이 된다.

셋째, 아이와 눈을 맞추고 단호하게 안 된다고 말한다.

만약 아이가 관심을 끄는 수준을 넘어 큰 상처가 나도록 자해의 강도가 높아진다면 일단 다치지 않도록 아이를 안아서 제압한 후 아이와 눈을 맞추고 단호하고 분명한 목소리로 "그러면 안 돼."라고 말한 다음에 "우리 형선이는 아주 소중해. 함부로 다치게 하면 안 돼!"라고 사랑의 표현을 해준다. 물론 전문가의 개입이 필요할 수 있다.

넷째, 아이를 인정해 줌으로써 같은 편에 있어순다.

예를 들어 아이가 게임이 잘 안 되어 짜증을 내면, "왜 그런 것을 가지고 화를 내!"라고 말하는 대신 "우리 형선이가 화가 났구나. 잘 안 되는가 봐. 그럼 엄마한테 왜 화가 나는지 얘기해줄래?"라고 마음을 이해해주고 언어적인 표현으로 감정을 풀어낼 수 있도록 이끌어주어야 한다.

다섯째, 놀이를 통해서 분노를 조절하는 방법을 알려준다.

평소 아이가 차분할 때, 인형으로 상황극을 만들어 화가 날 때 감정을 어떻게 다스리는지를 연출해주어 간접적인 모델링을 해줄 수도 있다. 아이가 인형극을 잘 이해하는 것으로 보인다면 타이밍을 맞추어 자해하는 것이 옳지 않다는 것을 알려주면 강압적인 제지 없이 이해시켜 줄 수도 있다.

10대 자녀인 경우의 대처법

나이가 좀 더 든 10대의 자녀는 유아기의 자해 형태를 벗어나 도구를 이용하는 모습을 보이게 되는데 이 시기에는 부모로서의 역할도 다르고 대처방법도 달라져야 한다. 혜영이가 그런 케이스였다.

17살의 혜영이는 어머니의 손에 이끌려 상담실로 들어왔다. 어린 나이에 미국에 이민을 왔지만 한국말이 아주 능숙했고, 오히려 상담의 거의 전반적인 내용이 한국어로 이어졌다. 이것은 문화적으로 아직 한국적인 것이 더 친근하고 가까운 것이 직접적인 이유일 수도 있지만, 그 외에도 어쩌면 고등학교 3학년에 이르도록 주류문화나 주류사회의 친구들로부터 따돌림을 받거나 오랫동안 문화적으로 밀폐된 생활이 계속되어 오지 않았을까? 하는 느낌이 들었다.
"우리 혜영이가 아이들에게 따돌림을 받고 있다는 생각이 들어요. 아이들과 잘 어울리지 못하고 집에서는 신경질을 잘 내고 침울해해요. 아주 착한 아이인데, 동생한테도 잘해주고…… 엄마로서 곧 대학에 진학하는 우리 딸에게 앞으로 사회생활을 더 잘할 수 있게 선물을 해주고 싶어 이렇게 상담하기 위해 데리고 왔습니다."

혜영이 어머니는 생각이 깊고 사랑이 많은 분이었다. 처음에는 어색해하던 혜영이는 불과 몇 분 사이에 마음을 열고 불편한 점, 속상한 점, 마음 아픈 것들에 대해 편안하게 대화하기 시작했다. 많은 상처를 지니고 있는 모습이었지만 첫 번째 해결과제 중에 많은 진척을 보이며 앞으로 다가올 상황을 짐작하지 못하게 했다. 사실 흐뭇한 마음마저 들 정도로 솔직하고 대담했던 혜영이는 그 첫 번째 해결과제 이후 자신 안의 많은 상처가 소용돌이치며 수면 위로 올라오고 있었다.

며칠 후 혜영이 어머니에게서 급한 전화가 왔다.

"박사님, 혜영이가 어젯밤에 손목을 칼로 그었습니다. 너무 놀라서 지금 정신이 없어요. 어떻게 된 걸까요? 왜 갑자기 이런 일이 생겼지요? 혹시 상담 때문에 더 나빠지는 것은 아닐까요? 무엇보다, 제가 우리 혜영이에게 도대체 뭐라고 말을 해줘야 하나요?"

필자는 혜영이 어머니에게 자해의 정도와 자살의 의도 여부에 대해 묻고 다음날 있을 상담까지 기다리길 권했다. 다음날 혜영이에게 어머니의 전화에 대해 솔직히 얘기했고, 이 사건에 대한 혜영이의 입장을 물었다. 혜영이는 솔직하게 오픈을 하고 대화에 임했고, 아주 여러 해 전에도 이런 커팅이 있었던 것을 얘기했다. 단지 그때는 아무도 모르고 있었을 뿐이었다. 잠시 동안의 대화 후 대기실에서 초조하게 기다리던 어머니를 불러 함께 대화를 시작했다.

눈물이 앞서던 혜영이는 "엄마, 나 너무 힘들었어. 누군가에게 내가 이렇게 아프다는 것을 말을 할 수가 없었어. 미안해, 엄마. 다시는 이렇게 하지 않을게."라며 엉엉 울기 시작했고, 딸을 감싸 안으며 어머니는 참았던 눈물을 흘리기 시작했다.

"난 너한테 엄마가 힘든 얘기를 다 했는데 너는 엄마가 너무 힘들까봐 아무 말을 못했구나. 왜 그렇게 했어. 엄마가 이제 다 들어줄게. 이젠 우리 같이 얘기하도록 하자."

혜영이는 모범생이었다. SAT도, 내신 성적도 좋았고, 좋은 대학을 염두에 두고 기다리던 시기였지만 대학입학을 앞두고 밀려오는 스트레스는 치유되지 않았던 내면의 깊은 상처를 여지없이 끄집어냈다. 첫 번째 상담 후 상담자에게 믿음이 갔기 때문인지 혜영이는 무의식적으로 자신의 내면에 숨기고 있던 아픔을 털어놓게 된 것이다. 상담자가 이러한 문제를 침착하게 해결해 줄 수 있을 것이라는 믿음이 없었다면, 사실은 혜영이는 자신의 아픔을 드러내지 않았을 것이다.

혜영이가 그림에 소질이 있다는 것을 알게 된 필자는 혜영이와의 상담을 그림그리기와 병행하기 시작했다. 그림은 우리에게 많은 것을 보여준다. 대화에서의 표현처럼 그림은 내면의 세계가 다분히 내포되어 있고 그 중의 몇 가지 그림은 체계적인 연구를 통해 심리적인 분석이 가능하게 되었다.

정신역동(Psychodynamic theory) 논리에 충실한 심리치료사들은 상담에 임하는 아동들에게 HTP 그림(House 집, Tree 나무, Person 사람)을 그리게 함으로써 과거의 심리적인 충격과 혼란의 흔적을 찾고 동시에

자아와 심리적인 상황에 대한 이해를 구하는 수단으로 활용한다.

이들 그림 중에서 필자는 혜영이의 사람 그림에 대한 궁금증이 생겨났다. 혜영이의 사람 그림은 어린 남자아이였다. 혜영이는 "11살짜리 남자아이에요. 딱 11살이 맞는 나이인 것 같아요."라고 설명했지만 왜 남자아이를 그렸으며 10살도 아니고 12살도 아닌 11살이어야 되었는지가 의문으로 다가왔다.

"혹시 사람을 그릴 때 11살짜리 아이를 자주 그리지 않아요?"

"…… 네 그런 것 같네요."

"…… 11살 때, 무슨 일이 있었나요?"

순간 혜영이는 움직임을 멈추었고 잠시 후 혜영이는 소파 앞쪽으로 당겨 앉으며 표정이 굳어졌다. 어렵게 입을 열었다.

"아, 그때. 음……, 그러니까 그때 제가 따돌림을 심하게 당하고,

커팅을 처음 시작했었네요."

오래 전의 상처가 아직도 무의식 속에 자리잡고 매일 매일 생활의 수면 위아래로 맴돌고 있었다는 것을 알게 된 혜영이는 '그랬었구나!'라고 쓰여 있는 표정으로 생각에 잠겼다.

.

혜영이는 이제 고등학생이 아닌 동부 명문대의 의젓한 의예과 학생이 되었다. 명문대인 만큼 이 대학은 학생들을 위한 유능하고 명망 있는 심리상담소가 있어서, 필자는 혜영이가 대학에서도 계속해서 자아발달을 위한 상담을 하도록 권했다.

필자는 혜영이가 그림에 많은 취미가 있는 것을 '하늘이 무너져도 솟아날 구멍이 있다.'라고 느낄 정도로 다행으로 생각한다. 왜냐하면 미술이나 음악 등 내면의 세계를 표현할 수 있는 기회가 있다는 것은 자해를 방지해주고 힘들 때 견뎌낼 수 있는 힘을 얻을 수 있는 자신만의 독특한 해소 방법을 가진 것이기 때문이다. 따라서 부모는 자녀의 이런 면을 존중하고 키워줘야 할 것이다.

공황
장애

"저의 아이가 정신 이상인지 무슨 큰 문제가 있는 것 같아요. 아이가 숨을 못 쉬고 이상한 소리를 해요. 선생님 좀 봐주세요."

전화를 통해 들려오는 어머니의 목소리는 다급한 마음과 걱정스러운 마음에 제대로 된 설명도 하지 못한 채 전화를 끊고 말았다. 며칠 후 예약시간에 나타난 어머니와 아들은 초췌한 얼굴로 불안한 마음을 감추지 못하고 있었다.

15세로 고등학교에 재학 중인 리차드 김은 우수한 성적을 받고 있는 모범학생으로 알려져 있었고 아무도 어떤 문제가 있을 거라고는 상상조차 할 수 없는 학생이었다. 약 6개월 전 리차드는 잠자리에서 외마디 소리를 지르며 일어났다. 온몸은 땀에 범벅이 되어 흠뻑 젖어 있었다. 그는 부모님의 방에 뛰어들어와서 숨을 몰아쉬며 호소했다.

"아파요. 가슴이 너무 아파요. 응급처치가 필요해요."

깜짝 놀라 일어난 부모는 아들을 데리고 곧바로 응급실로 향했다. 응급실에서 리차드는 검진을 하는 의사에게 혹시 이러다가 죽는 것 아닌가, 정신이 이상해지는 것 같다, 가슴이 아프다, 숨을 쉴 수가 없다, 몸이 마구 떨리고 어지럽다며 증상을 호소했다.

심장과 호흡기관 또는 뇌기능 등 여러 가지 검사를 해보았지만 병원은 아무런 이상을 발견할 수 없어, 안정제를 투약하고 수면제를 준비시키는 정도의 조치 후 퇴원을 시켰다. 결국 별 치료도 없이 집에 돌아온 리차드의 증상은 나아지지 않았고 점점 더 심각해지는 양상을 보였으며 같은 문제로 인한 한밤중의 응급실 방문이 잦아졌고 점차 학업과 대인관계에 지장을 초래하게 되었다.

"언제부터 이런 증상이 시작되었습니까?"라는 질문에 리차드와 가족은 어머니가 친척과 심하게 다투는 것을 본 저녁 이후 이런 증상들이 시작되었다고 말했고, 당시의 여러 가지의 상황을 비추어 보았을 때, 증상의 시작이 정말 당시의 격렬한 다툼과 관계가 있는 것으로 밝혀졌다. 상담 중 리차드는 내내 치료실 주변의 문이 여닫히는 등의 작은 소리에도 민감하게 반응했고 당시 친척이 집에 찾아와 문을 심하게 두드리며 소리를 지르던 상황을 자세히 기억하고 있었다.

당시 리차드는 혼자 있을 때 누군가의 희미한 목소리가 들리거나, 벨소리가 들릴 때 극도로 예민한 상태에 있었으며, 특히 자다가 땀에 젖어 일어나 가슴의 통증을 호소하기가 일쑤였다. 어떤 때는 숨이 가빠져 가슴을 쥐어짜며 "힘들다. 죽을 것 같다."는 말을 되풀이해 가족의 걱정은 점점 심해졌고 마지막 응급실 입원 당시 의사의 권유대로 임상심리 치료를 찾게 되었던 것이다.

필자는 일단 리차드의 증상이 시작된 원인에 대해 의구심을 가지게 되었다. 많은 가정들이 폭력과 불화를 겪지만 이렇게 어느 일정한 사건 하나로만 이런 모든 증상들이 동시다발적으로 일어나는 것은 드물기 때문이다. 환자의 증상은 극심하게 팽배된 불안함이 일시에 폭발하듯이 신체적인 증상으로 나타나는 것처럼 보였으며 공황장애의 모습으로 나타나, 더욱 상세한 환자의 생활환경과 건강 상태, 가족력 등을 충분히 조사하는 것이 치료에 도움이 될 것으로 보였다.

사실 필자는 임상치료를 하면서 치료사로서 내 역할의 반은 형사 콜롬보가 범행동기를 찾는 것처럼 증상의 원인을 규명하는데 있다고 느끼곤 한다. 원인을 잘 모르면 증상을 고친다 하더라도 재발할 수 있다. 왜냐하면 증상이 시작된 원인을 찾아 치료를 하지 않고 행동교정에만 힘쓰는 것은 마치 상처를 찾아 관찰하고 필요한 약을 바르거나 제대로 된 치료를 하지 않고 상처 주위를 잘 안 보이도록 그냥 덮어두는 것과 마찬가지이기 때문이다.

리차드는 다섯 살 때 가족과 함께 미국으로 이민을 와 미국의 문화와 교육시스템에 비교적 잘 적응해 왔다. 그러나 부모의 경우는 달랐다. 이민 생활에 따르는 생활고로 부부관계는 불화로 이어졌고, 아버지는 습관적인 폭주와 잦은 카지노 출입으로 가족에게서 멀어지기 시작한지 여러 해가 되었다. 어머니는 남편이 자주 취해 있는 등 대화가 불가능한 상태라 가족의 생활문제에 대해 하나밖에 없는 아들에게 하소연하면서 어릴 때부터 심적인 부담을 많이 지워주고 있었던 상태였다.

"알아서 잘해오고 있었어요. 아들이 워낙 착하고 생각이 깊어서 모든 일을 함께 상의했습니다."

어머니의 필요와 기대에 부응하기 위해 리차드는 실제로 나이에 비해 많이 성숙한 면을 보였고 이로 인해 친구들처럼 아이들답게 지낼 수 있는 기회가 주어지지 않았다.

리차드와의 첫 대면 중 리차드가 심리치료사인 필자를 왠지 형이나 아버지처럼 바라보고 대한다는 것을 느꼈고 인터뷰 중 환자가 그런 존재를 필요로 함을 느끼게 되었다. 심리치료는 따라서 상당히 편안한 상황에서 진행되었고, 증상에 집중하는 것에 앞서 생활 속의 강점을 부각시키고 환자교육을 통해 증상에 대한 이해를 더해줌으로써 긴장감을 완화시키는데 주력하였다. 그리고 심리치료에 필수적인 환자와의 치료적 동맹과 협력을 성립시키는데 노력함과 동시에 현재라는 시점의 문제에 많은 비중을 두는 대신 미래에 대한 희망과 학업진도에 초점을 맞추는 약간의 독특한 방식으로 치료의 방향을 잡아갔다. 치료가 거듭될수록 리차드는 안정감과 자신감을 점점 얻기 시작했고, 몇 주마다 계속되던 한밤중의 응급실 방문은 약물치료 없이 상담만으로도 완전히 멈춰지게 되었다. 하지만 잘되고 있다고 느껴졌던 치료는 뜻밖의 암초와 맞닥뜨리게 되었다. 어느 오후 다음 상담을 준비하던 필자는 리차드의 어머니에게서 전화를 받았다.

"공황장애라고 하셨죠. 우리 리차드가? 그럼 우리 아이가 정신이상이 온 건가요? 안그러던 아이가 무슨 얘기만 하면 화를 내서 같이 무슨 말을 못하겠어요. 아이가 완전히 미친 것처럼 행동해요."

치료의 성과에 만족하며 어느 정도 완치에 대한 자신감을 얻어가던 필자는 환자 어머니의 어처구니없는 질문에 말문이 막히고 말았다. 하지만 동시에 상황파악이 가능해졌다. 리차드는 상담 속에서 자신의 모습을 찾아가면서 공황증상의 원인이 되어왔던 요소들에 대해 민감한 반응을 보이기 시작했던 것이다. 예를 들어 어머니의 생활고에 대한 불평을 어린 나이에도 불구하고 받아주고 함께 힘들어 해주던 리차드는 더 이상 어머니의 남편이 아닌 아들의 자리로 서서히 돌아가는 과정에서 아버지의 역할을 강요하는 어머니의 요구에 화를 내고 대화에 응하지 않는 모습을 보였던 것이다.

이러한 통화와 동시에 가족의 문제가 바로 드러나기 시작했다. 가족은 심리치료를 통해 리차드의 공황증상만을 없애주기를 원했지, 그 원인을 찾아 원천적인 문제를 해소하려는 모습을 보이지 않았다. 오히려 건강한 모습을 찾아가는 아들을 '정신병자'로 몰아가며 엄마는 자신의 현실적인 필요에 따라 여전히 아들에게 의존하고자 했던 것이다. 어머니는 지금껏 생활의 어려움을 아들에게 호소함으로써 자신의 심리적인 짐을 덜어왔고, 리차드는 '좋은 아들'의 역할을 다하기 위해 기꺼이 무거운 심리적인 짐을 떠안았지만 이 역할의 연속은 어린 십대가 지탱하기에는 너무 부담이 컸다.

리차드의 치료는 개인적인 상담과 함께 서서히 부모의 관점을 전환시켜주는 가족 시스템에 대한 치료의 병행이 시급했다. 따라서 상담에 참여하지 않는 아버지는 배제하더라도 어머니의 개별적이고 정기적인 면담을 통해 아들이 어머니에게서 건강하게 정신적인 독립을 꾀하는 것이 우선적인 목표가 되었다.

필자는 우선적으로 가족이 이처럼 개성있는 모습을 나타내고 있는 것을 존중한다. 왜냐하면 이것은 가족이 어떤 어려움을 극복하기 위해 자연스럽게 진화된 모습이라고 이해하기 때문이다. 하지만 가족상담의 창시자인 아르헨티나계의 마이누첸 박사와 보웨니안 가족치료사의 주장처럼 가족의 문제는 필요에 따라 본의 아니게 가족의 일원을 희생시킬 수도 있고 이렇게 원하지 않은 결과로 이어질 수도 있다. 따라서 이렇게 필요에 의해 변화된 가족의 모습을 존중하고 이해하는 동시에 피해를 받고 있는 가족의 일원을 치료하기 위해 건강한 가족관계가 자리 잡힐 수 있도록 조율을 하는 것이 급선무로 다가왔다.

리차드는 슬픈 아이였다. 하지만 가족의 어려움은 그의 슬픔을 표현하도록 허락하지 않았고, 일방적인 성숙함을 강요해 아이답지 못하게 살고 있는 것에 대한 상실감과 매일매일 생활 속에서 경험하는 현실의 긴장 상황은 불안감의 형태로 부풀어 오르고 있었던 것이다.

심리치료는 이렇게 7개월여 동안 이어졌고 리차드는 점차 자신에 대한 정체성을 회복하고 미래에 대한 희망을 가지게 되면서부터 공황 증상의 모습은 서서히 사라지게 되었다.

공황장애 대처법

전 세계적으로 인구의 4% 이상이 리차드처럼 공황증을 경험한다고 조사된 적이 있다. 공황장애는 드물게는 아동기에도 시작할 수 있지만 대개 청년기에 시작되며 유전적인 원인이 있을 수 있는 것으로 밝혀졌다. 공황증은 사실 비교적 흔히 볼 수 있고 치료가 가능한 증상이지만 심리치료를 하지 않으면 더욱 심해질 수 있다. 아동기와 청년기의 증상은 리차드의 케이스처럼 예고 없이 갑자기 찾아오는 강렬한 공포감과 불안, 심부전증, 호흡 곤란 등의 건강상의 문제가 동반되며 몇 분에서 몇 시간까지 그 증상이 이어질 수도 있다.

공황증의 양상은 사람마다 아주 다양한 모습으로 나타나는데 대표적인 증상은 강렬한 두려움, 어떤 무서운 일이 일어나고 있는 듯한 느낌, 아주 빨라지는 심박동수, 어지러움증, 호흡이 가빠지고 답답해져서 숨이 막히는 느낌, 진땀이나 오한증, 몸의 떨림, 현실에서 분리되는 느낌, 죽음에 대한 공포, 수족 저림증, 정신 질환이 생겼을 것 같은 생각 등이다.

성장기의 아이가 공황증을 경험할 때 감별진단이나 치료가 없으면 성장발달과 정신건강에 치명적인 결과를 초래할 수도 있다. 공황증은 자녀의 대인관계와, 학교 생활 등의 정상적인 생활환경을 황폐화시키고 언제 엄습할지 모르는 공황증상으로 인해 항상 불안함과 초조함으로 고생하게 된다. 이렇게 되면 극도로 예민해져 학교생활에 있어서도 집중력이 떨어지며 불안한 기분이 점점 고조되어 성적과 학우들과의 대인관계 등에 문제가 생기게 되며 이것은 시험이나 가족의 문제 등 여러 가지 다른 스트레스가 있을 때 더욱 심한 정신적인 영향을 받게 된다. 그래서 항상 피로한 모습을 보이고 생활 속에서 있을 수 있는 다양한 상황을 견뎌내지 못하는 모습을 관찰하게 된다.

어떤 환자들은 생각 끝에 공황증이 일어날 수 있는 장소나 상황을 기피하기 시작하고, 공황증이 일어나면 도움을 받기 어려울 듯한 장소도 기피하기 때문에 생활반경에 제한이 생기기 시작한다. 심한 경우에는 학교를 기피하고 부모와 떨어지기를 거부하며 집밖을 나가지 못하게 되는 수도 있고 이럴 때는 광장공포증(agoraphobia)으로 연결되는 수가 있다. 실제로 미국의 임상심리와 정신과 진료의 진단 매뉴얼인 DSM(Diagnostic and Statistical Manual of Mental Disorder)은 현재 공황증을 광장공포증과 함께하는 증상과 광장 공포증이 없는 공황증, 두 가지로 분류하고 있다. 그만큼 치료받지 못하는 공황증은 광장공포증으로 이어지기가 쉽기 때문이다. 공황증은 더 나아가 환자에게 심한 우울증을 유발하여 자살 등으로 이어질 수 있는 위험이 높아지며 그 불안함과 두려움 때문에 술이나 마약중독으로 연결될 수 있는 위험도가 매우 높은 증후군에 속한다.

아동 공황증은 사실 감별진단이 쉽지 않은 질환이다. 처음에는 병원에도 자주 가게 되고 다른 의사에게서 수 없는 건강진단을 받게 되고, 또 비용도 많이 들고 몸에 힘든 많은 검사를 받는 경우도 허다하다. 고생스럽더라도 올바른 검진과 진단을 통한 공황증 치료는 대부분의 경우 좋은 치료결과로 이어지게 된다.

아동과 청소년의 공황증은 일단 가정주치의나 소아과 의사에 의해

검진을 받아서 다른 어떤 건강상의 문제가 없다는 것이 밝혀져야 한다. 이후 환자는 소아 정신과 의사나 임상심리학 박사의 전반적인 진단을 받고 치료를 시작해야 한다.

아동 공황증에는 현재 몇 가지의 도움이 되는 약이 있지만 약으로만 치료하는 것은 재발의 위험이 높아 필자는 심리치료를 적극 권하는 편이다. 일반적으로 심리치료는 환자와 가족에게 증상에 대한 교육과 치료를 동시에 적용하는데, 대표적인 치료법으로 인지행동치료(CBT, Cognitive Behavioral Therapy)가 효과적인 치료법으로 알려져 있다.

치료가 시작되면 환자는 이 치료법을 통해 자신의 불안함과 공황 증세를 통제하고 관리하는 방법을 배우게 된다. 약물치료와 심리치료를 병행할 때 큰 도움이 될 수 있다고 통계결과가 발표되어 있지만 개인적인 임상경험으로는 심리치료 한 가지만으로도 좋은 효과를 볼 수 있었다. 치료가 시작되면 대부분의 경우 공황증은 그 횟수가 줄어들

거나 멈추는 것을 관찰할 수 있었다.

초기 치료는 광장공포증이나 우울증, 또는 술이나 마약중독 등의 후유증과 합병증을 미연에 방지함으로써 환자가 생활 재적응을 하는 데 많은 도움이 된다. 주의해야 할 것은 치료 도중에 환자의 증상이 나아졌다고 해서 치료를 갑작스럽게 중단하면 증상이 재발하는 경우가 많기 때문에 주의해야 한다.

보스턴 대학의 연구조사 결과 공황증 환자가 치료를 받을 때 가장 도움이 될 수 있는 것은, 어떤 생각이 두려움과 공포로 연결되는가를 감별하는 법을 배우는 것이라고 밝혀졌다. 그리고 이 감별된 불합리한 생각의 패턴을 인식하고 이것이 그대로 신체적인 공황증으로 이어진다는 것을 배우고 이것을 현실적인 생각으로 바꾸어 이입하는 방법을 배우는 것이 큰 효과가 있다. 실제로 임상심리 박사 등의 심리치료 전문가는 심리치료를 통해 긴장감과 불안함을 덜어주는 상황 대처법과 기술 등을 습득시키고 훈련시키게 된다.

공황증을 경험하고 있는 환자의 가정은 증상에 도움을 주기 위한 안정적인 가정환경 조성 등의 적절한 변화를 꾀하고 증상 발생시의 대처방법을 강구하는 것이 좋다. 아동이 공황증상이 없을 때를 골라 그가 집이나 학교 안에서 어느 장소가 가장 안전하고 편안하게 느껴지는지에 대해 대화하고, 불안해지고 두려워지면 그 장소에서 안정을 찾을 수 있도록 하는 것도 중요한 대처 방법 중의 하나다.

환자가 학교에 다닌다면 학교의 선생님들에게 환자의 이러한 증상을 잘 이해시켜서 아이가 불안해할 때 수업에 참여하지 않게 하는 것도 좋은 방법이 될 수 있다. 실제로 얼마 전에는 공황증이 있는 학생이 심장마비 같은 증상에 놀라 수업 중에 뛰쳐나가는 순간 선생님이 이 학생을 나가지 못하도록 막았다고 한다. 학생은 구급차를 부르라고 고함을 지르며 어머니에게 연락을 해야 한다고 나가려 했지만 이 증상을 이해하지 못한 선생님이 계속해서 저지하자 평소에 유순한 모습을 보이던 학생은 공포감에서 비롯된 공격적인 모습으로 돌변해 선생님을 주먹과 발길질로 공격해서 쓰러뜨리고 달려 나갔다고 한다. 이 모두가 약간의 교육으로도 미연에 방지할 수 있었던 사건이었다.

경제적인 불안으로 사회적인 불안함이 조성되어 있는 요즘, 이런 증상들은 더욱 심해질 수 있기 때문에 우리는 주변의 환자를 주의 깊게 관찰하고 치료로 연결이 될 수 있도록 해야 할 것이다.

게임
중독

"박사님, 우리 아들이 게임에 단단히 중독이 되었나 봐요. 이제는 집에서 어떻게 해볼 도리가 없어요. 좀 도와주세요."

13세의 재승이는 평소에도 주의가 산만한 아이였다. 유치원에서부터 선생님들이 손을 쓸 수가 없을 정도로 에너지가 넘치고 가만히 있지 못하는 모습을 보였고 눈에 띄게 부족한 집중력, 충동성과 과잉행동을 보였다. 초등학교를 졸업하면서 학교의 주선으로 검사를 받은 결과 재승이는 ADHD(주의력결핍 및 과잉행동장애, Attention Deficit Hyperactivity Disorder)를 가지고 있는 것으로 판명되었다.

ADHD는 이른 시기에 비교적 쉽게 규명할 수 있는 증상이지만 일상생활에 많은 지장을 초래하며 특히 가족과 선생님들에게 많은 어려움을 주기 때문에 최근 들어 과잉진단이 되고 있다는 조사결과가 발표되고 있다.

ADHD가 과잉진단이 되고 있는 원인을 직접 학교와 클리닉에서 접해본 여러 케이스를 통해 관찰해보면 그 이유는 비교적 간단하게 드러난다. 사실 필자는 어린 학생들이 한자리에 앉아서 가만히 집중을 하고 있는 것은 약간 부자연스러운 모습이라고 생각한다. 하지만 경쟁이 심해진 요즘은 모두가 높아지는 학업수준을 따라가느라 바쁘고, 어떤 이유로든 뒤떨어지는 아이들은 '심각한 문제'가 있는 것으로 치부되기 쉽다. 또한 커리큘럼을 숨가쁘게 가르치는 선생님들은 이렇게 산만한 아이들을 대하기가 피곤하고 힘들기 때문에 너무 쉽게, 더 자주 부모에게 검사를 요청시키고, 일단 ADHD의 진단이 나오면 학생이 뒤떨어져도 "이제는 내 잘못이 아니다."라고 생각하게 된다. 동시에 얼마 전부터 ADHD에 대한 사회적인 인지도가 갑작스럽게 증폭된 것도 과잉진단의 요인 중 하나라고 볼 수 있다.

아무튼 재승이의 문제는 ADHD에서 그치는 것이 아니었다. 얼마 전부터는 임상전문의에게 산만한 모습, 에너지가 넘치는 점, 집중력이 아주 약한 모습 때문에 치료를 받고 있었지만 이제 짐짐 더 심해지는 문제는 비디오 게임 중독이었다.

"재승이는 다른 건 집중하기 어려워하지만 유독 비디오 게임은 너무 좋아하고 그냥 내버려두면 하루 종일 밥도 안 먹고 게임만 하기도 해요. 아이가 너무 산만해서 집중할 수 있는 것이 있다는 게 고마워서 이렇게 하면 집중력도 나아질 수 있고 점차 훈련이 되면 학교수업이나 공부를 할 때도 도움이 되지 않을까 해서 한동안 장시간을 놀 수 있도록 배려해 주었습니다. 그런데 이제는 매일 게임만 하려고 하네요. 스트레스를 받는다며 더 게임을 하기도 하고 이런 이유, 저런 이유를 대며 게임을 하면서 늦게 잠을 자게 되고 아침에 일어나기 힘들어해요. 전에는 그만하자 말하면 시간을 질질 끌다가 겨우 끝냈지만, 이제는 말도 듣지 않습니다. 게임 중독인 것 같아요. 어디에선가 비디오 게임이 두뇌 발달과 신경조직 향상에 도움이 된다고 들은 것 같아 배려한 것이 게임 중독으로 돌아와 두 가지의 문제를 안게 된 것 같아 너무 많이 걱정이 되네요."

어떤 부모는 자녀가 집중력이 크게 부족하지만 비디오 게임을 할 때는 강한 집중력을 보이고 그 집중력을 장시간 지속시킬 수 있기 때문에 "우리 아이는 ADHD가 아니고 그냥 의욕이 부족한 것일 뿐이다. 그래서 의욕이 살아나 공부에 재미를 느끼게 되면 저절로 해소될 것이다."라고 말한다. 사실은 ADHD를 가진 자녀들도 대부분은 비디오 게임에 장시간 몰두할 수 있다. 그러나 게임에 임할 때 보이는 집중력은 공부나 생활 전반으로 연결이 되지 않는다. 왜냐하면 비디오 게임은 시각, 청각적으로 현실에 비해 대단히 자극적이기 때문에 학교 공부나 일상 속에서 해야 하는 일보다 주의력과 집중력을 기울이기가 훨씬 쉽기 때문이다. 컴퓨터 게임이나 온라인 게임은 화려한 그래픽을 중심으로 자극적인 스토리 라인이나 재미 중심의 짜임새를 가지고, 짧은 시간 내에 노력의 결과를 볼 수 있기 때문에 평상시 집중을 못하는 자녀에게 "이건 내가 쉽게 할 수 있을 뿐 아니라 아주 잘할 수 있다."라는 느낌이 들며 생활 속에서 얻지 못하던 자신감과 성취감을 얻을 수 있기 때문에 이런 향상된 집중력을 보이게 된다.

그뿐 아니라 ADHD를 가진 자녀는 평상시 충동적인 행동으로 인해 야단을 자주 맞고 칭찬을 듣는 기회가 별로 없지만 비디오 게임 중에는 곧바로 노력의 성과가 나타나고 실수를 하더라도 싫은 소리를 듣지 않고 계속해서 다시 시도해 볼 수 있기 때문에 비디오 게임의 매력에서 빠져나오기 힘들다. 게이머는 자신을 이해하지 못하는 부모와 주변의 눈초리 속에서 고립된 자신만의 세상에서 존재하며 생활한다. 어떻게 보면 고뇌에 찬 삶이 아닐 수 없다.

ADHD를 가진 자녀가 힘든 것은 부모로부터의 문책만이 아니라 주변 사람들의 이목도 큰 비중을 차지한다. 예를 들어 운동에 자신이 없는 아이가 많은 사람들이 지켜보는 앞에서 헛발질을 하거나 헛스윙을 하는 등의 모습을 보일 때 듣게 되는 비웃음이 마음의 큰 부담으로 느껴지듯이 평소에 산만함 때문에 다른 사람들의 눈치를 보는 것에 익숙해지고 이로 인해 매사에 자신감이 결핍된 자녀들은 오히려 비디오 게임 속의 세상이 현실의 세상보다 안전하고 편안하게 느껴진다.

또한 비디오 게임은 선생님의 시험 채점처럼 빨간 줄이 그어진다든지 하는 등의 자존심을 상하게 하는 경험을 주지 않고 반대로 실수를 통해 더 많은 것을 배울 수 있도록 도와준다. 사회성이 부족해 힘들어하는 ADHD를 가진 자녀들도 비디오 게임에 있어서는 누구보다 뒤지지 않을 수 있는 자신감이 생길 수 있고 현실에서 어떤 일을 해보는 것보다 마음에 상처받을 일이 적기 때문에 더 쉽게 집중하고 즐기는 것으로 볼 수 있다. 가볍게 이용하는 비디오 게임은 재미를 주고 자신감과 성취감에 도움이 되며 더 나아가 사회적인 면을 키울 수 있는 좋은 취미일 수도 있다. 하지만 과다한 게임은 사회적응력을 오히려 떨어뜨리고, 현실에 대한 책임감을 소홀히 하게 되고, 반항성의 성향을 키우며 운동량을 줄이게 되고 점점 중독성이 심해지게 된다.

2011년의 연구 결과에 의하면 요즘 18세 미만의 97%의 남학생과 94%의 여학생이 정기적으로 비디오 게임을 하고 있으며 약 23%의 학생들은 자신이 비디오 게임에 중독된 것으로 생각한다고 한다. 특히 남학생들의 경우 세 명중 한 명꼴로 자신의 비디오 게임 중독에 대한 걱정을 한다고 하니 이것은 심각한 수준이라고 할 수 있다. 통계상 8~12살 사이의 학생들은 일주일에 평균 13시간, 13살 이상의 학생들은 그 이상의 시간을 비디오 게임을 하며 보낸다고 한다. 또한 비디오 게임과 함께 학생들에게 생활의 일부로 자리잡고 있는 것은 TV 시청이다. 이제는 거의 모든 가정이 TV를 가지고 있으며 매일 평균 7시간 이상의 TV 시청이 이루어지고 있는 것으로 밝혀졌다.

이런 TV와 비디오 게임은 일방적이고 강한 시각적, 청각적인 자극으로 좌뇌의 기능을 활성화하지만 우뇌는 비교적 적은 자극을 받기 때문에 좌우 뇌의 고르지 못한 기능적 불균형이 ADHD을 더 심화시킨다고 전문가들은 말한다. 일단 좌우뇌가 어린 나이에 고르게 발달되지 못하고 균형이 깨지면 자율신경의 조절능력에 차이가 생기게 되고, 교감신경이 쉽게 흥분되어 불안, 초조를 유발하게 되고, 집중력과 주의력이 떨어지며, 충동적인 행동과 감정의 기복이 더욱 심해질 수 있다. 그래서 가능하면 비디오 게임보다는 운동과 고른 영양식을 통해 두뇌의 통제 역할을 하는 전두엽을 발달시켜 억제 능력, 감정 조절, 계획성 등을 발달시켜 생활에 잘 적응할 수 있도록 돕는 것이 중요하다는 의견이 많다.

ADHD를 가진 자녀가 비디오 게임을 할 때 일어나는 가장 큰 문제는 과다한 중독성 현상이다. 비디오 게임은 마약이나 알코올, 담배 등과 유사한 중독성을 보인다. 예를 들어 내성이 생기고 하면 할수록 는다는 점이라든지, 의존성이나 금단 현상, 피해가 오기 시작해도 게임의 과다한 이용을 멈출 수 없는 점 등이 그 예이다.

재승이의 모습처럼 ADHD의 증상은 자신을 통제하는 능력을 크게 저하시킨다. 그렇기 때문에 자녀가 스스로 자신의 습관을 고치도록 기다리는 것보다는 부모님이 직접 과다하게 비디오 게임을 하는 자녀를 규제해 주어야 한다. 어린 자녀나 충동성이 강한 아이들은 프로이드가 세운 무의식의 이론에서 이해하듯, ID(원자아)에 가깝고 일차적인 사고 과정에서 이해하듯 자신의 욕구를 채우기 위한 모습이 깅하며 이것을 규제해 줄 수 있는 초자아(Super ego)가 제대로 자리 잡고 있지 못하기 때문에 부모는 초자아의 정립을 위해 올바른 행동과 가치관을 학습시켜 줘야 한다.

이렇게 부모가 자녀의 행동을 교정해 주어야 할 경우 가장 중요한 것은 두 부모가 일관성 있게 규제에 임해야 한다는 것이다. 엄마는 안 된다고 말하지만 아빠는 눈감아주는 등의 상황은 좋은 변화를 꾀하기 어렵게 한다. 그래서 예를 들어 주중에는 어느 정도 비디오 게임을 하며 놀 수 있는지, 숙제부터 해야 놀 수 있도록 하는지, 주말은 몇 시간을 놀 수 있는지, 어떤 게임을 살 수 있도록 허락하는 지를 부모가 대화를 통해 정확하게 정하는 것이 좋다. 그런 후, 자녀와 함께 새로운 비디오 게임에 대한 규칙을 설명하고 이 규칙의 적용이 바로 시작되는 것을 자녀와 합의하고 자연스럽게 받아들이도록 해야 한다.

게임중독 대처법

비디오 게임은 이제 명실 공히 현대문화의 큰 부분으로 자리 잡게 되었다. 부모는 현명한 자녀교육과 적절한 훈육을 통해 비디오 게임이 줄 수 있는 이점을 적극적으로 이용하되 게임중독에서 빠져나올 수 있도록 자녀를 인도해주어야 한다.

미국 서부의 남가주 헌팅턴 비치의 학군에서 상담자로 일할 때, 문제를 많이 일으키는 학생들과 성적이 극히 저조하고 수업에 참여하지 않는 등 행동장애를 보이는 학생들에게서 자주 듣는 말은 "수업이 지루해요." 또는 "재미가 없어요."였다. 이것은 수업에 대한 전반적인 이해가 부족하여 수업과 거리감이 생겨 지루함을 느끼는 것이 대부분이었다. 물론 극히 일부의 학생들은 수업의 내용이 너무 진부하고 쉬워 이런 얘기를 할 수도 있지만 그것은 극히 드문 경우다. 학생이 학습에 재미를 못 붙이고 성적이 저조하면 부모는 이렇게 생각한다. 공부를 비디오 게임 하듯이 즐겁게 하면 얼마나 좋을까? 왜 우리 아이는 공부에는 의욕이 없고 비디오 게임에는 이렇게 죽을 둥 살 둥 매달릴까?

실제로 비디오 게임에 많은 시간을 보내고 공부에는 아무런 재미를 붙이지 못하는 자녀의 학교생활과 학습 습관만을 관찰하며 부모들은 이렇게 말하곤 한다.

"아이가 의욕이 없어요. 공부에는 통 관심이 없고 적성도 취미도 표현을 하지 않습니다."

그러면 필자는 이런 질문을 자주 한다.

"자녀는 하루를 어떻게 보내는 편입니까?"

여기에서 가장 자주 듣게 되는 답은 "학교 다녀와서는 비디오 게임과 컴퓨터에 시간을 많이 보내고 주말에도 역시 많은 시간을 게임을 하는데 보냅니다."이다.

우리 어른들은 언젠가부터 사물을 관찰하는 법을 잊어버렸다. 생활에 치이고 물질적인 걱정과 욕심에 생각과 느낌의 대부분을 할애하다 보니 아이는 어른과는 다른 차원에서 느끼고 생각하고 생활을 하고 있다는 것을 잊어버리곤 한다. 그래서 어른들은 본의 아니게 자신의 아이를 관찰하는 것을 잊어버리고 본인의 관점을 자녀에게 강요한다.

"엄마 아빠는 하루 종일 힘들게 일하고 왔잖니. 내가 왜 이렇게 피곤하게 일을 한다고 생각하니? 너 하루 종일 숙제도 안하고 오락이나 하라고? 넌 왜 이렇게 철이 없니!"

ADHD의 유무를 떠나 자녀의 고질적인 비디오 게임 습관이 상담 중에 드러나면 필자는 학생에게 항상 어떤 게임을 하냐고 질문을 한다. 아이들에게는 자신들이 좋아하는 게임의 장르가 항상 있기 마련이다. 심리학적인 측면에서 아이가 자주 하는 비디오 게임의 장르와

종류를 이해하는 것은 대단히 중요하다. 만일 아이가 비디오 게임으로 대리 만족을 느낀다면 그 아이의 현실에서 채워지지 않는 것, 아이가 어떤 것을 필요로 하는지 비디오 게임의 장르에서 보다 쉽게 알 수 있게 되기 때문이다.

예를 들어 주로 스포츠 게임을 하는 아이는 운동선수로서 또는 그 팀의 감독으로서의 역할을 맡아 게임을 하게 된다. 상대 팀의 약점과 강점을 파악하고 각 선수의 특징을 이해하며 많은 훈련과 연구로 한 경기, 한 경기를 풀어 나간다. 어떤 게임은 선수들을 훈련시키는 과정 또한 게임의 일부로 되어 있어 경기의 승리에 필요한 현실적인 요소를 게이머가 이해하고 노력할 수 있도록 도와준다. 다른 예로 실시간 전투 게임을 즐기는 아이는 게임상의 전투에서 필요한 리더십과 민첩함, 그리고 눈과 손의 협응(coordination) 동작의 정확도의 완성 등을 익히고 향상시킨다. 이 모든 것은 넓게는 익히고 배우는 공부라고 볼 수 있다. 게이머는 왜 이렇게 복잡하고 쉽지 않은 공부를 지치지 않고 장시간에 걸쳐 반복적으로 하게 되는 걸까?

게임을 하는 아이의 옆을 지나치며 핀잔을 주는 부모님의 눈에 보이는 아이의 한심한 모습 이면에는 아이가 현실로는 접근할 수 없는 커다란 성취감을 느끼게 하는 순간들이 숨어 있다. 아이는 혼자만의 시간 속에서 전투를 승리로 이끄는 제독이고, 제국을 설계하고 일으키는 고대 문명의 왕이며, 화려한 조명을 받는 운동선수, 또는 스텔스 전투기를 조종하는 탑건 파일럿이다. 자녀의 마음속에서 갈망하는 이런 영광의 순간들을 이해한다면 어떤 부모가 "우리 아이는 의욕이 없습니다."라고 말을 할 수 있을까? 비디오 게임에 심취한 아이는 비디오 게임을 하기 위해 시간을 아끼고 다른 일들에 할애하는 시간과 에너지를 단축시킨다. 비디오 게임을 하는 동안 게임에서의 수도 없는 실패를 마다하지 않고 끊임없이 노력하여 목표를 달성한다.

우리는 항상 "그럴 시간에 공부를 하면, 책을 읽으면, 숙제를 하면……"이라고 말을 한다. 사실 비디오 게임은 허무하다. 많은 시간과 노력을 기울여 게임이 드디어 끝이 나면 남는 것이 아무것도 없다. 그런데 아이들은 왜 그토록 힘들게 다람쥐 쳇바퀴 돌듯 그런 행위를 계속할까? 답은 쉽다. 게임은 노력의 결과가 빨리 나오고 또 재미가 있기 때문이다. 다음 질문은 훨씬 더 중요하고 유용한 질문이다. 그러면, 왜 이 비디오 게임이 아이들에게 재미가 있을까? 많은 부모들은 이 질문을 물어보지 않는다. 그리고 아이들은 이 질문에 대한 대답을 제대로 할 줄 모른다. 이 질문의 답에 대한 이해를 돕기 위해 참고로 몇 가지의 예를 들어 보겠다.

A라는 학생은 SimCity 등의 건축과 설계에 관계된 게임을 좋아한다. 이 학생은 왜인지 모르지만 뭔가를 짓고 만드는 것에서 성취감을 느낀다. 다른 종류의 게임보다 더 오래 집중할 수가 있고 게임을 하는 동안 더 즐겁다. 이것은 물론 A의 소질과 취미와 게임이 부합되기 때문에 아이가 재미를 느끼는 것이다. B라는 학생은 전투와 1인칭 슈팅 게임 등에 많은 시간을 보내는데 이 학생은 원래 경쟁심이 강하고 누군가를 이기는데 큰 의미와 중요성을 느낀다.

이런 성격상의 그리고 의욕면의 이해를 할 수 있도록 부모는 자녀의 게임에 대해 흥미를 갖고 질문을 하며 자녀와 열린 마음으로 대화를 한다면 더욱 많은 정보가 얻어지게 될 것이다.

어떤 학생들은 부모나 가족의 갈등, 친구 문제 등 현실 도피를 목적으로 게임을 하는 경우도 있을 수 있다. 이런 도피성의 게임 중독 같은 경우는 심리치료를 통해 내면의 어려움을 해소함으로써 게임 습관을 줄이도록 도와줄 수 있다.

재승이의 게임중독은 행동의 규제가 적절하지 못했고 필요했던 대화가 부족한 부모의 양육 방법이 낳은 산물이었고, 집중적인 훈육 방법의 지도와 대화 방법의 학습을 주제로 한 부모의 상담치료와 함께, 가족심리치료를 병행한 접근 방법이 좋은 효과를 가져왔다. 재승이는 아직도 비디오 게임을 한다. 하지만 예전과는 달리 매일 매일의 숙제를 마치기 전에는 하지 않고, 주말에도 다양한 활동을 준비한 탓에 예전처럼 게임을 장시간 할 수 있는 여유가 없어졌다.

등교
거부증

"2살부터 프리스쿨에 다니기 시작한 저희 딸은 성격이 밝고 활달하며 인사도 잘해서 어린이집에서 모르는 사람이 없을 정도로 사교성이 좋습니다. 그런데 3살이 된 이번 해에는 교장선생님을 비롯해서 많은 선생님들이 바뀌었습니다. 그래서인지 아이가 학교를 낯설어하고 적응을 못하고 있습니다. 선생님이 무섭다고 하는 등학교에 들여보내려면 30분에서 1시간 실랑이를 합니다. 학교를 옮기는 것이 좋을지 고민하고 있습니다. 아직은 아이가 잘 적응할 수 있도록 최대한 노력을 하고 있지만 아침마다 수업에 들어가길 거부하는 이 문제를 어떻게 해결해야 할지 모르겠습니다."

최근의 조사에 의하면 약 28%의 학생들이 학교를 거부하는 등교 거부증(School Refusal)을 보인다고 한다. 남녀학생 모두 같은 비율로 도시에서 더욱 자주 관찰되며 빈부의 차이에 관계없이 생기는 모습이다. 요즘의 자녀들이 대개 예전 세대보다는 독립성이 강하고 자기주장이 뚜렷하기 때문에 예전보다 더 많이 행동으로 표출되는 것으로 생각된다. 지금 3학년이면 학교에 적응하는 기간이기 때문에 환경의 변화에 민감하고 자신의 느낌과 의견을 반항하는 모습으로 전달을 하는 것일 수도 있다.

등교 거부증은 학교를 자주 결석하거나, 학교를 중간에 나온다든지, 학교가기 전에 배가 아프다, 어지럽다 등의 꾀병으로 등교를 피하는 모습을 보이거나, 학교에 가서도 울거나, 매달리고, 떼를 쓰거나 하는 행동이 보이거나, 스트레스를 많이 받는 여러 형태의 모습으로 나타나는 것으로 알려져 있다.

필자가 학생의 등교 거부증을 치료할 때 가장 중요하게 여기는 것은 거부를 하는 이유와 동기를 알아내는 것이다. 이것이 문제의 열쇠이며 학생을 이해할 수 있는 길이기 때문이다. 자녀의 등교 거부 동기는 두려움을 벗어나기 위해 노력, 사회성 부족 등의 초조함을 피하기 위한 노력, 관심을 받기 위해서 떼를 쓰는 모습, 또는 규칙이 부족한 가정환경에서 발생할 수 있는 자유로움을 더 추구하려는 모습 등으로 분류될 수 있다. 전문의는 〈The School Refusal Assessment Scale〉이라는 테스트 등과 상담을 통해 이런 행동을 발생시키는 생물·사회심리학적인 요소를 점검하게 되며 역동치료, 행동치료, 부모교육, 가족치료, 탈감요법, 약물치료 등의 방법으로 접근을 하게 된다.

등교거부 대처법

등교 거부증을 해소하기 위해서는 육아법 교육, 상황시 대화방법 코칭, 습관의 정립, 등교 거부에 대한 상과 벌, 그리고 특별한 경우에는 강압 등교 훈련 등의 방법을 이용할 수 있다.

현재의 상황에서는 자녀가 부모에게 왜 선생님이 싫은지 솔직한 마음을 털어놓을 수 있도록 대화를 유도하여 정확한 이해를 하는 것이 시급하다. 예를 들어 현재의 선생님이 싫은 이유가 선생님이 하는 행동이나 말, 자녀에게 대하는 모습 때문일 수도 있지만, 예전의 정들었던 선생님을 그리워하고 현재의 바뀐 선생님의 모습이 예전 선생님에 대한 상실감을 자꾸만 상기 시켜주게 되어 선생님과 수업이 싫어지는 것일 수도 있다. 자녀의 행동에 대한 원인을 정확히 파악하는 것은 앞으로 나아갈 좋은 방향을 잡을 수 있도록 도와준다.

현재로서 추천할 수 있는 방향은 자녀가 변화에 잘 적응할 수 있도록 인도하는 것이다. 이 방향의 이점은 다음과 같다.

첫째, 앞으로 자녀가 겪을 많은 변화를 적응할 수 있는 능력을 키울 수 있는 기회로 삼을 수 있다.

둘째, 자녀가 엄마와 선생님에 대한 대화를 하면서 자신의 느낌에 대해 솔직하게 말하는 연습을 점점 더 하게 되고, 대화를 통해 어려움을 해소할 수 있게 되는 기회를 가지도록 도울 수 있다.

"비바람을 겪지 않고 어떻게 무지개를 볼 수 있겠는가?"라는 중국 속담처럼 위기를 기회로 삼는 지혜가 필요하다.

자녀의 행동 때문에 전학을 하는 것에는 몇 가지의 부작용이 따를 수 있다.

첫째, 엄마의 개입이 너무 깊어지면서 자녀가 싫어하는 것을 혼자 이겨내고 적응하는 능력의 발달을 지연시킬 수 있다.

둘째, 자녀가 자신의 입장과 관점을 엄마를 통해 어른의 세계에서 관철을 시킴으로 인해서 이기적이거나 자기중심적인, 그리고 불합리한 자아를 키워나가게 될 수도 있다.

물론 자녀가 현재의 상황에 너무나 고통스러워하는 이유가 선생님의 학생에 대한 학대라고 한다면 별개의 문제지만, 그렇지 않다면 이 문제가 만성적인 문제로 발전되기 전에 초기에 잘 도와줘야 한다.

왕따

"믿을 수 없지만 저희 아들이 아무래도 다른 학생을 왕따시키는 것
같아 걱정이 되어 상담의뢰를 드립니다. 잘못된 길로 가는 아들을
바로 잡아줄 수 있는 도움이 필요합니다."

최근 학교폭력과 그로 인한 사살 사선이 사주 발생하면서 사회적
인 문제로 대두된 왕따(Bullying)에 많은 관심과 경각심이 생기고 있다.
얼마 전 한국에서 실시된 설문조사에서는 설문조사 대상의 30% 이상
의 학생이 왕따를 가하거나 당하는 등의 직접적인 경험을 했으며 74%
이상이 왕따를 목격한 것으로 드러났다. 미국에서도 조사 결과, 전체
학생 중 56%가 왕따를 목격한 적이 있고, 15%가 왕따가 두려워 학교
를 결석한 적이 있으며, 10%의 학생이 왕따 때문에 학교를 그만두거

나 전학을 했다고 발표되었다.

미국에서는 전국적으로 매달 282,000명의 고등학생들이 왕따와 관계된 폭력사고에 연루되었으며 지난 30년간 왕따로 인한 자살 사례가 50% 이상 증가했다. 설문조사에 의하면 많은 학생들이 학교 내에서 일어나는 대부분의 총기사고가 왕따 현상과 관계 있다고 생각하는 것으로 밝혀졌다. 이 모두가 왕따 현상이 공공연하고 광범위하게 일어나고 있는 것으로 풀이가 되는 수치라고 볼 수 있다.

그러면 왕따를 가하는 학생의 심리는 어떤 것일까? 왜 이 학생들은 다른 학생들을 괴롭히고 못살게 구는 걸까?

조사결과에 의하면 왕따를 가하는 학생들은 대부분 자신이 내면에 스트레스, 분노, 고통스러움 등에 시달리고 있다고 한다. 그리고 이 학생들은 언어나 신체적인 폭력으로 인한 직접적인 피해자인 경우가 많고 가정에서 공격적인 언사나 폭력이 난무하고 사정없는 매질이나 무리하게 관용적인 양육스타일 또는 무관심 등으로 내면으로부터 심리적인 상처가 안으로부터 곪고 있는 경우가 태반이다. 따라서 자신의 내면의 고통으로부터 벗어나기 위해 자신과 주변의 다른 이의 이목을 자신이 아닌 다른 쪽으로 돌리는데 많은 노력을 한다.

물론 가정환경이 직접적인 원인이 아닌 경우도 충분히 있을 수 있지만 자녀가 왕따의 가해자로 판단된다면 전문적인 상담 등을 이용하여 자녀의 상처를 치유하고 더 나은 미래로 인도해야 한다.

왕따를 당하는 경우의 대처법

어린 학생이 왕따를 당하고 있는 경우, 학생은 가급적이면 위험지역에서 혼자 있는 것을 피하고, 믿을 수 있는 어른이나 나이 많은 형제 등에게 도움을 요청할 수 있다. 특히 신체적인 폭력의 위험이 높아진다면 가해의 정도가 더 심해지기 전에 도움을 받아야 한다.

왕따를 당하고 있는 상황에서 벗어날 수 있는 일반적인 대처방법은 다음과 같다.

① 놀리거나 협박을 할 때 이것을 못 들은 척 무시하고, 별 반응을 보이지 않는다.

이렇게 함으로써 나약한 모습을 보이지 않고 상대에게 즐거움이나 어떠한 자극도 주지 않는 것이 바람직하다.

② 왕따를 당할 때 어떤 폭력적인 반응을 먼저 보이지 않는 것이 중요하다.

화가 나서 먼저 치거나 밀치면 이때부터 본격적인 신체적인 학대로 발전될 수 있다.

③ 말하거나 행동할 때 자신감을 가질 수 있도록 연습을 한다.

자신감이 있는 학생은 절대 집단 따돌림과 폭력의 대상이 되지 않는다.

④ 운동을 하거나 적극적으로 친구를 사귐으로써 자신감을 얻도록 기회를 가진다.

⑤ 선생님과 카운슬러, 가족과 친구 등과 왕따에 대한 대화를 해야

한다.

특히 악성 루머나 인위적인 고립을 당하며 힘들어할 때는 자신을 믿어줄 수 있는 누군가를 찾아 대화를 해야 한다. 최근에는 많은 학교에 반폭력 프로그램들이 있어 학생들이 보호를 요청하고 도움을 받을 수 있다.

한국 학생들 중 왕따의 가해자들을 상대로 인터뷰를 한 결과 여러 학생들이 "차이에 대한 교육이 없었다. 나와 다른 것 같은 학생들을 따돌리거나 괴롭히는 것이 나쁘다는 인식이 들지 않았다."라는 참으로 기가 막힌 말을 하는 것을 듣게 되었다. 학과 공부에 치우친 나머지 인성교육이 크게 생략된 것을 보여주는 단면이라고 볼 수 있다. 이렇게 학교에서 자녀의 인성교육의 부족함이 보일 때는 부모가 책임감을 가지고 자녀의 필요한 점을 채워주도록 노력해야 할 것이다.

자위
행위

"민감한 부분이라 누구에게 물어보지도 못해서 조심스럽게 질문 드립니다. 저희 아이는 초등 1학년 남자아이입니다. 겁이 많아 아직도 혼자 자지 못하고 엄마와 함께 잡니다. 엄마 아빠와의 스킨십을 필요로 하고 부모의 사랑을 확인하는 편입니다. 언제부턴가 자위행위처럼 속옷 속으로 손을 넣어 만지고 있는 것을 보게 되었습니다. 한번은 한국에 갔을 때 있었던 일인데 KTX를 타고 가다가 둘째 아이가 잠투정을 해서 셋이 함께 앉을 수가 없어 뒤쪽 빈자리에 가서 앉으라고 했습니다. 한참 후 잘 있는지 궁금해서 뒤돌아보니 자리에 누워서 바지 속에 손을 넣고 눈을 감고 있어서 정말 놀라 기절하는 줄 알았습니다. 자연스런 현상인지 아니면 무슨 상담이라도 받아야 하는지 가끔은 못본 척 넘어가기도 하고 어떤 때는

애써 장난하는 척하면서 '너 자꾸 그렇게 만져대면 고추 망가진다.'고도 해보지만 별로 변화가 없습니다. 어떻게 해야 할지 모르겠고 많이 걱정이 됩니다."

초등학교 1학년이나 그보다 어린 자녀의 자위행위는 자신의 몸을 발견하는 발육상의 자연스러운 모습 중 하나다. 사실은 아주 어린 유아들도 본능적으로 자신의 성기를 자극하는 행동을 하여 부모를 놀라게 하기도 한다. 유아와 아동 나이의 세 명 중 한 명이 자신의 몸을 관찰하다가 자위행위를 배우게 된다고 한다. 자신의 발이나 다리를 만져보듯이 아이들은 성장하면서 자신의 몸의 구석구석을 모두 발견하게 된다. 그래서 자극했을 때 기분이 좋아지면 본능적으로 계속해서 만지게 되는 것이며 어른들이 흔히 생각하는 "어디에서, 무엇을 봐서 그런가?"라는 짐작은 틀린 경우가 많다.

어린이의 자위행위는 졸리거나 지루하거나 스트레스를 받을 때 더 자주 하게 되며 특히 스트레스를 받을 때 하는 자위행위는 유아들에게 고무젖꼭지를 물리는 것과 같은 안정감을 주는 역할을 한다. 따라서 일상생활 속에서 불안하고 초조한 기분을 많이 느끼는 아이들일수록 자위행위로 안정감을 찾으려는 모습을 자주 볼 수 있다. 그렇기 때문에 부모는 현재의 생활을 되돌아보고 혹시 아이에게 불안감이 크게 자리 잡고 있지는 않는지 점검해볼 필요가 있다.

자위행위 대처법

많은 사람들이 자위행위에 대해 잘못된 인식을 갖고 있다. 예를 들면, '자위는 변태행위의 일종이다. 자위를 하면 여드름이 난다. 어린이의 자위행위는 나이에 맞지 않게 성에 대해 일찍 알게 되어 시작된다. 자위행위는 정신질환과 관계가 있다. 자위행위로 성병에 걸릴 수 있다. 자위행위는 불임의 원인이 될 수도 있다. 자위는 건강에 해롭다. 자위처럼 부적절한 행동을 하는 사람들은 따로 있다.' 등이다.

이런 오해와 더불어 어느 정도는 우리에게 사회, 문화적으로 성에 대한 죄의식이 자리 잡고 있기 때문에 어떤 부모든 이런 일에 대해 민감하게 반응하는 것은 당연한 일이다. 그렇지만 자녀가 자위행위를 하는 것에 대해 수치심 또는 죄책감을 느끼게 하는 것은 절대로 피해야 할 일이다. 부모가 당황한 모습을 보이는 것도 피해야 한다.

중요한 것은 자녀가 자신의 행동에 대해 자연스러운 것으로 인식하고 개인의 프라이버시를 존중하는 차원에서 사회적인 적응으로 조심스럽게 연결해주는 것이다.

물론 부모는 성에 대한 무분별함이 난무하는 영화와 TV 프로그램 등의 미디어 등으로부터 자녀를 보호해야 하는 의무가 있다. 그러나 아무리 노력해도 자녀는 언젠가는 성에 대한 사회적인 영향에 노출이 될 수밖에 없으므로 우리는 자녀에게 건전한 성교육을 해주어야 할 필요가 있다. 자녀를 사랑하고 배려하고 걱정해주는 부모를 통해 성교육이 이루어지는 것이 학교 등에서 나이에 비해 조숙한 다른 학생에게서 성교육을 받는 것보다 훨씬 더 바람직하다는 것은 당연한 사실이다.

진보적인 부모는 자녀의 자위행위를 발견하면 이것을 자녀와 열린 관계로 이어 나갈 수 있는 기회로 만든다. 다시 말하자면 지금 사춘기와 틴에이지(10대)를 앞둔 자녀와 대화가 점점 더 힘들어질 것을 알기 때문에 이런 것을 기회로 어려운 것을 같이 대화할 수 있도록 오픈하는 것이다.

물론 자위행위에 대해 자녀와 대화하는 것은 아무나 쉽게 할 수 있는 일은 아니다. 하지만 아무리 어렵다고 해도 부모는 그 어려움을 극복해내야 한다. 일단 시도해서 그렇게 할 수 있고 자녀와 계속적인 대화가 이루어질 수 있다면, 앞으로 말하기 어렵다는 이유로 자녀가 부모에게 숨기는 일은 많지 않을 것이다.

어떤 엄마는 딸아이에게 베드타임 스토리를 읽어주다가 뭔가 이상해서 보니 9살의 딸이 스토리를 들으면서 자위행위를 하고 있는 것을 발견했다. 방에서 바로 나와 남편과 잠시 상의하고 엄마는 다시 들어가서 딸과 함께 자위행위에 관해 대화를 나누었다.

"이런 건 그래서 기분이 좋은 거다. 하지만 그건 프라이버시이고 혼자만의 행동이니까 문을 닫고 해야만 한다."

실로 지혜로운 임기응변이고 대단히 용기 있는 엄마라는 생각이 들었다. 물론 자위행위를 하도록 조장하라는 것이 아니라 그것을 대하는 반응을 지혜롭게 해야 한다는 뜻이다. 자녀가 자위행위의 패턴을 보이게 되면 혼자 있는 시간에 함께 놀아주고 주의를 분산시켜주는 것도 또한 지혜로운 방법이다.

죄책감을 불어넣거나 자위행위를 못하게 하면, 딸은 점점 숨어서 하는 행동들이 생기기 시작할 것이며 앞으로는 어떤 일이 생겨도 조금만 불편하면 엄마와 대화하지 않고 숨기는 패턴이 그때부터 시작될 것이다. 반대로 자녀와 성에 대해 오픈된 상황에서 대화를 할 수 있다면 그만큼 서로에게 믿음이 생기기 시작할 것이다. 동시에 어린 자녀가 자위행위의 낌새가 보인다면, 혼자 있지 않도록 부모와 즐거운 시간을 보내는 쪽으로 유도하는 지혜를 발휘하는 것이 현명한 부모의 모습일 것이다.

하지만 만일 자녀가 누군가에게 자위행위를 배웠다든지, 다른 사람의 자위행위를 도왔다든지, 반복적으로 주의를 주었는데도 불구하고 남들 앞에서 자위행위를 고의로 노출시킨다면 전문인을 통해 상담을 받을 필요가 있다.

아동
조울증

"조울증 증상을 가진 16살 딸을 둔 엄마입니다. 딸이 잠을 자지 않고 짜증을 내며 공격적인 언사나 행동을 자주 보입니다. 거기에 판단력이 많이 부족해졌고, 충동성이 많아졌으며 심지어는 환청과 환시, 그리고 과대망상 등의 증상을 보입니다. 학교에서 왕따를 당했던 경험과 경제적인 어려움, 엄한 부모님이라는 환경 등이 아이로서 감당하기 어려워서 이런 병이 오지 않았을까 하는 생각이 듭니다. 무엇을 어떻게 해야 할지 막막합니다. 부모로서 어떻게 해야 할지 도와주세요."

아동 조울증, 또는 소아 조울증은 성인에게만 발병한다고 믿던 조울증(양극성 장애)이 미성년자에게 생기는 것으로 학계에서는 아직도

이 진단에 대한 논의가 진행 중이다. 하지만 임상경험으로 다가오는 현실은 점점 많은 자녀들이 어린 나이에도 불구하고 조울증으로 진단이 될 수밖에 없는 증상들을 보이고 있다.

성인의 일반적인 조울증과는 달리 아동 조울증은 급작스러운 기분의 변화, 과잉 행동 및 과잉 에너지와 이를 뒤따르는 무기력함, 강렬한 감정 발작이나 분노의 표출, 짜증을 내고 반항을 하는 행동 등이 주된 증상이라고 할 수 있다.

이런 증상은 대단히 변화무쌍한 감정의 기복과 함께 드러나는데 이런 행동의 문제 사이에 있는 평화로움은 극히 드물고 찾기 어렵다. 아주 고질적인 '짜증'을 끼고 사는 자녀라고 생각할 수 있을 것이다.

조울증은 성인과 아동 모두 유전의 영향이 크다. 부모나 친척이 조울증의 증상을 가졌다면 자녀가 이 증상을 경험할 가능성이 상당히 높아진다. 하지만 본인은 치료에 협조를 하려 하지 않는 경향이 많아

가족이 힘들어 하는 경우가 많다.

부모에게 이끌려온 어느 대학생은 그 증상이 고등학생 때부터 시작되었는데, 잘 다니던 학교를 휴학하고 방에 틀어박혀 잠을 안자고 나오질 않아 여러 해 동안 가족에게 많은 걱정을 끼쳤다. 이 학생은 상담 과정에서 필자에게 이렇게 말했다.

"나는 어떤 일을 준비 중입니다. 지금 기독교계는 무너져 내려서 내가 직접 기독교계의 교리를 바로 세우겠습니다. 따라서 나는 곧 필요한 관계자들을 만나는 여행을 시작해야 합니다."

하지만 학생은 이런 정의감과 커다란 비전에 반해 마약에 손을 대고 불규칙적인 생활을 하는 등 책임감이 없는 모습을 보였다. 또한 가끔은 부모에게 대들며 대화가 불가능하게 소리를 지르고 기물을 파손하는 등 험악한 가정 분위기를 조성하며 그 증상이 점점 심해지는 모습을 보였다.

아동 조울증 대처법

현재는 미성년자의 조울증에 대한 인식도 의학계의 연구도 부족한 편이라 어떤 공식적인 감별진단의 기준이 서있지 않지만 만일 자녀에게서 다음의 증상들 중 여러 가지가 한꺼번에 보인다면 전문가에게 문의를 해볼 필요가 있다.

① 쉽게 화를 내거나 짜증을 낸다.
② 노는 것에 관심이 없다.

③ 심한 우울증을 보인다.

④ 몇 시간 사이에 기분이 급하게 바뀐다.

⑤ 분노를 이기지 못하고 크게 폭발한다.

⑥ 심하게 불안해한다.

⑦ 심하게 반항한다.

⑧ 가만히 앉아있지 못하고 집중을 못한다.

⑨ 잠을 너무 적게 또는 많이 잔다.

⑩ 유뇨증/야뇨증이 있다.

⑪ 폭식을 한다.

⑫ 너무나 많은 활동이나 작업을 동시에 한다.

⑬ 판단력이 부족하고 충동적이다.

⑭ 끊임없는 생각에 시달리고 가만히 있으면 자꾸 말을 해야 할 것
   같은 느낌이 든다.

⑮ 스턴트맨 같은 위험한 행동을 한다.

⑯ 심한 두통에 시달린다.

⑰ 동물학대를 힌다.

⑱ 자학을 한다.

⑲ 성에 관련된 부적절한 행동을 한다.

⑳ 자신을 대단한 사람 또는 특별한 능력의 소유자로 느낀다.

물론 이런 증상들은 감별진단의 조건이 아니고 어떤 면으로 보면
자연스러운 성장의 일부일 수도 있다. 예를 들어 사춘기의 자녀는 부

모에게 짜증을 많이 내는 것이 오히려 자연스러운 일이지만 위의 증상들이 모여 자녀에게 큰 문제가 자주 생기게 되거나 생활에 지장이 오게 된다면 부모나 가족은 더욱 신경을 써서 관찰해 보아야 할 필요가 있다. 전문가들도 이런 증상을 ADHD나 우울증의 모습으로 보고 치료의 방향을 다르게 잡는 경우를 자주 볼 수 있다. 하지만 어린 자녀에게는 약물치료 등의 옵션이 부족해 치료가 쉽지 않은 형편이다.

이런 증상은 전문가와의 지속적인 치료, 대화가 필요하며 서서히 변화를 유도하는 심리치료와 약물치료를 병행하는 방법을 권한다. 외국문화와 비교해 볼 때 한국인 가정의 문제 중 하나는 이렇게 자녀가 병적인 증상을 보이거나 공격적인 모습을 보일 때 부모가 순간순간의 지혜로운 선택으로 자녀와 가족이 치료와 힐링으로 이어질 수 있도록 하는 노력이 부족한 것이라고 할 수 있다.

아스퍼거 증후군

"저희 아이는 9살인데요. 다른 아이들보다 생각하는 것도 좀 늦고 의욕이 없는 편이에요. 그리고 맞추는 장난감을 가지고 놀면 같은 색깔끼리 줄을 세워서 놀아요. 어려서부터 뭐든 자기 틀에 맞추려 하고 여럿이 있으면 서로 양보도 하고 해야 하는데 자기가 갖고 싶은 색깔의 장난감만 가지고 놀려고 하고 다른 십에 가서도 사기 것이 아닌데도 고집을 부립니다. 이런 증상이 아스퍼거랑 비슷하진 않은가요? 아스퍼거의 특징이나 진단 방법이 궁금합니다."

아스퍼거 증후군은 자폐 스펙트럼 장애 또는 전반적 발달장애의 타입 중 하나로 비정상적인 상호작용과 제한적인 반복행동 문제를 특징적으로 보이는 질환이다. 행동이나 관심 분야, 활동 분야가 제한되어 있으며 같은 양상을 반복하는 증세를 보이지만 아스퍼거 증후군을 보이는 대부분의 아이들은 정상 수준의 인지능력을 보이기 때문에 학교 공부나 언어적인 기능에서는 크게 지체되지 않는다. 또한 지능 지수(IQ)도 정상적인 수치인 85 이상을 나타내는 아동들이 대부분이다. 아스퍼거 증후군을 보이는 아이들은, 비록 같은 진단을 가지고 있더라도 그 임상 양상이 매우 다양한 것이 특징이다.

아스퍼거 증후군을 가진 아이들은 유치원이나 초등학교 상황에서 '특이하거나 이상하게' 보이기도 한다. 그 부적절한 사회성 때문에 학교에서 흔히 말하는 '왕따'가 되기도 하며 일반적인 사회적 관습에 대하여 익숙하지 않고, 대인관계를 어떻게 맺고 유지하는가에 대한 이해가 자연스럽지 않고 부족하다. 환경의 변화에 많은 스트레스를 받고 얼굴 표정이나 제스처뿐만 아니라 대화 상황에서 적절하게 목소리의 톤을 조절하는 능력이 떨어질 수 있다.

아스퍼거 증후군은 자폐증보다 다소 늦게 발견된다. 일반적으로 부모가 자신의 자녀에게 발달상의 문제가 있다고 느끼는 것이 자폐증은 평균 18개월 정도이고, 아스퍼거 증후군은 약 30개월 정도로 알려져 있다. 그러다 보니, 실제적으로는 만 5~6세가 지나서 진단이 이루어지는 경우가 많다.

아스퍼거 증후군은 만 5세 정도까지는 언어 능력이 비교적 발달하는 양상을 보여 또래의 정상 아동들과 쉽게 구분하기가 어려운 경우가 많지만 언어 구사력에서 어려움을 보인다. 의사소통 과정에서 요점을 정확하게 표현하지 못하며, 대화 과정에서 상대방의 관점이나 생각을 이해하지 못하는 것이 허다하다. 대화를 할 때 무슨 설명서나 연구발표 같은 구체적이고 융통성이 없는 언어가 특징이며, 지나치게 격식을 차리는 것처럼 보이기도 한다.

음성의 억양이 단조롭거나 의문문처럼 문장의 끝을 항상 올려 말하는 등 음성의 고저, 억양, 속도, 리듬 및 강도가 비정상적일 수 있다. 아스퍼거 장애를 보이는 아이의 경우, 풍부한 어휘력으로 인해 타인들의 기대치가 높기 때문에, 대화 도중 부적절한 반응을 보이는 경우에 말을 안 듣거나 고집이 센 것으로 오해 받을 가능성이 높다. 대화과정에서 농담이나 비유를 적절하게 사용하는 능력이 결여되어 있고 엉뚱한 것을 자세하게 말하는 경향이 강하고 특정 주제를 반복하기도 하며 상황에 맞지 않게 새로운 주제로 옮겨가기도 해서, 장황하고, 수다스럽게 여겨지기도 한다.

자폐증은 주변 사람들과의 상호작용이 제대로 이루어지지 않으며, 관계형성에서 동떨어져 있는 양상을 흔히 보인다. 말 그대로 아이가 자기 안의 세계에 있다고 생각하는 게 정확하다. 그러나 아스퍼거 증후군은 환자가 스스로 사람들과의 관계형성을 추구하시만, 상황에 석절하지 못하고 특이한 방식으로 접근을 하는 모습을 보인다. 그러니까 대인관계에서는 자기 방식의 관계형성만이 가능하다. 아스퍼거 증후군을 보이는 환자는 사람들을 만나는데 관심을 보이지만, 그의 어색한 접근방식으로 인하여 관계형성이 단절되기 쉽고, 타인의 감정상태나 의도를 잘 파악하지 못하므로 일방적으로 접근하는 모습을 보여 대인관계가 유지되기가 어렵다.

아스퍼거 증후군 대처법

아스퍼거 증후군을 가진 아이들을 살펴보면 일반적으로 다음의 특징을 관찰할 수 있다.

① 지나치게 자기중심적인 모습을 보이고, 사회에 적응하기 위한 컨트롤이나 상황에 적절하게 대처하는 능력이 떨어진다.

② 감정적인 상호교류가 결여된 모습을 보이며 자신의 감정에 대하여 지식화하는 경향이 뚜렷하다. 대화 과정에서 사용되는 농담이나 비유를 잘 이해하지 못하여, 상황에 적절한 감정표현이 잘 안 된다.

③ 대화 내용이 거창하지만 핵심에 쉽게 도달하지 못하고 자신의 의도를 명백하게 전달하지 못하는 경우가 많다.

④ 대화를 나눌 때 주제를 적절하게 전환하거나 새로운 내용을 상대방에게 효율적으로 소개하지 못한다.

⑤ 대화 과정에서 상대방의 관점이나 생각을 이해하지 못하고 자신만의 관점에서 대화를 하기 때문에 일방적인 대화를 하게 되거나 자기중심적인 면이 강해서 상대방을 의식하지 않고, 자신이 관심을 갖는 주제만 계속 얘기하는 양상이 많다.

⑥ 아스퍼거 증후군을 가지는 아동의 부모들은 아이가 지나치게 공격적이거나, 거부하는 정도가 지나쳐서 아이가 말을 전혀 안 듣는다고 호소하기도 한다.

⑦ 운동발달 과제가 지연될 수 있으며, 나이에 비하여 걸음걸이가 불안정하거나 '까치발' 등을 자주 보이기도 한다. 아스퍼거 증

후군을 보이는 아동들은 서투른 동작들로 인하여 신체적 활동을 요하는 놀이를 제대로 수행하지 못 할 수가 있다.

정신질환 매뉴얼인 DSM(정신장애 분류체계)에 의거해 아스퍼거를 감별하기 위해서는 다음사항을 주의 깊게 관찰해야 한다.

A. 사회적 상호작용에서의 질적인 장애가 다음 가운데 적어도 2가지를 보여야 한다.

① 사회적 상호 작용을 조절하기 위한 눈 마주침, 얼굴 표정, 몸 자세, 몸짓과 같은 여러 가지 비언어적인 행동을 사용함에 있어서 현저한 장애

② 발달수준에 맞는 친구관계 발달의 실패

③ 다른 사람과 함께 기쁨, 관심, 성취를 나누고자 하는 자발적인 욕구의 결여(예: 다른 사람에게 관심이 있는 사물을 보여주기, 가져오기, 지적하기의 결여)

④ 사회직 또는 감정적 상호관세의 걸어

B. 제한적이고, 반복적이며, 상동증적인 행동이나 관심, 활동이 다음 가운데 적어도 1가지를 보여야 한다. 상동증은 정신적, 신경적 이상으로 같은 말이나 동작을 반복하거나 오래 지속하는 증상을 말한다.

① 강도나 초점에 있어서 비정상적인, 한 가지 이상의 상동증적이

고 제한적인 관심에 집착

② 특정하고 비기능적인, 틀에 박힌 일이나 의식에 고집스럽게 매달림

③ 상동증적이고 반복적인 운동성 매너리즘(예: 손 또는 손가락을 퍼덕거리거나 비꼬기, 또는 복잡한 전신 움직임)

④ 대상의 부분에 지속적인 집착

아스퍼거 증후군을 보이는 아동들은 특정 주제나 대상에 지나칠 정도로 탐닉하는 모습을 보이기도 한다. 예를 들어, 유행하는 공룡 캐릭터 등에 빠져서 거의 그 주제에만 상당기간 동안 관심을 쏟기도 한다. 때로는 그 관심분야에 대한 지나칠 정도로 정보를 추구하여 특별한 수준의 지식을 보이기도 한다.

시각적 · 공간적 기능 발달에 이상을 보이는 것이 아스퍼거 증후군의 특징들 중 하나이다. 아스퍼거 증후군도 자폐증과 마찬가지로 심리테스트에서 토막짜기 지수가 높아지는 것을 볼 수 있으나, 시공간적 조직화 능력, 시각–운동 협응 능력, 전체적인 배경으로부터 보다 본질적인 것을 변별하는 시각적 기민성이나 통합능력이 떨어진다.

선택적
함묵증

"8살의 아들이 선택적 함묵증으로 진단되었습니다. 학교생활에 지장이 오고 있어 많은 걱정이 되지만 가족 모두 이 질환이 어떤 병인지를 전혀 알지 못해 문의 드립니다. 선택적 함묵증은 혹시 자폐증과 관련이 있는지 궁금합니다."

함묵증이란 언어에 나타나는 거절증의 증세를 말하는데 그 중에서도 선택적 함묵증(Selective Mutism) 이란, 언어적인 장애가 없어 부모나 가까운 친구 등과는 의사소통을 하는데 아무 문제가 없지만 어떤 장소나 상황에서는 전혀 말을 하지 못하는 증상을 말한다. 어떤 자녀는 밖에서 전혀 말을 하지 못하고 있다가 집에 와서 엄마에게 하루 중 못했던 말을 몰아서 하는 경우도 있고 마주보고는 말을 하지 못하는 상대와도 전화로는 자유롭게 대화를 하기도 한다. 많은 경우 일반적인 관점으로 볼 때 언어적인 장애가 없기 때문에 자녀의 대화 거부로 보고 반항적인 행동으로 해석되는 경우가 많다.

선택적 함묵증은 자폐증과는 별개의 증상으로 오히려 불안증과 더 가깝다고 보는 관점이 유력하다. 진단기준은 증상이 학업, 직업에 지장을 주고 사회적인 의사소통을 저해하고 언어장애나 발달장애, 또는 다른 심각한 정신질환으로 인한 증상이 아니어야 하며, 그 기간이 한 달을 넘어야 한다.

한국에서 어렵지 않게 관찰할 수 있는 함묵증 환자의 특징은 수줍어하거나 불안해하고, 고집이 세고, 나이에 맞지 않게 유아처럼 철없게 행동하거나, 지나치게 의존적이고, 화를 잘 내고, 이익을 위해 거짓말을 자주 하는 등의 모습이 있다. 특히 집에서는 대들고 부정적인 모습으로 일관하다가 낯선 환경에서는 수줍어하고, 두려워하는 이중적

인 모습을 보이기도 한다.

최근의 조사에 의하면 남아보다 여아가 함묵증이 생길 확률이 더 높고 발병률은 1% 미만으로 아주 낮은 편이며 발병하는 나이는 보통 3~4살이지만 진단과 치료는 학교를 다니는 과정에서 문제가 가시화되면서 시작하게 되는 경우가 많은 것으로 밝혀졌다.

함묵증의 요인은 유전적인 이유 외에 정신적인 충격, 가족 내 갈등의 결과, 그리고 불안증 때문에 생기는 것으로 전문가들은 이해하고 있으며 많은 경우 자녀가 성장하면서 자연스럽게 없어질 수도 있다.

선택적 함묵증 대처법

연령이 증가하면서 없어질 수도 있는 증상이지만 전문가를 찾아 치료를 하는 가장 큰 이유 중 하나는 증상이 장기간 이어질 경우 학교에 적응하는 데 어려움을 겪을 수 있고 학습에 장애가 올 수 있기 때문이다.

치료방법은 행동치료, 놀이치료, 가족치료, 약물치료 등이 있으며 몇 가지의 방법을 병행하는 치료가 가장 효과적이지만, 약물치료의 경우는 항우울제나 안정제 등을 이용해 내면의 우울증과 불안증 등을 치료할 수 있지만 흔히 올 수 있는 부작용 때문에 꼭 필요한 경우가 아니면 권하지 않는다.

부모님들이 답답한 나머지 함묵증의 자녀에게 일방적인 강요를 하거나 심한 체벌을 가하는 경우를 자주 접할 수 있는데 이것은 올바른 성격 형성의 파괴와 정신적인 스트레스의 가중으로 더욱 심한 정신질환을 유발할 수 있다는 것을 유념하여야 한다.

선택적 함묵증의 아동을 치료할 때는 일대일 상황에서 손짓 몸짓 등을 통한 비언어적 방법으로 반응을 이끌어내고 아동의 어려움을 이해하는 모습을 보여야 한다. 점진적인 발전을 이룰 수 있도록 쉬운 숙제로 자신감을 불어넣어주고 녹음기와 전화 등을 통한 간접적인 대화를 통해 상대와의 대화에 익숙해지도록 준비한다. 동시에 놀이치료를 통한 다양한 간접적 대화 패턴으로 점점 규칙적이고 반복적인 노력을 할 수 있도록 유도하는 것이 크게 도움이 될 수 있다.

가정에서는 편안한 환경을 조성해주고 이런 환경에서 소리내어 책 읽기, 번갈아가며 이야기를 만드는 게임 등의 자연스러운 대화 증가를 통해 변화를 꾀할 수 있으며 부모나 친숙한 사람들과의 대화가 자주 있을 수 있도록 기회를 주며 스트레스가 적은 점차적인 변화를 유도하는 것이 바람직하다. 또한 정기적이고 규칙적인 집단 활동에 참여시키는 것이 도움이 될 수 있다.

만성
불안증

"항상 불안해하는 7살 남자아이에 대해 질문을 드립니다. 원래 어릴 때부터 잘 안 먹고, 잘 안 자고, 까다로운 성격에 까다로운 입맛에 그렇게 키우기 힘든 아이였습니다. 모유 먹을 때도 먹이기 쉽지 않았고, 밥을 먹기 시작하면서부터는 너무 먹지 않아 항상 저랑 실랑이를 했습니다. 답답한 나머지 2살 때부터는 버릇을 고쳐주려고 많이 혼내기도 했습니다. 그렇지만 억지로 먹이면 헛구역질을 하기도 하고 가끔은 토하기도 해서 소화기 계통 검사를 했으나, 병원 몇 군데에서 아무런 이상이 없다고 했습니다. 유치원에 다닐 때도 적응하지 못해서 힘들었습니다. 선생님이 자상해도 잘못하면 싫은 소리도 듣고 주의도 받으니까 무서워하고 유치원에서 많이 울기도 했습니다. 제가 가서 관찰해보니 선생님이 자리를 뜨거나 잠시 외

부에 나가거나 하면 너무 불안해하고 선생님을 졸졸 따라다닙니다. 점점 낯선 곳에 가거나 저와 떨어지는 것을 매우 불안해합니다. 불안함이 심해져서 집에서는 혼자 놀다가도 저를 찾고 제 목소리를 들어야 안심하고 저에게 매달리고 안정을 찾은 후에야 안심을 하고 노는 편입니다. 초등학교에 입학한 후에 너무나도 고생을 많이 했어요. 친구를 잘 사귈 줄 모르고 잘 울고, 선생님이 뭐라고 하면 고치고 배우는 게 아니라 너무나도 당황해서 수업을 받지 못하고 뛰쳐나가려고 한다고 들었습니다. 우리 아들도 많이 힘들겠지만 저 또한 많이 힘든 상태입니다.”

최근의 통계에 의하면 세계 인구의 약 16.6%가 불안증으로 고통 받은 적이 있는 것으로 밝혀졌다. 우리의 자녀들은 집이라는 안전한 보호소로부터 분리되어, 부모와 처음으로 떨어지는 경험과 함께 학교라는 공동체에 적응해야 하는 어렵고 또 중요한 적응기를 거치게 된다. 동시에 삶의 모든 결정이 부모와 사회에서 내려지는 시기이기 때문에 자신의 의도와 상관없이 일어나는 많은 일들을 겪어내야 하는 어떻게 보면 참 힘든 시기를 경험하게 된다. 따라서 많은 긴장과 불안함이 생활 가운데에서 조성이 되는 때라고 볼 수 있다.

어떤 자녀는 언어적인 표현으로 자신의 불안함을 전달하는 반면 어떤 자녀는 행동이나 신체적으로 불안함을 표출하기도 한다. 예를 들면, 건강상에 아무 문제가 없는데도 심장이 두근거리는 동계현상이나, 식은땀을 흘리거나, 심리적인 스트레스로 몸이 떨린다든지, 호흡이 곤란해진다든지, 긴장될 때는 침이나 음식을 삼키지 못한다든지, 가슴이 찌르듯이 아프다든지, 배가 자주 아프다든지, 구토증이 있다든지, 어지럽거나 실신을 한다든지, 체온이 갑자기 아주 더워지거나 아주 차가워지는 등의 모습이 보일 수 있다. 이런 경우는 심리적인 어려움을 말로 표현하지 못하고 몸이 심리적인 충돌에 반응해서 나타나는 모습이라고 볼 수 있다.

의뢰된 자녀의 경우, 선천적인 성격이 예민하고 사회적 적응에 어려워하는 모습을 보이며 만성적인 불안증으로 이미 자신의 생활과 가족의 일상에도 많은 영향을 끼치고 있다. 더욱이 이런 불안함은 자녀가 새로운 상황에 대한 두려움을 주로 회피하려는 모습으로 이어지기 쉽기 때문에 적응을 요하는 상황이나 새로운 친구와의 접촉도 적어져 점차 더 내성적인 성격으로 굳어질 수 있다. 거기에 예민한 성향 때문에 작은 일에도 마음에 상처를 잘 받아 대인관계에서 소외될 수도 있다.

만성 불안증 대처법

자녀의 예민함과 불안함은 4가지의 원인에서 올 수 있다.

첫째, 유전적인 성향

둘째, 부모님의 과잉보호

셋째, 부모의 불안해하는 모습을 보고 배운 경우

넷째, 어릴 때의 충격

이 충격은 그 정도와 유형이 다양하고 자녀의 변화에 대한 대처능력 수준에 따라 그 영향이 다르다. 예를 들어 이사를 했다든지, 가족이나 친지가 사망했다든지, 이혼을 경험했다든지, 아동 학대나 아동 유기를 겪었다든지 등의 이유가 있을 수 있다

　자녀가 불안증을 보이는 경우에 부모로서 당황하기 쉽다. 주변의 다른 아이들은 다 차분한 것 같은데 유독 우리 아이만 왜 이러나 하는 생각이 들고 아이가 불안해하는 이유를 이해하지 못하기 때문에 걱정과 두려움이 앞설 수밖에 없다. 많은 부모님이 자녀의 불안증을 보면서 지적을 하거나, 혼을 내거나, 정신력이 약하다며 핀잔을 주는 것을 볼 수 있다. 이런 방법은 사실은 바람직하지 않다. 왜냐하면 이로 인해 자녀에게 걱정하고 불안해야 할 일을 한 가지 더 얹어 주는 것이 되기 때문이다.

　자녀의 불안증에 대해 이해하고, 점점 나아지도록 하는 방법을 배워 가정 안에서 노력을 하면 자녀의 불안함은 서서히 나아질 수 있고, 또 이로 인해 안심도 되고 미래에 대한 힘을 더욱 얻을 수 있다.

　직접적인 방법 중의 하나는 자녀가 불안해하는 것이 무엇인지에 대해 편안하게 대화하는 것이다. 예를 들어 자녀가 불안해하는 일이 10가지라면 10가지를 종이 위에 모두 써서 열거한 후 번호를 매기는 것이다. 가장 불안한 것은 1번, 그리고 비교적 가장 쉬운 것은 10번이다. 자녀와 함께 불안을 극복하는 방법과 극복한 후에 있을 보상에 대한 대화를 한 후, 가장 두려움이 적고 만만한 10번부터 시작해서 9번, 8번, 순으로 하나씩, 점점 힘든 불안함의 원인을 순서대로 이겨낸다. 하나씩 변화가 있을 때마다 자녀에게는 자신감으로 다가올 것이고 부

모님도 많은 인내와 이해심에 대한 보상을 느끼게 될 것이다. 심호흡과 명상으로 긴장을 풀고 교감신경을 조절하는 법을 배우는 것도 좋은 방법이고, 종교적인 도움으로 정신적인 안정을 찾는 것도 큰 도움이 될 수 있다.

자녀의 불안증은 학교 성적에 직간접적인 장애물이 된다. 걱정과 불안은 지적인 기능을 저하시키고 기억력에 해를 끼치며 집중력이 산만하게 되어 학업에 악영향을 끼치게 된다. 어린 자녀의 불필요한 많은 걱정은 정신적인, 신체적인 피로로 이어져 의욕이 저하되거나 심할 때는 자신감이 상실되어 무기력한 생활패턴으로 이어질 수 있고, 때문에 자녀의 학업의 잠재력을 반감시키는 경우가 많다.

요즘처럼 모두가 사회, 경제적인 불안함을 느끼는 시기에는 부모의 감정 상태에 영향을 받는 자녀들은 불안증이 더욱 증폭될 수도 있다. 그러므로 더 많은 관심과 사랑을 통해 자녀의 가능성과 존재 가치를 살려준다면 자녀가 자신의 가능성을 충분히 발휘하며 살 수 있도록 도움이 될 수 있을 것이다.

반응성
애착장애

병원 진료실에 어린 자녀를 앞세우고 젊은 부부가 들어섰다. 아이는 5살 정도로 보였는데 방으로 들어오자마자 필자에게 달려와 안기려고 하는 모습을 보였다. 부모는 당황한 표정을 감추지 못하고, "아이가 정이 너무 많아서……"라며 말끝을 흐렸다.

이것은 반응성 애착장애의 탈억제형의 모습(Reactive Attachment Disorder, Disinhibited Type)으로써 막연한 애착을 보이며 애착 대상의 선택에 있어서 선택 능력의 결여를 보이는 형이다. 이렇게 애착 대상을 선택하는 능력이 결여되는 아동은 그 장애가 성장기에서 끝나지 않고 성장 후에도 확산적인 애착이 무분별한 사교성으로 이어져 사회 생활에 있어 큰 장애가 될 수 있다. 이것과 반대로 억제형은 항상 경계

하고 냉정한 모습을 보이며, 접근과 회피의 두 가지 태도가 동시에 나타나기도 한다.

반응성 애착장애는 드물지만 심각한 장애로 유아나 소아기의 아이가 부모와 정서적 친밀함을 건강한 수준으로 확립시키지 못하는 모습으로 나타나기 시작한다. 반응성 애착장애를 가진 아이는 주로 아동 학대나 방치, 또는 잦은 환경의 변화 등을 경험한 것으로 관찰되며 기본적인 안전함이나 가족으로부터의 사랑 등이 결핍된 경우가 많다고 알려져 있다.

반응성 애착장애의 진단기준은 5살 이전부터 사회적 관계형성에 문제가 보이기 시작하고 지나치게 억제적이고, 경계적이며, 심하게 상반된 반응 등의 발달적으로 적절하지 못한 모습을 보이는 것이다. 예를 들어 문제의 아이는 양육자에 대해 지나치게 안기거나 회피하는 등의 혼합된 태도로 반응하고, 안락감과 안전함에 저항하는 등 냉정하게 경계하는 모습을 보여 가족을 혼란스럽게 하기도 한다.

애착장애는 발달장애가 아니며 아동 학대나 병적 보살핌 등의 후천적인 원인으로 발병한다고 알려져 있다. 반응성 애착징애는 발달지연, 섭식장애, 이식증이나 배설장애와 연관되기도 하며 5세 이전에 시작되어 가족 내의 심리적인 요소, 학대나 방치의 정도와 기간, 그리고 다른 개인적인 요소에 따라 다양한 경과를 보인다. 전반적으로 이 증상은 적절하고 믿어주고 존중해 주는 환경이 주어지면 상당히 호전되고 치료되지만 때로는 지속적인 경과를 보일 수도 있으며, 교육적인 지체, 성장의 지체, 자신감의 결여, 폭력적인 행동, 대인관계 장애, 섭식장애와 영양실조, 우울증, 불안증, 학업문제, 술이나 마약 등의 심각한 문제로 이어질 수 있다.

자녀가 걱정되어 의사나 전문인에게 검사를 받을 때는 몇 가지 준비해야 할 것이 있다.

① 행동상의 문제나 감정상의 어려움을 관찰하고 그때그때 모두 적어서 준비를 한다.

② 자녀의 성장상의 문제와 어려움 등을 필기해 둔다.

③ 복용하고 있는 약의 리스트를 준비한다.

④ 궁금한 점을 미리 생각해보고 모두 적어 준비한다.

예를 들어 "우리 아이가 어떤 원인으로 행동상의 문제가 있습니까? 어떤 검사가 필요합니까? 어떻게 하는 것이 부모로서 최선의 길입니까? 전문인을 찾아야 합니까, 그렇다면 치료비는 얼마며, 보험이 적용됩니까? 이 장애에 대한 정보가 있는 서적이나 웹사이트가 있습니까?" 등 질문 리스트를 만든다.

반응성 애착장애 대처법

반응성 애착장애가 있는 가정은 가족 모두가 힘들고 많은 스트레스에 시달리는 것을 자주 보게 된다. 따라서 이것에 대한 다양한 도움을 받는 것이 좋다.

① 지역 내에 있는 반응성 애착장애 부모의 모임에 참여한다. 같은 어려움을 겪고 있는 분들이 있는 모임에 참여하면 위안을 받을 수 있고, 방법을 찾을 수 있는 등 많은 도움을 받게 된다.

② 지역 내의 공공기관에 도움을 요청한다. 직접적인 도움, 또는 지역 내의 지원에 대한 정보를 받을 수 있다.

③ 부모가 정기적으로 자기 시간을 갖고 휴식할 수 있는 방법을 찾는다. 부모가 지쳐버리면 자녀에게도 아무런 도움이 되지 않는다.

④ 자녀가 만일 폭력적이 된다면 공권력을 이용해서라도 자녀와 가족을 보호해야 한다.

⑤ 스트레스를 해소하고 관리하는 방법을 배우고 익혀야 한다. 예를 들어 운동, 요가, 심호흡법 등을 통해 몸과 마음에 휴식과 여유를 줄 수 있다.

⑥ 취미생활을 한다. 자기 자신의 시간을 갖고 즐거움을 찾는 것이 생활화되어야 어려움을 견딜 수 있다.

⑦ 내가 처해 있는 상황으로 인해 화가 나고 고통스러울 수 있다는 것을 인정하고 받아들임으로써 감정적인 스트레스를 감소시켜야 한다.

반응성 애착장애를 예방할 수 있는가는 알려져 있지 않지만 예방 차원의 방법 여러 가지가 애착장애의 위험을 줄일 수 있는 것으로 알려져 있다. 그 중에 가장 중요한 것은 일단 부모가 애착장애에 관한 이해도를 높이는 것이다. 입양자녀를 양육하고 있다든지 자녀의 양육환경에 많은 스트레스가 있었다면 전문서적과 부모들의 모임을 통해 정보를 얻어 지식을 갖추는 것이 중요하다. 그 외에도 부모는 자녀의 학교에서 자원 봉사를 통해 자녀와 교감을 이루는 효과적인 방법을 관찰하고 학습할 수 있다. 자녀와 좋은 관계를 이루고 건강한 애착관계를 성립하려면 자녀와 함께 있을 때는 가만히 있을 것이 아니라 놀아주고, 대화를 하고, 미소를 짓거나 함께 웃는 등 관계 형성의 활동을 통해 가까워지도록 노력해야 한다. 또한, 유아나 아동이 하는 행동을 이해하려고 많은 노력을 기울여야 한다. 부모가 아이의 미묘한 표현을 점점 더 효과적으로 이해할 수 있다면 서로에게 생길 수 있는 답답함이 훨씬 더 줄어들 것이다.

부모는 아기나 자녀에게 항상 따스하고 온화한 대화를 하고, 자녀가 자신의 감정을 솔직히 표현할 수 있도록 유도해야 한다. 우리가 자녀와 대화를 할 때는 항상 언어적인 표현과 비언어적인 표현을 둘 다 쓰고 있다. 우리는 우리의 말 외에도 표정과 어조 등을 통해 대화하고 있다는 것을 기억하고 말의 표현과 느낌이 상응하며 대화를 해야 한다. 예를 들어 "응, 아주 잘했어."라고 말하면서 표정과 어조는 냉랭하기 짝이 없다면 언어와 비언어가 일치하지 않는 좋지 않은 대화의 예이다.

손가락을 빼는
아이

"26개월 된 딸아이가 손가락을 너무 많이 빨아 걱정입니다. 더 어릴 때 빨지 않도록 도와주었어야 했는데 그러지 못해 많이 속상합니다. 엄지손가락에 굳은살이 있을 정도로 문제가 심각합니다. 평상시에는 심심해지면 빨다가 이제 거의 많이 줄긴 했지만 낮에도 빨고 밤에 잘 때는 엄지손을 입에 문 채로 잠이 듭니다.

우리 딸의 성격은 착하고 순합니다. 집에서는 말괄량이지만 밖에 나가면 낯을 가리는 편이구요. 가끔은 '와, 손 안 빠네. 너무 예뻐졌다. 엄마가 스티커 줄게.'라며 칭찬도 하고 가끔은 '왼쪽 엄지손 좀 봐. 에이, 안 예쁘다. 근데 오른쪽 엄지손 봐. 안 빠니까 너무너무 예쁘다. 손 안 빨면 칭찬도 받고 예쁜 반지도 받고 그러잖아. 파이팅, 안 빨 수 있어.'라며 타이르기도 합니다. 하지만 참다못해 언성이 높아지면 감정적인 모습이 들어가게 됩니다. 어떻게 해야 우리 딸이 스트레스 받지 않고 손을 빨지 않도록 제가 유도할 수 있을까요?"

아기 때는 손을 빠는 모습이 귀여웠지만 점점 자라면서 유치원이나 학교에 갈 나이가 가까워 오는데도 아직 손을 빤다면 부모들은 점점 걱정이 앞서게 된다. 사람들이 어떻게 생각할지 창피하기도 하고 학교에서 친구들이 뭐라고 할지 걱정이 되기도 한다.

미국 소아과 협회에서는 2~6살 사이의 아동 중 18%가 습관적으로 손을 빨고 있다고 밝혔다. 아이의 손 빨기는 심리학적으로 보았을 때 불안함에서 유발되며 예전에는 영아 때부터 엄마와 떨어지는 습관을 익히는 서유럽 문화에서 더욱 자주 보이는 모습이라고 알려졌지만 요즘은 동서양의 구별 없이 유발되는 것으로 관찰되고 있다. 쉽게 상상하면 아이가 손을 빨 때는 엄마가 아기를 안아주며 달래주는 듯한 편안함과 안전함을 느끼고 있다고 생각할 수 있다.

손 빨기를 고치는 방법은 행동치료가 효과적이며 전문인들은 아이가 손 빨기를 멈출 준비가 되어 있는지 먼저 확인하고 고치는 노력을 시작하도록 조언하고 있다.

손을 빠는 자녀의 부모는 여러 가지 방법으로 자녀의 손 빨기를 멈추려 노력하지만 전문인들은 부모가 자녀에게 손을 빨지 말라고 얘기하는 것은 오히려 자녀에게 손을 빨도록 만든다고 한다. 그래서 이 문제를 해결하기 더 좋은 방법은 자녀가 부모에게 자신의 손 빨기에 문제가 있다고 대화하기를 기다리는 것이다. 학교에서 누군가 놀리거나 해서 자신의 행동에 문제가 있다고 여겨지면 자녀가 손을 빠는 문제를 자연스럽게 해결할 수 있는 준비가 된 것이다.

손 빨기 대처법

손 빨기를 고치는 행동치료 방법들은 여러 가지가 있으며 그 중에 대표적인 방법 몇 가지는 다음과 같다.

① 보상 체계를 구축한다.

너무 심플해서 어떻게 보면 유치하게 느껴질 수도 있으나 심각한 문제일수록 단순하게 접근해서 해결을 보는 것이 행동치료의 묘미가 아닐까 한다. 냉장고에 행동치료를 위한 달력을 걸고 손을 빨지 않는 날마다 웃는 얼굴을 그려 넣는다. 그리고 일주일이든 한 달이든 정해진 기간 동안 좋은 결과가 나오면 상을 준다. 예를 들어 작은 장난감이나 아이가 좋아하는 곳에서 식사를 하는 등의 상이면 더욱 효과적이다.

② 조금 더 창의적인 부모는 역심리를 이용해 볼 수 있다.

예를 들면 자녀에게 "엄지손가락만 빨지 말고 다른 손가락도 빨아줘. 다른 손가락도 잘 해줘야지 안 그러면 심심해하잖아."라며 타이머 등을 이용해서 모든 손가락을 공평한 시간 동안 빨도록 유도한다. 이렇게 하면 나무라는 느낌이나 죄책감 없이 자녀에게 익숙하던 패턴이 깨지도록 도와줄 수 있다. 어떤 자녀는 모든 손가락을 한동안 빨아 보다가 귀찮고 피곤해져 손을 빠는 습관을 아예 놓아 버리는 경우가 생기게 된다. 이 방법을 이용할 때 주의할 것은 자녀는 부모가 자신의 손 빨기를 멈추게 하려는 계획을 꿰뚫고 지시를 따르지 않는 수가 있기 때문에 그 의도를 잘 숨겨야 한다.

③ 자녀가 손 빨기를 혼자 있을 때만 하도록 유도한다.

자녀에게는 부모가 프라이버시 안에서는 손 빨기를 '허락'한다는 느낌을 받으므로 혼나는 느낌이 들지 않고 동시에 부모는 자녀의 손을 빠는 시간을 점점 줄여줄 수 있는 효과를 볼 수 있다.

손을 빠는 습관을 체벌로 고치는 방법은 바람직하지 않다. 손을 빨게 하는 원인은 마음속에 숨어있는 불안감이기 때문에 체벌을 통해 손 빠는 습관을 강제로 제어하면 또 다른, 그리고 더욱 심각한 모습으로 나타날 수 있기 때문이다. 쓴 약을 손가락에 바르거나 장갑을 끼우는 방법도 자주 관찰되는데, 이때 주의해야 할 점은 자녀에게 체벌로서가 아니라 함께 목표를 달성하기 위해 도움이 되는 방법으로 설명하고 시작해야 한다는 것이다.

틱
장애

"7살 아들이 틱 증상을 보여 문의드립니다. 성격도 활달하고 공부도 잘해 성적도 좋지만 때로는 심해지는 틱 증상 때문에 속이 많이 상합니다. 학교 수업 중에 어깨를 자꾸 심하게 씰룩거리고, 자꾸 인상을 쓰기도 하고, '윰, 윰'하는 소리를 내어 선생님께 주의를 받아와 걱정이 많이 되네요. 아직 어린데 약물치료를 해야 하는지요? 어떻게 하면 나아질 수 있을까요?"

틱장애(Tics)는 어떤 이유나 목적이 없이 근육이 급속적이고 반복적인 움직임(근육틱)을 보이거나 소리를 내는 것(음성틱)을 말한다. 틱장애를 보이는 사람은 자신의 증상을 컨트롤할 수 없으며 불안, 피로, 스트레스가 증상을 악화시키는 것을 흔히 관찰할 수 있다. 가장 흔한 틱 증상으로는 헛기침이나 눈을 깜빡거리는 것으로 어떤 연구는 미국 내 19%의 인구가 틱 증상을 경험한다고 주장한다. 넓은 의미로 볼 때 틱장애는 사실은 상당히 흔하다고 생각할 수 있는 증상이다.

자녀가 틱 증상을 보일 때 많은 부모들이 전문적인 조언을 찾기 전에 틱을 자녀의 반항적인 태도 등으로 오해하고 강압적인 체벌이나 감정적인 훈육, 처벌로 고치려 시도한다. 그러나 틱 증상은 이런 훈육으로 변화를 꾀할 수는 없다. 오히려 자녀에게 스트레스를 가중시킴으로써 증상이 심해지는 등 역효과가 생기게 된다.

부모는 자녀의 틱 증상에 민감하게 반응하지 말고 자녀가 스스로 힘들어할 것을 이해하고 관용하는 태도를 취하는 것이 가장 바람직하다. 취학아동의 경우는 학교 선생님과의 대화를 통해 자녀의 문제에 대해 미리 소통할 것을 권한다. 틱 증상은 수업을 방해할 뿐 아니라 친구들 사이에서도 놀림감이 되기 쉽기 때문에 수업 중 틱 증상이 심해질 때는 잠시 교실 밖으로 나갔다 오는 등의 방법을 준비하는 것이 바람직하다. 긴장과 불안을 많이 느끼는 자녀의 경우, 자녀의 불안요소를 제거해주도록 노력하는 것이 좋다. 이렇게 심적 부담 요소를 덜어 생활 속 긴장감을 줄여줌으로써 증상의 완화를 꾀할 수 있다.

틱장애 대처법

프랑스의 신경학 학자의 이름을 딴 투렛(Tourette) 또한 틱장애의 한 종류로 여러 가지 틱 증상이 동시에 나타나는 것이 일반적인 틱장애와 약간 다른 점이다. 하지만 발병률에서 치료까지 포괄적으로 틱장애에

포함되어 있는 것으로 이해할 수 있다.

틱장애의 원인은 현재 명확하게 밝혀진 것이 없지만 유전적인 요소가 있는 것으로 이해할 수 있다. 틱장애의 환자들은 도파민과 세로토닌, 노르에피네프린 등의 뇌신경전달물질이 비정상적이고 불규칙적인 레벨로 동요하는 것으로 연구되고 있으며, 만성적인 장애임에도 불구하고 예후는 좋은 편이다. 음성틱은 완전히 사라지는 경우가 많고 근육틱 또한 시간이 지나면서 상당히 호전되는 것을 자주 관찰하게 된다.

증상이 심해 정상적인 생활이 불가능한 환자는 약물치료를 하게 되는데 약물 치료는 도파민 수용체 길항제가 주로 처방된다. 어떤 약이든 마찬가지지만 입이 마르거나, 피로함, 두통, 어지러움 등의 부작용이 있을 수 있는데 시간이 지나면 줄어든다.

틱이나 투렛 증상을 가진 많은 자녀들은 ADHD(주의력 결핍 및 과잉성 행동장애)의 발병률이 높다. 또한 학습장애나 강박증을 겪게 될 확률이 높게 측정되었다. 따라서 심리치료에 임하는 자녀는 틱장애를 심하게 할 수 있는 다른 증상들을 함께 치료받게 된다. 심리치료의 경우 증상의 악화와 완화가 반복되면서 서서히 증상이 줄어드는 것을 관찰하게 되며 심리치료가 가장 큰 도움이 될 수 있는 것은 증상 완화를 비롯해 틱 증상으로 인해 상처받은 자신감과 자존감의 회복, 그리고 부모교육을 통한 양육스타일의 변화 등을 들 수 있다.

언어발달 지체
및 지연

"우리 아이는 2살이 넘었는데 아직도 말을 안 합니다. 말을 하기는 하지만 주변의 같은 또래에 비하면 너무나 뒤떨어져 있구요. 누나가 같은 나이였을 때에 비하면 많은 차이를 보여서 걱정이 큽니다. 따라 잡을 거라 생각하고 기다려 왔는데 이제는 너무 고민스러워 전문적인 의견을 구합니다. 어떤 아이들은 말이 좀 빠르고, 어떤 아이들은 좀 느릴 수도 있다는 것 정도는 저도 압니다만 이렇게 말이 너무 많이 느리니까 조급해집니다. 그냥 '괜찮을 것'이라고 무턱대고 기다릴 수는 없을 것 같습니다. 어떻게 도움을 찾을 수가 있을까요? 어디서 어디까지가 정상이고 어디에서부터 정말 걱정을 해야 합니까?"

일단은 무엇이 정상적인 발달 사항인지를 살펴보자.

생후 12개월 전까지는 환경에 반응하는 전반적인 목소리의 사용을 지켜봐야 한다.

아기 때는 옹알이를 제대로 잘 하고 소리를 잘 내는 것이 좋다.

9개월쯤 되면 소리를 이것저것 섞고 연결시켜 다른 새로운 소리를 내고 "맘마", "빠빠" 등의 소리를 뜻도 모른 채 내기 시작한다.

이후 약 12개월까지는 점점 말도 약간씩 알아듣게 되어 자주 쓰는 단어를 조금씩 알게 된다. 이때 주의할 것은 아기가 열심히 쳐다보고 있지만 소리에 전혀 반응을 하지 않으면 청각 장애의 조짐일 수 있기 때문에 주시해야 한다.

12개월에서 15개월 사이에는 가족의 말을 약간씩 흉내 내기도 하고 아가, 공 등 쉬운 단어를 발음할 수 있으며, 간단한 시키는 말을 알아들을 수 있어야 한다.

일반적으로, 만 18개월에서 2살 사이에는 20개에서 50개의 단어를 말을 할 수 있으며 점점 "애기 울어."처럼 간단한 두 단어 문장을 만들기 시작한다. 이 무렵에는 "장난감을 주워, 갖고 오세요." 같은 두 단계의 명령도 이해할 수 있기 시작한다.

여기에서부터 3살 사이에는 언어의 폭발적인 발달이 보이게 된다. 이후부터는 "책상 위에 놓으세요."와 "책상 밑에 놓으세요."를 구별하고 이해할 수 있다.

옹알이를 할 만한 나이의 아기가 아무 소리를 안낸다든지, 24개월의 자녀가 간단한 단어를 못 따라한다든지, 간단한 명령을 이해 못한다든지 한다면 언어능력에 대한 검사를 해볼 필요가 있다. 특히 약간 유별날 정도로 비음이 강하거나 걸걸한 음성을 가졌거나, 서너 살이 된 아이가 말을 하긴 하는데 아이의 말을 아무도 못 알아듣는다면 그 원인을 알아보는 것이 좋다.

언어발달 지체 대처법

언어발달의 지연은 구강구조상의 문제나 구강 근육발달상의 문제, 또는 청각상의 문제, 만성 중이염 등으로도 생길 수 있으며, 발달장애의 가능성도 배제할 수 없는 중요한 원인이다.

검사를 하러 가면 언어치료사는 자녀의 전반적인 발달사항 및 배경과 심층적인 언어장애에 대한 관찰을 하고 전문적인 검사를 통해 언어발달에 대한 문제를 찾게 된다. 이 검사를 통해 전문인은, 얼마나 자녀가 말을 이해할 수 있는지, 말을 할 수 있는지, 다른 소통의 방법이 잘 발달되어 있는지, 할 수 있는 말은 명확한지, 구강상의 문제는 없는지 등을 살핀다. 이후 어떻게 하면 향상할 수 있는지에 대한 지도를 부모에게 해줄 수 있다.

이중 가장 자주 볼 수 있는 몇 가지의 조언을 살펴보면, 일단 자녀에게 언어상의 발달에 도움을 주려면 자녀와 함께 시간을 많이 보내야 한다는 것을 알 수 있다. 자녀와 함께 시간을 보내면서 말을 따라하게 하고 소통을 유도해야 한다. 또한 자녀에게 소리내어 책을 읽어주는 것도 큰 도움이 된다고 한다. 이러면서 자녀는 점점 단어를 외워가게 된다. 매일매일 기회가 닿을 때마다 단어와 표현하는 방법을 가르쳐 준다.

언어발달의 지연은 쌍둥이로 태어났을 경우, 조산을 했을 경우, 태아의 몸무게가 기준치보다 많이 적을 경우 많이 관찰되며 유전적인 요인과 환경적인 요인 둘 다 크게 영향을 주는 것으로 밝혀져 있다. 또한 두 가지 이상의 언어로 자녀를 키우면 가끔은 언어가 늦어질 수도 있는데 이것은 자녀가 두 가지의 언어에 필요한 단어 등을 동시에 습득해야 하는 부담 때문에 생기는 문제일 수도 있다.

많은 분들이 아이의 언어발달의 지연 때문에 많은 걱정을 하지만 사실은 우리가 아는 많은 유명인들과 학자들도 이런 문제가 있었다고 한다. 예를 들면, 노벨상을 받은 경제학자인 게리 벡커 박사, 우리가 모두 잘 알고 있는 상대성 이론의 아인슈타인(Albert Einstein) 박사, 미국수학사회의 회장이었던 로빈슨(Julia Robinson) 박사, 피아노의 천재인 루빈스타인(Arthur Rubinstein), 핵발전의 선구자였던 에드워드 텔러(Edward Teller) 물리학 박사 모두 서너 살까지 말을 못했던 것으로 알려져 있다.

Chapter 3

마음이 평화로운
아이가 성공한다

평화로운 마음을 가진 아이로 키우는 성공적인 자녀 훈육법은 어릴 때부터 시작해야 한다. 부모 스스로 마음을 다스리고 자녀에게 사랑의 마음을 전할 수 있는 방법들을 소개한다. 결국 마음이 평화로운 아이로 키워 행복한 삶을 살게 하는 방법들이다.

과잉행동 자녀에게
'1-2-3 매직' 걸기

"우리 아이는 행동장애가 심하고 아무리 타일러도 말을 듣지 않아요."
라고 표현하는 부모님들을 자주 접하게 된다. 일반적인 훈육법이 통
하지 않아 자녀의 행동을 바로잡기 힘들다면 단순하면서도 효과가 있
는 1-2-3 매직(1-2-3 Magic)이라는 훈육법을 배워볼 필요가 있다. 이
훈육법을 개발한 토마스 펠런(Dr. Thomas W. Phelan) 박사는 과잉행동
자녀의 효과적인 훈육법으로 세계적으로 명성이 높은 임상심리학 박
사이다. 펠런 박사는 과잉행동장애가 있는 자신의 자녀들을 직접 키
우면서 누구나 손쉽게 배우고 이용할 수 있는 훈육법을 개발하게 되
었다고 한다. 이 방법은 그 실행법이 단순해 누구나 손쉽게 배울 수 있
고 널리 이용되어 미국에서는 어디서든 도서관에서 책자와 비디오를
빌려 공부할 수 있는 효과적인 훈육법이다.

1-2-3 매직은 약 2살부터 12살 사이의 자녀에게 적합한 훈육법이다. 1-2-3 매직은 타임아웃 훈육법을 실생활에서 효과적으로 이용할 수 있도록 체계화시킨 방법이라고 표현할 수 있다. 쉽게 이해하자면 야구에서 세 번의 스트라이크를 받으면 아웃이 되는 것처럼 자녀들도 세 번의 벌을 피할 수 있는 기회가 주어진다. 자녀는 몇 가지의 정해져 있는 벌을 받게 되는데 매를 든다든지 감정적으로 훈육하는 것보다 훨씬 더 효과적이고 미국사회와 같은 선진형의 문화적, 교육적 실정에 잘 맞는 방법이다.

1-2-3 매직을 실행하려면 몇 가지의 단계를 거쳐야 한다. 일단, 가족회의를 열어 자녀에게 1-2-3 매직을 시작한다는 대화를 해야 한다. 자녀가 동의를 하지 않거나 이해를 하지 못해도 상관이 없다. 자녀가 말썽을 피우거나 말을 듣지 않으면 벌을 받게 된다는 것을 공표하는데 그 의의가 있기 때문이다. 가족회의를 하고 난 후 다음과 같은 방법으로 1-2-3 매직을 시행한다.

1단계

자녀가 말을 듣지 않을 때 부모님이 "하나… 둘… 셋"의 카운트를 한다. 눈을 맞추고 침착하고 차분하지만 확고한 의지가 표현되는 목소리로 카운트를 해야 하며 필요하다면 손가락 카운트와 함께 써도 효과가 있다.

2단계

셋을 셀 때까지 행동에 교정이 없다면 타임아웃을 시켜야 한다. 타임아웃은 자녀의 방에서 실행이 되는데, 시간은 자녀의 나이에 비례하게 된다. 예를 들어 4살의 자녀는 4분의 타임아웃을 받게 되고 7살의 자녀는 7분의 타임아웃을 받는다. 이 시간 동안은 자녀와 대화하지 않고 자녀가 방을 뒤엎어 놓는다 해도 반응을 보이면 안 된다.

3단계

만약 자녀가 타임아웃에 협조를 하지 않으면 어린 자녀의 경우 안아서 방에 넣어 줘야 하지만 자녀가 너무 큰 경우에는 자녀가 가장 소중하게 느끼는 게임기나 용돈 등을 압수하는 등의 방법으로 자녀가 협조하게끔 컨트롤해야 한다. 물론 어떤 물리적인 통제 전에 대화를 통해서 벌에 대한 협조를 얻을 수 있도록 최대한의 노력을 해야 한다.

4단계

자녀가 타임아웃 중 탈출을 시도하는 경우에는 타임아웃을 다시 시작하게 해야 하며 벌칙으로 1분의 시간이 가산된다. 예를 들어 5살의 자녀가 두 번의 탈출을 한다면 도합 7분의 타임아웃을 다시 실행시킨다.

타임아웃은 사실 코너에 서있기, 정해진 의자에 앉아있기, 방에 들어가기 등의 다양한 방법이 있으며 반항 등으로 이 방법이 통하지 않을 때는 외출금지(Grounding), 자전거 압수, 인터넷 금지, TV 금지, 게임 금지 및 압수, 전화 압수 등의 방법으로 벌칙을 줄 수 있다.

부모가 항상 기억해야 할 것은 타임아웃의 요지는 벌을 주는데 있는 게 아니라 자녀가 자제심을 가질 수 있는 시간을 주는데 있는 것이다. 또한 타임아웃은 자녀와 부모간의 관계를 재정립할 수 있는 상징적이고 구조 조정적인 의미가 있기 때문에 관계 개선의 틀을 잡아주는 의미에서 좋은 결과를 유도할 수 있다.

만일 자녀가 반항의 의미로 방을 어지럽힌다면 치워주면 안 되고 자녀가 차분해진 후에 자녀가 직접 정리하는 것을 도우면서 대화를 할 수 있다.

자녀가 체벌을 피하기 위해 따지고 들 때는 함께 말싸움을 하면 안 된다. 벌써 결정한 벌은 흔들림 없이 끝내도록 해야 하며 이런 체벌방법에 더욱 큰 효과를 얻기 위해서는 상과 벌의 밸런스를 잘 유지해야 한다.

예를 들어 프로 축구나 농구경기의 심판이 한번 내린 결정을 자꾸 번복한다면 아무도 그 심판을 어렵게 생각하거나 그 결정을 존중하지 않게 될 것이다. 따라서 그렇게 존경심을 잃게 된 데에는 그 심판의 잘못이 크다. 마찬가지로 부모도 결정을 자주 번복하는 모습을 보이면 안 된다. 이 가운데는 "우리 엄마는, 아빠는 항상 공평해."라는 인식이 심어져 있어야 한다. 이런 단순한 행동치료의 방법은 자녀의 문제행동을 줄이는데 큰 효과가 있어서 다양한 부모교육 프로그램에서도 다양하게 응용해 적용하고 있다.

아이의 집중력
강화법

1년 동안 수고한 학생들은 학년말이 다가올수록 긴장이 풀려 느슨해지기 쉽다. 이럴 때일수록 집중력을 높여서 가능한 한 좋은 성적으로 학기를 마무리하고 학기말을 강하게 끝낼 수 있는 습관을 기르는 것이 좋다. 긴 학업의 여정을 앞둔 초등학생이나 중학생도 중요하지만, 고등학교를 졸업하는 학생도 대학 입학을 앞두고 있다면 특히 더 도움이 될 것이라고 생각하면서 집중력 강화법에 대해서 짧게 요약해 보았다.

공부하는 중에 자주 공상에 빠지거나, 자꾸 잠이 오거나, 공부를 시작하기만 하면 청소나 정리할 것이 발견되는 학생은 집중력에 문제가 있는 학생이다. 이런 학생은 약간의 반복적인 훈련을 통해 습관을 교정하고 좀 더 효율적인 학습을 할 수가 있다. 사실 집중이 안 될 때

읽고 있는 교과서는 뜻도 모르는 불경을 들고 있는 것처럼 귀중한 시간의 낭비일 뿐이다. 이럴 때는 일단 아예 공부를 중단하는 편이 좋다. 대신에 운동선수가 경기 전 워밍업을 하듯, 짧은 시간 동안 집중력을 높일 수 있는 일을 하는 것이 바람직하다. 단순한 예를 들면 연필 열 자루를 일렬로 책상에 세운다든지, 심호흡을 하면서 몸을 움직여 준다든지 또는 부담 없는 쉬운 책을 잠시 동안 읽는다든지 하는 방법으로 뇌를 집중 모드로 바꿔 놓을 수 있다.

이제 집중력을 증대시키기 위한 구체적인 방법들을 알아본다.

① 공부하는 장소에서는 공부만 하는 것이 좋다. 예를 들어 평소 공부를 하는 책상에 앉아 비디오 게임을 한다든지 잡지를 읽는다든지 하는 것은 좋지 않다는 얘기다. 그래야 평상시에 공부를 하러 책상에 앉으면 자기암시가 되어 공부모드로 돌입하기가 수월하다.

② 공부를 하는 장소에는 공부에 필요한 모든 것이 준비 되어 있는 것이 좋다. 그래서 공부 시작 전 약간의 물 등을 근처에 준비해 놓는 것도 좋은 방법이다.

③ 공부를 하는 책상과 방은 되도록이면 깨끗한 것이 좋다. 공부를 하는 학생은 편안하게 기댄 자세로 공부를 하는 것이 도움이 되지 않는다. 물론 예외는 있지만, 대체적으로 공부를 할 동안 약간 시원한 방 온도 속에서 허리를 수직으로 세우고 중요한 일을 한다는 마음가짐으로 공부를 하는 것이 좋다.

④ 공부도 잘 되는 때가 따로 있다. 학생마다 약간씩 다르지만, 대체적으로 저녁식사 후가 공부하기 가장 어려운 시간이다. 중요한 것은 자신이 낮, 저녁 때, 또는 늦은 밤이나 아침 중 언제 가장 효율적으로 집중할 수 있는지 알아내는 것이다. 이렇게 공부하기 좋은 시간을 중심으로 하루를 계획하고 스케줄을 잡는 것이 바람직하다.

⑤ 너무 오랜 시간 공부를 하면 쉽게 지치기 때문에 약 한 시간 반 동안 열심히 노력한 후 약간의 휴식을 취하는 게 좋다. 물론 너무나 집중이 잘되고 휴식의 필요를 느끼지 못한다면 억지로 휴식할 필요는 없지만, 집중된 상태에서 공부할 때 뇌의 활동으로 쓰이는 에너지 소모량은 몸으로 하는 노동에 못지않기 때문에 두뇌의 휴식은 지속적인 공부를 위해서 꼭 필요하다.

⑥ 공부를 시작할 때, 산만해질 방해요소가 생기면 더 집중해서 공부를 지속하도록 훈련해야 한다. 약간의 반복적인 연습 후에는 산만해지는 것이 자연스럽게 줄어들게 된다. 한 학생은 공부를 시작할 때 자꾸 머릿속으로 파고들어 오는 생각들을 그냥 종이에 적어버리고 나면 공부에 집중할 수 있다고 말했다. 머릿속에서 방해물을 내 보낼 수 있다면 이것은 아주 좋은 방법이다.

⑦ 공부를 시작하기 전에 목표량을 정하는 것이 좋다. 예를 들면 몇 페이지라든지 몇 문제라든지 등의 구체적인 목표가 있는 것이 큰 도움이 된다. 그래서 그 목표를 달성했을 때, 그때마다 자신에게 약간의 상을 주는 것이 바람직하다.

⑧ 공부를 할 때 양이 많아 지겨운 느낌이 들 때는 공부할 양을 나누어 과목을 번갈아 공부하는 것도 좋은 방법이다. 이렇게 과목을 바꾸어 공부를 할 때 뇌는 지루함을 덜 느끼게 된다. 하지만 공부와 오락이나 취미를 동시에 하는 것은 결코 바람직하지 않다. 이런 방법은 집중력을 떨어뜨려 시간을 낭비하게 된다.

집중에는 연습과 훈련이 꼭 필요하다. 처음에는 조금씩 조금씩 아주 짧게라도 강도 높은 집중력으로 공부를 해야 한다. 5분, 10분이라도 1시간의 얼치기 공부보다 효과적인 학습이 될 것이다. 그리고 이 5분, 10분이 점차 반복을 거치며 두 시간 이상이 되면 어느 정도의 학습 수준이 되어 있을 것이다.

해로운
심리에너지

오래 전 얘기지만 전에 박찬호 선수가 LA 다저스 팀에 있을 때 즐겁게 경기를 관전하곤 했다. 특히 기억에 남는 장면이 하나 있는데 팀이 위기에 처한 아주 중요한 상황에서 박찬호 선수가 등판한 순간이었다. 모두가 초긴장 상태로 경직되어 있었다. 박찬호 선수는 뒤돌아서며 큰 소리로 기합을 주었다. 그는 아마도 이 위기 상황 속에서 등판하는 순간 심장이 빠르게 박동하고, 손이 차가워지거나 땀이 나며, 호흡이 거칠어지고, 집중력이 흐트러지는 것을 느꼈을 것이다. 그 기합은 분명히 긴장과 초조함을 극복하고 집중력을 높이기 위해서였을 것이다.

인류 사회에서 고대부터 발전해 온 스포츠라는 행위는 종목을 불문하고 짧은 순간에 승부가 결정된다. 그리고 많은 경우 상대방보다 자신의 실수로 무너지는 경우가 많기 때문에 스포츠계에 속해 있는 전문인들은 고도의 집중력과 경기력 향상을 위해 많은 기술을 계속해서 발전시켰다. 이렇게 스포츠에서 쓰이는 많은 기술들은 우리 자녀들이 항상 행하는 공부에도 충분히 이용할 수 있다.

시험을 앞두고 공부를 하는 학생들은 많은 긴장과 초조함을 경험하게 된다. 쉽게 말해서 해로운 심리에너지인 이 '긴장과 초조함'은 사실 집중력을 크게 둔화시키고, 방치하는 순간부터 계속해서 증폭되기 때문에 이것을 지니고 공부를 하는 것은 큰 에너지의 낭비가 될 수밖에 없다.

이것을 극복하는 방법은 다양하지만, 스포츠에서 이용하는 방법을 이용하는 것이 가장 쉽고 효과적일 수 있다. 힘을 모아 강한 기합을 주거나, 큰소리로 함성을 지르거나, 몸을 크게 흔드는 등으로 해로운 심리 에너지를 육체적 에너지로 변화시켜 밖으로 배출시킬 수 있다. 따라서 다른 사람들에게 폐가 되지 않는다면 학생은 자신이 공부에 앞서 어떤 초조함을 감지하게 되면, 이런 방법들로 초조함을 제거할 수 있다. 큰 소리를 지르는 것이 가족, 룸메이트나 이웃에게 폐가 된다면, 양수먹을 강하게 쥐었다가 한 순간에 풀어주는 것을 반복하거나, 요가형의 기지개와 스트레칭을 하는 것이 공부를 집중적으로 할 수 있도록 몸과 마음을 산뜻하게 해준다.

시험의 압박 외에도 현대의 학생들은 많은 스트레스에 시달린다. 대학생의 예를 들면, 공부의 스트레스 외에 경제적인 문제, 가족의 갈등에 대한 문제, 친구 간에 생기는 문제, 종교적인 갈등으로 생기는 고민, 진로에 관한 고민, 약물이나 도박 중독에 의한 고민, 전반적인 가

치관에 관한 문제 등 많은 어려움을 지니고 있다. 물론 이 모든 문제들은 시간과 에너지를 투자해서 해결을 하는 것이 바람직하지만, 학업에 임하는 동안 당장 해결할 수 없는 문제들이 많다. 그래서 일단은 많은 문제들에서 생기는 초조함과 스트레스가 학업이나 생활에 더 큰 피해를 주지 않도록 하는 것이 중요하다고 볼 수 있다.

이런 방법 외에도 좀 더 건강하고 효과적인 심리에너지 방출 방법이 있다. 이것은 바로 '운동'이다. 운동은 학생들의 스트레스를 위한 전반적인 해결책일 뿐만 아니라, 최근의 연구 결과에 의하면 두뇌를 더욱 우수하게 발전시키는데 큰 역할을 한다고 밝혀졌다. 이탈리아와 네덜란드에서 신경과학학회에 동시에 연구, 발표한 실험은 지금까지 우리가 갖고 있던 뇌세포에 대한 오해를 밝혀냈다.

이 오해는 바로, 뇌세포는 세포분열이 성장할 때 끝나기 때문에 인간은 죽을 때까지 가지고 있던 세포의 수를 아껴가면서 살아야 한다는 것이었다. 뜻밖에도 "이것은 사실이 아니다."라고 밝혀진 것이다.

밴더볼트 박사 등의 연구진이 밝혀낸 것은 실험용 쥐를 정기적으로 운동시켰을 때, 그 쥐의 뇌중앙 해마(Hippocampus) 부분의 세포수가 두 배로 늘어났다는 것이다. 히포캠퍼스는 계산력, 암기력, 공간지각력 등에 커다란 영향을 미치는 뇌 부분이기 때문에 이 부분을 왕성하게 사용하는 학생에게는 매우 중요한 부분이다. 쥐들이 매일 러닝머신을 이용해서 운동을 했을 때, 그들의 학습과 기억력이 크게 향상되는 것 또한 밝혀졌다.

그 외에도 정기적인 운동은 스트레스의 악영향으로 부터 고분자급의 반응을 통해 방어해주고, 어떤 경우에는 뇌에 있을 수 있는 염증 등도 치료가 가속화될 수 있도록 하는 대단한 역할을 했다. 꾸준한 운동이 얼마나 학생들에게 도움이 되는지를 보여주는 단면이라고 할 수 있다.

아이비리그
육아법

얼마 전에 아는 분에게서 저녁식사 초대를 받아 댁으로 찾아간 적이 있었다. 어린 자녀 둘을 슬하에 둔 부부는 명문대 의대를 나온 아이비리그 출신의 부부 의사였다. 식사 대접을 잘 받고 재미있게 이야기를 나누던 중 냉장고의 하단 부분에 장난감 자석 알파벳으로 쓴 'apoop'이라는 글자가 눈에 들어왔다.

　처음에는 단어가 아니니까 우연이겠지 하며 지나쳤다가, 저기에 있는 재미있는 단어는 누가 썼느냐고 농담삼아 웃으며 물어봤다. "우리 여섯 살짜리 아들이 썼어요."라며 웃는 엄마의 말에 "아, 그렇군요. 저게 단어였군요."라며 놀라는 시늉을 했다. 흥미를 느낀 나는 그 집 아들의 해박한(?) 단어 실력에 감탄하며 그런 천재적인 재능을 이끌어내는 육아법과 조기 학습법에 대해 물어보았다.

현재 6살과 4살의 자녀가 있는 그 부부는 아이들이 3살과 1살 때부터 주말마다 한 번도 빼먹지 않고 도서관에 함께 갔다고 한다. 이 습관은 가족에게 종교의식 만큼이나 중요한 일과로 받아들여져 주말이면 항상 도서관을 가게 되었다. 도서관에 도착하면 아이들에게 자유롭게 마음껏 책을 고르도록 시간을 주고 부모도 자신들이 읽을 책을 몇 개씩 골랐다. 이렇게 고른 책이 매 주마다 평균 20권이 넘는다고 한다.

물론 3살짜리, 1살짜리 자녀가 책을 자유자재로 읽을 수는 없다. 하지만 매일 밤마다 이 아이비리그 부모들은 아이들에게 빌려온 책을 읽어 주었다. 그리고 책들은 아이가 언제든지 자신이 찾아서 볼 수 있도록 눈에 잘 띄는 곳에 놓아두고 항상 책이 텔레비전보다 재미있게 느껴지도록 유도했다. 텔레비전은 가능한 한 켜지 않았고 자녀가 텔레비전을 보며 재미있어 하고 즐거워하는 부모를 보는 게 아니라 책을 보며 기쁨을 얻는 부모를 관찰할 수 있도록 노력했다. 언제인가부터는 책을 읽어주지 않으면 아이들이 잠이 들기 어려울 정도가 되었다고 한다.

이 부모는 점차 가속도의 효과를 느끼게 되었다. 책을 읽는 것과 책을 즐기는 것을 유도하였을 뿐인데, 아이들은 점점 더 책을 요구하기 시작했다. 책과 가까이 하는 것이 당연한 즐거움으로 다가왔고, 점점 더 난이도가 높은 책을 자녀 스스로 찾기 시작했다. 이렇게 해서 점차 자녀의 단어가 늘게 되고 점점 난이도가 높은 단어를 아이들이 알기를 원하고 습득하게 되었다는 것이다.

예전에 발견된 임상실험 결과는 우리가 잘 알듯이 자녀는 태어나기 전, 임신 중에도 언어를 듣고 이해한다고 밝혔다. 인간의 10만 개 유전자 중, 5만개 이상이 신경조직 구성을 위해 존재한다. 이렇게 어릴 때, 두뇌는 기초적인 신경조직이 구성되는데 이 구성의 틀을 잡아주고 활성화시켜주는 것이 대단히 중요하다.

예를 들어, 영어에서는 언어의 문장(Syntax)을 구성하는 능력은 5살 이전에 모두 갖추어지게 된다. 다시 말하면 5살 후에는 언어의 능력이 개발되는 한계가 있게 된다는 뜻이기도 하다. 이것은 자녀가 아주 어릴 때, 두뇌의 회로가 완성되기 전에 더욱 큰 발전을 할 수 있도록 부모의 관심과 자극이 꼭 필요하다는 것을 보여준다.

아이가 3살이 될 때까지 아이는 앞으로 20여년간 성장할 두뇌의 바탕을 이룬다. 그러므로 아이가 태어나서부터 3살이 될 때까지, 아이를 가만히 놓아두는 것보다는 더욱 배움으로 자극시키고 아이에게 배움이 흥미로울 수 있도록 유도하는 것이 중요하다.

사람의 두뇌는 1조가 넘는 신경세포로 이루어져 있다. 혼자서 배움을 자연스럽게 이루게 되는 일은 상당히 드물다. 연구결과에 의하면 자극이 별로 없고 자주 놀아주지 않고 대인관계를 형성하지 않는 아이들은 보다 작은 두뇌를 가지게 되고 신경세포 사이에 연결이 단순하게 된다는 것이 밝혀졌다. 부모의 역할이 얼마나 지대한지를 알려주는 단면이라고 볼 수 있다.

예를 들면 영어는 상당히 배움의 깊이가 있기 때문에 개개인마다 영어의 능력은 많은 차이가 있을 수 있다. 아이가 어렸을 때 더 개발할 수 있도록 도와줄 수 있는데 그냥 놓아두는 것은 마치 아이의 가능성을 일부러 제한하는 것과 같지 않을까라고 생각한다.

　장난감도 마찬가지다. 단순하고 인기 있는 장난감보다는 퍼즐과 문제해결을 중시하는 장난감이 주가 되어야 한다고 생각한다. 뭔가 만드는 것이 목적인 건설적인 스타일의 장난감도 좋다. 뭔가를 상상한대로 만들 수 있는 장난감은 아이의 상상력을 풍부하게 만들어 주고 스케일이 큰 인물로 성장할 수 있도록 도와준다. 이런 장난감으로 항상 아이의 사고력을 자극하고 해내는 즐거움을 느끼도록 도와주는 것이 바람직할 것이다.

시험불안증
정복하기

대부분의 학생들이 시험을 준비하고 시험을 치르는 동안 불안함과 스트레스를 경험하게 된다. 이것은 물론 자연스러운 현상으로 코티졸과 노르에피네프린 등의 스트레스 호르몬이 내분비 시스템에서 나와 정신적인 그리고 육체적인 자극을 느끼게 되는 것인데 필요한 만큼의 자극과 스트레스는 사실은 바람직한 현상이다. 시험에 대한 집중력과 이해력 그리고 체력 유지에도 한동안은 도움이 되기 때문이다.

하지만 어떤 학생들은 이런 호르몬이 과도하게 분비되거나 장기간 이런 스트레스 호르몬에 노출되고 불안함이 습관화되면서 어려운 문제가 생기게 된다. 이런 학생들은 대부분의 경우, 시험의 결과를 자신에 대한 불안, 현재 자신의 처지, 또는 다른 개인적인 원인과 연관을 시키기 때문에 점점 더 악화되는 연쇄작용을 경험하게 된다.

일단 시험 불안증이 생기게 되면, 시험을 효과적으로 준비하고 실력 만큼의 점수를 받아낼 수 있는 능력이 현저하게 저하된다. 집중력에 제동이 걸리고 의욕 및 체력에 큰 문제가 생기게 된다. 성적에만 문제가 생기는 것이 아니라 정서적인 불안함과 정신적인 문제로도 발전할 수 있기 때문에 항시 부모님의 관찰이 필요하다.

시험 불안증을 해소하는 방법은 여러 가지가 있는데 대부분 학생의 불안한 에너지가 안에서 쌓이지 않도록 시험 준비와 시험성적 향상 등의 외적인 방향으로 집중하도록 유도시키는데 그 목적이 있다. 예를 들어, 시험 불안증을 퇴치하는 가장 좋은 방법은 시험 준비를 철저히 하는 것이다. 그리고 좋은 성적을 받은 후 자신에 대해 한껏 자랑스럽게 생각하는 것이다. 현실적인 목표를 가지고 시험공부를 하는 것도 또한 도움이 된다. 많은 경우 대부분 이 목표는 문화의 특성상 부모님이 정해버리는 경우가 있는데 이것은 대화를 이용해 함께 정하는

것이 좋다.

기말고사와 연말고사에 집중하지 말고 평상시 학기 중에 과제물과 퀴즈, 그리고 수업에 많은 노력을 기울이는 것이 크게 도움이 된다. 시험의 성적에 자신의 기여도를 항상 이해하고 있는 것이 중요하다. 선생님 등 외부적인 요인을 항상 탓하는 학생들은 오히려 더욱 불안증에 약하다. 그래서 자신이 노력하고 그것으로 인해 좋은 결과를 얻을 수 있다고 믿는 학생들은 무력감을 떨쳐버리고 더욱 능동적이고 자신감이 넘치는 마음자세를 갖출 수 있다.

학생은 성적과 자신이 인간으로서, 가족의 구성원으로서의 가치는 별개란 것을 자각해야 한다. 좋지 않은 성적을 받으면 부모님의 기대를 저버리고 사랑을 받을 수 없다고 믿는다면 그만큼 시험의 결과는 커다란 부담으로 다가올 것은 너무도 당연하다.

학생 자신이 속으로 되뇌이는 생각을 알아차려야 한다. 부정적이고 부담스러운 생각이 들 때는 일부러 "나는 자신이 있다." "나는 최선을 다 했어." "나는 이 과목을 잘 이해해." "나는 점점 더 많이 배우고 있어." 등의 긍정적이고 자신감을 더해주는 말과 생각을 반복해 줘야 한다.

끝으로 근육완화 운동, 호흡법, 상상훈련 등의 긴장완화 기술을 익히면 시험불안증 해소에 크게 도움이 될 수 있다.

자녀와의
올바른 대화법

얼마 전 어떤 어머니가 이런 질문을 해왔다.

"자녀와 대화를 하라. 말은 쉽죠. 우리 아이와는 어렵습니다. 말도 듣지 않고 말썽을 피우는데… 도대체 어떻게 대화를 해야 합니까?"

자녀와의 대화란 집을 짓는 것과 같다. 설계를 잘 해서, 기반을 잘 닦고, 밑에서부터 지어야 한다. 예를 들어 자녀가 벌써 사춘기이고 대화의 체계가 처음부터 잘 서있지 않으면 그만큼 보수작업이 어렵고 그 다음 층을 쌓기가 힘들어진다. 그래서 자녀가 어리면 어릴수록 부모와의 대화 방식과 인간관계를 바로잡기가 수월하다고 볼 수 있다. 그렇지만 나이가 많아서 대화가 힘들다고 손을 놓으면 안 된다. 왜냐하면 아무리 문제가 많은 자녀도 거의 대부분은 부모와의 관계가 사랑과 희망을 바탕으로 하기를 내면으로는 원하고 있기 때문이다.

일단 효과적인 훈육 방법부터 살펴보도록 한다. 훈육은 어떤 부모에게나 힘든 일이지만 꼭 필요한 일이다. 효과적인 훈육은 자녀에게 부모로서의 권위를 세우도록 도와준다. 현명한 부모는 훈육을 통해 자신의 권위를 세우되 그 방법이 자녀의 심리적, 감정적인 웰빙과 부합되도록 노력한다.

벌은 정말 벌을 받아야 할 때만 주고 빈번한 체벌, 심한 체벌은 최대한 피해야 한다. 벌을 받는 게 익숙해지고 일상의 일부가 되면 그때는 벌의 효과가 사라지기 때문이다. 체벌은 아주 가끔 있어야 효과가 있다.

예를 들어 자녀가 비디오 게임을 하지 않아야 할 때 게임을 하다가 들켰다고 가정하자. 이럴 때는 게임을 하루 정도 못하게 하는 게 적당하다. 이런 상황에서 예를 들어 한 달 간 비디오 게임을 못하게 벌을 내리면 반발심만 들고 벌의 효과가 반감할 수 있다.

또한 받아야 할 벌은 그때그때 받아야 한다. 며칠 전의 일에 대해 벌을 나중에 주게 되면 효과가 반감한다. 체벌을 할 때는 시선을 맞추고 자녀가 뭘 어떻게 잘못했는지 지적하고, 벌과 잘못을 연계시켜주는 것이 좋다.

무언가 잘못했을 때 벌을 주기로 서로 약속했다면 벌을 정확히 줘야 한다. 벌을 받게 될 잘못을 했는데 체벌이 없으면 부모의 약속과 권위 자체가 신뢰를 잃게 될 것이다. 물론 벌을 주기에 급급한 부모가 되라는 것은 아니다. 벌을 받아야 할 때는 공정한 체벌이 있어야 한다는 뜻이다.

부모가 항상 기억해야 할 것은 자녀는 벌보다 상을 받는 것이 위주가 되었을 때 훈육의 효과가 더 크다는 것이다. 지금껏 밝혀진 수많은 연구결과가 보여준 가장 효과적이고 지속적인 보상은 다른 것이 아니라 말로 하는 칭찬이다.

그러면 대화 방법에 대해 알아보자. 자녀와의 대화의 문은 항상 열어 놓아야 한다. 그리고 계속해서 대화를 유도해야 한다. 자연스러운 대화도 좋지만 그런 대화가 잘 이루어지지 않는다면, 친구와 대화하듯 아무 계획이나 아무 생각 없이 말을 꺼낼 것이 아니라 자녀와 어떤 것을 대화할지 평소에 생각해두어야 한다.

대화의 장소 중 가장 좋은 곳 중의 하나는 식사시간으로 알려져 있다. 또한 자가용이 있다면 어디론가 가는 동안의 차내라고도 볼 수 있다. 어딘가를 갈 때 차내에서는 밀폐된 공간에 함께 있기 때문에 자연스러운 대화가 나올 수 있다.

자녀가 어리다면 단답형의 질문을 한다. 예를 들어, "중국의 수도는 어디일까?"라든지 "어제 축구경기에서 누가 제일 잘했지?" 등의 질문이 단답형이라고 할 수 있다. 질문의 답에서부터 대화가 시작될 수 있다.

자녀가 조금 더 나이가 있으면 조금 더 설명이 요구되는 질문을 하는 것이 바람직하다. 예를 들어, "왜 공룡은 멸종했을까?"라든지 "왜 친한 친구가 전학을 갔지?" 등의 질문이 설명을 유도하면서 대화를 시작하는데 도움이 될 것이다.

대화의 다리를 놓는 것은 부모가 자녀에게 귀 기울이는 데에서 시작된다. 아주 열심히 들어줘야 한다. 며칠 전 필자는 아버지의 은사이 셨던 전 서울대 심리학교수 정한택 박사님을 찾아뵈었다. 한국의 근 대 심리학의 초기를 개척해 오신 것을 평소에 존경해왔지만 아흔한 살의 연세에도 불구하고 여러 시간의 대화 속에서 느낀 것은 박사님 의 경청태도가 남달랐다는 것이다. 대화를 할 때는 확실히 경청하고 계시다는 느낌이 확연하게 들었다. 정한택 박사님은 제자의 아들인 나에게도 온몸을 기울여 대화에 임했고 필자는 많은 것을 배우고 느 꼈다.

부모는 자녀와의 대화에서도 '온몸을 기울여 대화'를 해야 한다. 이런 자녀와의 대화는 자녀가 올바르게 자랄 수 있도록 돕는 빛과 거 름이 된다. 그리고 부모는 절대로 자녀를 비난하거나 비웃지 말아야 하고 자녀 자체를 존중하고 받아들여야 한다. 그래서 이후로 대화가 힘들어질 때에도 자녀가 부모의 사랑을 의심하지 않고 인지하도록 노 력해야 한다. 그중의 한 가지 노력은 자녀가 어릴 때부터 저녁식사는 함께 하도록 하는 것이라고 할 수 있다.

돌을 씹는 것처럼
어려운 자녀양육

연휴 동안 3살이 아직 안된 딸, 아이시즈와 함께 집 앞의 상가에 잠시 들른 적이 있었다. 상점들은 일년 중 가장 큰 대목을 목전에 두고 화려한 장식과 많은 상품으로 가득 차있었고 축제 분위기의 즐거운 기분이 드는 연말 음악이 손님들을 반겼다. 아이시즈도 예외가 아니었다. 어느 아이들이 모두 그렇듯 마치 이 모든 것들이 자신의 즐거움을 위해 존재하는 것인 양 뛰어다니고 아무 물건이나 마구 꺼내는 등 나에게는 아주 난처하고 긴박한 상황이 벌어졌다. 이제 필자에게 원래의 볼일은 사라지고 딸을 어떻게 하면 빨리 추스려 뒷정리를 하고 돌아갈 수 있는가 하는 문제가 우선적인 볼 일이 되어버렸다.

흥미롭게도 이때 필자에게 가장 신경이 쓰였던 것은 남들의 이목이었다. 누군가가 "저 아이는 누구 아이야?" "집에서 교육을 어떻게 시켰길래…"하며 얼굴을 찡그릴까봐 필자는 곤혹스러웠고 임상 심리학 박사라며 자녀에 대한 상담을 전문으로 하는 필자가 그런 말을 듣게 될지도 모른다는 사실이 큰 부담으로 다가왔다.

집에 와서 필자는 잠시 상황정리를 했다. 얼굴이 붉어지고 마음이 많이 급해져서 볼일도 보지 못하고 돌아온 필자는 예전에 어느 상점에서 바닥에 누워 떼를 쓰는 아이를 보며 '저것은 아이의 탓이 아니라 부모의 탓'이라고 마음속으로 단정지었던 기억이 떠올랐다. 그때 들었던 그런 생각이 경솔한 생각은 아니었나 하는 생각도 함께 들었다.

아이가 떼를 쓰고 말썽을 피우는 것은 어떻게 보면 너무나도 자연스럽고 아이다운 모습이다. 아이들은 모두 다르기 때문에 어떤 아이는 얌전하고 어떤 아이는 조금 더 말썽꾸러기일 수도 있다. 예의범절을 익히는 것이나 사회적응이 좀 더 더딘 아이도 있다. 한편 이런 자녀의 돌출행동에 대해 별로 관심이 없는 그런 부모도 있을 것이고, 갖은 노력을 통해 자녀의 문제행동을 점차 고치려고 노력하고 있는 부모도 있을 것이다. 사실 예전의 상점에서 누워 떼를 쓰던 그 아이의 부모는 전자인지 후자인지 알 수 없는 노릇이다.

이런 모습을 향한 사람들의 차가운 이목도 문제이지만 이런 다른 이들의 눈초리 때문에 스트레스를 받고 주눅이 드는 부모의 연약한 자신감도 자녀의 건강한 성장에 문제로 다가올 수 있다. 어떤 부모는 자녀의 문제 행동을 바로잡으려는 노력 없이 그냥 수수방관하기도 하고 어떤 부모는 남의 이목에 너무나 신경을 쓴 나머지 스트레스를 받고 우울증까지 생겨 전반적인 생활에 장애가 생기기도 한다. 어떤 부모는 부모로써의 교육이 부족해 훈육시 감정을 개입시켜 쉽게 분노하고 흥분하며 훈육을 하는 등 자녀에게 도움이 되기는커녕 상처를 주고, 올바른 성장에 장애를 주기도 한다.

실제로 자녀의 문제 때문에 가족 내의 분쟁이 멈추지 않아 부부 사이에 금이 가거나 지울 수 없는 상처로 이어지는 모습을 종종 볼 수가 있다. 시부모나 친척, 이웃이나 다른 사람들의 잔소리는 도움이 되기보다는 부모에게 부담과 자책으로 이어져 가중된 스트레스로 자녀교육에 악영향을 미치기도 한다. 미국에서 인기 있는 정치 평론가 및 15개의 베스트셀러 저서를 낸 P. J. O'Rourke는 "세상의 모든 이들은 자녀를 키우는 전문가더군요. 정작 아이를 키우는 사람들은 빼고 말입니다."라고 했다. 정작 자녀를 키우고 있지 않는 사람들이 자녀 있는 부모에게 아는 척을 하고 잔소리를 하는 것을 꼬집어 표현한 것이다.

"아이들을 키우는 일은 돌을 씹는 것처럼 어려운 일이다."라는 아랍 지역의 속담이 있다. 필자는 자녀양육에 관한 세미나를 할 때 이 속담으로 시작하곤 한다. 자녀를 키운다는 것은 참으로 어려운 일이다. 아이가 생기기 전에는 매사에 자신이 있고 사회 활동도 활발하던 사람들도, 아무리 잘 대해주어도 아이가 울어대고, 정성을 다해서 힘들게 만든 이유식도 뱉어내는 모습을 보면 기운이 빠지고 "내가 뭔가 잘못하고 있는 건 아닌가!"라는 생각에 사로잡힐 수밖에 없다. 참으로 마음 같지 않을뿐더러 모든 것이 곤혹스러운 것이 자녀양육이며 멀쩡하던 엄마의 산후 우울증을 유발할 정도로 어려운 것이 아이를 다루는 것이다.

2,400여년 전 소크라테스는 "요즘 아이들은 폭군이나 다름없다! 부모의 양식을 먹어대면서 부모에게 대들고, 열심히 가르치려는 선생들을 괴롭히며 못살게 구는 존재다."라고 말하며 한숨을 쉬었다고 한다. 예나 지금이나 아이들이란 아무리 사랑스러워도 어른들에게 고민덩어리를 안겨주는 원천인 것 같다.

그렇지만 자녀의 돌출 행동과 크고 작은 실수는 부모가 더욱 성숙하고 지혜로울 수 있도록 인도해주는 삶의 선물이다. 자녀의 행동이나 말 때문에 평상심을 잃고 흥분하거나 분노한다면 그 부모는 그런 모습을 보임으로써 스스로 부모의 권위를 포기한 것으로 자녀에게 인식된다는 것을 깨달아야 한다. 특히 요즘은 체계적으로 개발된 올바른 훈육 방법이 발달되어 있어서 배우고 이용할 수 있으며 공감대를 키우는 대화를 통해 부모는 자녀와의 관계를 돈독히 하는 동시에 문제되는 행동을 점차 바로잡아 줄 수 있다. 매를 들며 폭력적이거나 비꼬는 언사로 자녀를 훈육하는 것은 무분별하게 자녀에게 상처를 주는 행동이며 자녀를 위해 지금껏 보여주고 쏟았던 모든 사랑과 헌신적인 노력을 한꺼번에 무너뜨리는 결과를 초래하게 된다.

부모로서의
자존감

출산 예정일을 약 2주일 남겨놓은 절친한 직장 동료, 조세핀이 출근 직전에 양수가 터져 병원으로 직행하는 소동이 벌어졌다. 덕분에 나도 자연스럽게 예정일보다 50여일이나 조산을 하게 되었던 딸의 생각이 온종일 소록소록 들었다. 1.9kg 남짓 했던 그야말로 엄지공주만 하던 아기는 이제는 해맑은 웃음소리를 가진 27kg의 건강한 아이가 되었다.

하지만 지금 생각하면 아직 폐와 심장이 채 여물지 않은 출산 직후의 작디 작던 아기에 대한 두려움과 걱정으로 가득하던 날들은, 매순간 아기가 생존한다는 것에 대한 감사함으로 견뎌낼 수 있었고 부모라는 본분이 주어졌다는 것에 대한 감동으로 다가왔다.

평소에 몹시도 무뚝뚝하던 와이프는 처음 아기를 대하는 순간 밀려오는 감정을 주체하지 못하고 눈물을 흘리며 떨리는 손으로 아기를 안았고, 이 모습을 지켜보던 필자도 뜨겁게 온몸을 감싸는 가족에 대한 보호 본능을 느끼게 되었다. 아기가 건강하고 행복하기만 했으면 하는 바램을 부부가 함께 나누던 나날은 지나고 이제는 일부러 기억하려 하지 않으면 그날의 감정은 쉽게 떠오르지 않는게 사실이다.

양육에 대한 상담을 하던 부부가 있었다. 나는 그들에게 부모로서 잘하고 있는 것과 잘못하고 있는 것 2가지에 대한 리스트를 작성하도록 했다. 흥미롭게도 잘못하고 있는 리스트가 잘하고 있는 리스트보다 훨씬 더 긴 것을 발견했다. 그래서 밸런스를 맞추기 위해 부모가 잘하고 있는 것을 심층적으로 들여다보았다. 아이가 잘하고 있는 것은 무엇이며 어떤 것이 부모가 가르쳐 준 것인가 하는 질문에 자신들이 부모로서 얼마나 많은 것을 잘하고 있는가를 새삼 깨닫게 되었다.

필자는 부모는 자신이 어떤 면으로 잘 하고 있는지를 알고 자신감

을 갖추어야 장점이 바탕이 된 자녀양육을 할 수 있다고 생각한다.

많은 부모는 자신이 자녀에게 주는 긍정적인 영향을 인식하지 못한다. 이런 부모는 자신 때문에 아이가 잘못될까봐 항상 노심초사한다. 무슨 일이 생길 때마다 자녀양육에 자신이 점점 없어지는 것을 느끼게 된다.

자녀는 성장하면서 부모를 보고 그들의 관점, 사고방식, 인생관을 솜이 물을 빨아들이듯 받아들인다. 부모의 결핍된 자신감 또한 마찬가지로 빨아들여 자신의 것으로 만든다. 그래서 부모는 자녀가 잘하는 것을 보면 자신에게 "그래도 내가 잘 키웠다."라는 부모로서의 자신감을 키워야 한다.

자신감이란 자녀가 앞으로 살아가며 끊임없이 다가올 도전을 견뎌내고 이겨내기 위해 입어야 할 갑옷이다. 이런 귀중한 자신감은 스스로에 대한 가치관과 밀접한 관계가 있기 때문에 자존감과 같은 의미로 쓰이기도 한다.

이런 자신감과 자존감은 태어나서부터 계속적인 성장을 하지만 아주 어릴 때부터 부모와의 관계 속에서 가장 크고 많은 사존감의 성장을 이루게 된다. 특히 양육에 대한 신념과 자신감이 있는 부모는 자녀의 자아와 무의식에 이런 모습의 씨앗을 심어주게 되기 때문에 나는 부모들이 자신의 양육법에 대한 자신감을 갖기를 권한다.

갓 태어난 아기를 처음 안을 때의 초심을 기억하고 자녀의 행복과 건강을 바란다면 양육에 대한 방향감각과 자신감이 저절로 생길 것으로 생각한다.

자녀와 공감대를
형성하는 방법

최근 인구 조사에 의하면 현재 미국에서 거주하고 있는 한인은 약 300만 명으로 밝혀졌다. 이중 약 73%의 이민 인구가 한국 태생이라고 하니 이 수치는 대다수의 미주 한인가정이 한국적인 가치관에 바탕을 둔 생활 속에서 자녀와 대화하고 훈육한다는 것으로 해석할 수 있다. 개방적이고 판이한 문화와 언어 속에서 자라는 이민 2세의 자녀에게 부모님의 지나치게 엄격한 모습과 일방적인 대화 스타일은 거부감을 주어 공감대를 이루는데 장애를 일으키고 나아가 자녀의 인생 속에서 앞으로 다가올 중요한 결정에 부모가 참여하지 못하는 어려움으로 이어지기도 한다. 흥미롭게도 한국 내의 교육실정도 어렵기는 매한가지다. 세대 간 가치관의 차이는 그 핑계가 다양할 뿐만 아니라 극복하고 어렵기는 마찬가지일 것이다.

미주 한인 사회의 두드러진 특징은 대부분의 한인들이 직장과 일터에서 많은 시간을 보낸다는 것이다. LA와 오렌지 카운티에서는 전체 한인의 75%가, 뉴욕에서는 무려 86%가 자영업이나 한국 회사에 종사하고 있는 것으로 밝혀졌다. 대부분의 한인 가정이 가족과 함께 보내는 시간이 부족하다는 것과 우리의 자녀들은 어릴 때부터 부모와의 시간을 충분히 갖지 못하고 자라고 있다는 것을 보여주는 조사결과이다.

가족 상담을 하면서 가장 안타까운 경우는 부모와 자녀 사이에 문화적인 그리고 언어적인 차이가 너무나 크고 이런 어려움을 이겨낼 수 있는 이해력과 공감대의 형성이 이루어지지 않아 아무리 마음을 열고 대화를 해도 서로 다가갈 수 없는 모습을 볼 때이다.

이런 가정에서의 자녀의 마음속에는 사랑하고 아껴주는 부모의 모습이 각인되어 있지 않다. 그래서 마음 깊숙이 외로움을 느끼고, 삶 속에서의 목적의식을 찾는데 어려움을 겪게 된다. 아마도 국내의 자녀들도 공유할 수 있는 어려움일 것이다. 이런 어려움에 어느 정도 도움이 될 수 있는 몇 가지 방법이 있다.

첫째, 부모는 자녀와의 대화 속에서 공감대를 이루도록 노력하는 모습을 보여야 한다.

자녀와 공감대를 이루는 방법에는 GEMS(Genuine Encounter Moments)라는 방법이 있다. 자녀와 함께 보내는 시간의 양보다 질에 신경을 쓰는 방법으로 부모는 자녀를 이해하기 위해 노력하는 모습을 보여야 한다. 자녀가 말을 시키면 TV 소리를 바로 줄이거나 신문을 내려놓고, 눈을 맞추면서 대화에 임한다. 자녀의 질문에 집중하고 어떤 의도로 자녀가 말을 하는지 파악하려 노력해야 한다.

"쟤는 왜 자꾸 저런 얘기를 하지?"라는 생각이 들면 그냥 넘어갈 게 아니라 직접 물어보고 생각도 해봐야 한다. 그런 후에 긍정적인 대화법으로 공감대를 이루어 나갈 수 있다.

예를 들어 자녀가 요즘 함께 보내는 시간이 부족하다는 말을 하면 "무슨 소리야. 요즘 엄마가 얼마나 바쁜데, 얘가 정말 배부른 소리를 하네." 등의 자녀의 표현을 무시하는 답보다는 "그래, 정말 함께 시간을 보낸 게 한참 된 것 같구나." 등의 긍정적인 대답으로 엄마가 너의 마음을 이해한다는 표현을 간접적으로 해주는 것이 도움이 된다.

둘째, 자녀의 '부모 귀머거리증'을 이해해야 한다.

부모들은 서로 자녀에 대한 불만을 자주 토로한다. 뭘 시켜도 잘하지 않고, 아무리 얘기해도 잘 고쳐지지 않는 것에 대해 많이 힘들어한다. 하지만 얼마 전의 조사 결과는 보통 부모들이 자녀에게 하루에만 수백 개에서 수천 개의 지시를 한다는 것을 밝혔다. 하루를 함께 생활하면서 자녀에게 하는 거의 모든 말과 행동이 지시형이라는 뜻이며 자녀는 1년에 수만 개의 지시를 들으며 생활한다는 것이다. 자녀는 '부모 귀머거리'가 될 수밖에 없다.

잔소리나 야단을 치기 전에 "말 대신 어떻게 하면 행동으로 보여주고 유도할 수 있을까?" 하는 생각을 가져야 한다. 예를 들어 "책을 좀 읽어라."라는 지시 대신 부모가 직접 TV 시청을 줄이고 자녀와 주말마다 도서관에 가서 독서하는 모습을 평소에 몸소 보여준다면 자녀가 책을 저절로 가까이 하게 될 것이다.

셋째, 자녀의 자신감을 키워 줘야 한다.

자신감이 있는 자녀는 긍정적인 세계관을 지니고, 정서적으로 안정되어 있다. 여기에서 점점 자신의 일을 계획하고 처리할 수 있는 독립심이 생기며 개척정신과 도전의식의 기본이 되는 호기심이 발달되게 된다. 자신감이 있는 자녀는 매사에 능동적이고 적극적이며 용기 있는 모습을 보이게 된다.

자녀의 자신감을 키워주려면 부모는 아이의 입장에서 생각하는 습

관을 들여야 한다. 그러기 위해서는 부모는 자녀와의 대화를 통해 자녀에게 부모가 함께하고 있고 이해하고 있다는 것을 느끼도록 해줘야 한다. 자신감을 키워주려면 자녀의 능력에 맞는 기대를 해줘야 하며 잘하는 것에 초점을 맞춰 위축되지 않도록 환경을 조성해줘야 한다. 여기에 좀 더 구체적인 칭찬과 꾸중으로 섣부른 허영심이나 부정확한 자아 개념 대신 올바른 마음을 가질 수 있도록 유도한다면 자녀의 자신감에 효과적인 도움이 될 것이다.

넷째, 자녀들이 비디오 게임을 왜 그렇게 즐겨 하는지에 대한 원리를 이해해야 한다.

비디오 게임은 실수를 자연스러운 배움의 일부로 인정하고, 실수를 통해 더 많은 것을 더 빠르게 배우도록 유도한다. 반대로 우리는 부모로써 자녀가 실수를 한다는 것을 받아들이기 힘들어 한다. 자녀가 실수를 할 때 질책하거나 얼굴을 붉히고, 때로는 냉소를 하면서 '실수는 나쁜 것'이라는 표현을 간접적으로 한다. 자녀에게 잔소리나 야단을 쳐서 실수를 하지 않도록 막아주는 것보다 실수를 통해 힘들어지는 상황을 경험으로 느끼도록 도와주면서 자녀 자신이 앞으로는 능동적으로 실수를 피할 수 있도록 해줘야 책임감 있고 더욱 독립성이 강한 자녀로 자랄 수 있을 것이다.

로젠탈
효과

필자는 아주 어렸을 때부터 아버지에게서 "너는 머리가 좋고 뛰어나다. 뭐든지 잘할 수 있는 두뇌를 가지고 있어."라는 말을 라는 말을 자주 들었다.

어렸을 때는 내가 그렇게 뛰어난 두뇌를 가진 사람이라는 것에 늘 으쓱했지만, 중학교 이후로는 노력을 하지 않으면 뚝뚝 떨어져 버리는 성적을 보며 내심 아버지의 판단에 의심을 가지게 되었다. 평생 교단에 서서 학생들을 가르치시던 아버지는 어떤 의도로 나에게 그런 말씀을 하셨을까? 정말 당신께서 수많은 학생들을 지도해온 경험에서 나온 판단일까? 아니면 어떤 주입적인 암시이거나 어떤 다른 의미가 있는 것일까?

필자는 자녀를 키우는 부모는 누구든지 로젠탈 효과(Rosenthal

Effect)에 대해 알고 있어야 한다고 생각한다. 독일 기슨(Giessen)에서 1933년에 태어난 로버트 로젠탈은 어릴 때 미국으로 이민해 UCLA에서 박사학위를 받고 임상심리학자가 되었다. 이후 사회심리학에 매료되어 분야를 옮기는 기회가 되었고 하버드대에서 30년간 심리학 교수직을 지키다가 은퇴할 때까지 하버드대의 심리학과의 학과장을 지냈다. 학자와 교수로서 무수한 상을 받고 실력을 인정받았지만 그의 업적 중에서도 금자탑이라 할 수 있는 것은 바로 그의 이름을 딴 로젠탈 효과의 발견일 것이다.

로젠탈 박사는 1968년 리노어 제이콥슨과 함께 학생들의 로젠탈 효과에 대한 발표를 해 학계와 교육계를 충격에 빠뜨렸다.

연구는 이렇게 이루어졌다. 어느 특정 초등학교의 전체 학생들에게 아이큐 검사를 한 후 상위 20%의 학생들에게 우월학생이라는 표기를 신상정보에 기입을 시켰다. 이 학생들이 다른 학생들에 비해 더 뛰어난 학업수준과 기대치를 가지고 있다는 것을 은근슬쩍 선생님들에게 알게 해준 후 1년이라는 시간이 지났다.

1년 후 그 학교의 모든 학생은 다시 한 번 똑같은 아이큐 검사를 시행하였더니 그 검사의 결과는 로젠탈 효과라는 큰 의미로 이어졌다. 이 학교의 학생 중 '우월학생'이라고 표기가 되어 있는 학생들은 다른 학생들에 비해 우수한 학업성적을 성취한 것은 물론 전반적인 아이큐의 상승을 보였던 것이다.

그러면 '우월학생'이 우수하게 성취했다는 것이 뭐가 대단한 연구 결과란 말인가? 대부분의 기발한 연구들이 그렇듯 이 실험은 커다란 반전이 있었다. 이 실험의 반전은 바로 이 '상위 20%의 우월학생'들의 리스트는 진짜 우월한 학생들이 아니라 연구원들이 무작위로 뽑은 학생들이라는 것이다.

이 실험을 통해 로젠탈 박사는 초등학교 선생님들이 이 학생들에게 우월학생이라는 것을 의식하게 하고 자신도 모르게(또는 무의식적으로) 그 학생들이 더욱 발전하고 성공할 수 있도록 이끌고 그들의 잠재능력을 촉진시켰다는 것을 밝혀냈다. 이 실험은 선생님들이나 부모들의 자녀에 대한 기대가 얼마나 커다란 변화를 주고 자녀의 잠재력을 극대화할 수 있는지를 보여준다.

로젠탈 박사의 실험결과를 분석해보면 학생이 어리면 어릴수록 이 효과가 크게 영향을 준다는 것을 볼 수 있다. 이 실험결과에서 1학년부터 6학년 중 이 효과의 영향을 가장 많이 받은 것은 바로 1학년과 2학년 학생들이었다.

크게는 자기암시, 자성예언이나 자기충족적 예언(Self Fulfilling Prophecy)의 일종이라고 볼 수 있는 이 현상은 그 암시가 자신의 속이 아니라 외부에서 유발되고 기폭점이 된다는데 큰 의미를 갖는다. 이것은 비단 두뇌 발달이나 지능 향상에만 국한된 효과가 아니다. 필자는 이런 기대나 믿음, 강한 희망이 인간에게 지대한 영향을 미친다고 생각한다.

심리치료에 임하거나 환자들을 대할 때 어떤 힘든 증상이 있어도, 또 그 상황이나 환경이 극도로 열악하더라도 앞으로 더 좋아질 수 있고 나아질 수 있다는 것을 믿는다. 이 믿음은 한 명 한 명의 환자와 의뢰인을 진심으로 대할 수 있도록 도와주고, 마음이 통하도록 돕는다. 상담에 임하는 사람은 대부분 신경이 극도로 예민해 있고 날카로워져 있어서 필자의 마음가짐과 생각을 거의 정확하게 느낀다. 반대로 꾸며낸 진심은 상담 속에서 상대에게 곧 읽혀 버리게 된다.

항상 그렇듯이 믿음은 두 가지의 얼굴을 가지고 있다. 실체와 허상이 바로 그것이다. 허상을 쫓는 믿음은 결과를 얻지 못하고 비관적인 실체로 남는 한편 긍정을 배제한 믿음은 발전과 치유를 지연하거나 억제시킬 수도 있다.

엄마가 자녀에게 "너 또 그랬지. 엄마가 얘기해도 소용이 없어. 내가 그럴 줄 알았어."라고 말하는 것은 부모의 감정과 기대를 먹고 사는 어린 자녀들에게는 무참한 감정적인 폭행이고 부모의 말 하나 하나가 정신적인 흉기가 될 수 있다.

"야! 너 진짜 왜 그래?! 아빠 말 안 들을 거야?!"

이런 말 역시 아이의 입장에서 보면 상처와 흉터가 되어 기억 속에 남지 않는다면 무의식 속에 남을 수 있는 말들이다.

또 다른 식으로 해로운 말도 있다.

"우리 세진이는 너무 착해. 우리 딸이 제일이다."

요즘 부모들이 남발하는, 밑도 끝도 없는 칭찬들은 자녀들이 허영심으로 가득 찬 자아의식을 키우고 세상에 대한 불안함을 유발시키기에 충분하다.

요점은 자녀에 대한 믿음의 전달이 긍정적인 성장과 발전에 대한 무한한 신뢰를 바탕으로 이루어져야 한다는 것이다. 암울하거나 부정적인 관점이나 그리고 허황된 기대를 심어주어서는 안 된다. 그래서는 로젠탈 효과가 제대로 이루어질 수 없다.

아버지는 교단에서의 30년 경험으로 이런 노하우가 자연스럽게 생기셨던 것은 아닐까하는 생각이 든다. 로젠탈 효과는 비단 성취도에만 적용되는 효과가 아니다.

부모는 자녀가 문제행동을 보일 때 그가 나아질 수 있고 잘 될 수 있다는 믿음을 가지고 대화에 임해야 하고 그런 태도로 방법을 찾아야 한다. 물론 심각한 문제가 발생했을 때 '막연히 나아질 것이라는 기대'만으로는 문제해결이 어렵겠지만, 미래에 대한 긍정적인 믿음은 좋은 시작이며 함께 해결방법을 찾을 수 있는 기회로 이어질 수 있다.

부모노릇
공부하기

요즘은 나에게 아주 못된 버릇이 생겼다. 아침 일찍 소위 '별다방'이라 불리는 스타벅스 커피 한잔을 마시지 않으면 오전 내내 두통을 피할 수가 없다. 이상하게도 타이밍을 맞추지 않고 너무 오래 기다리면 두통약을 먹어야 할 때도 있다. 물론 이것은 예전에 박사 과정을 보내면서 생긴 카페인 중독 때문이다. 커피에 도대체 무엇을 넣었는지 궁금할 정도로 아침마다 커피숍은 반쯤 눈을 감은 사람들로 장사진이다. 이렇게 가져온 커피를 반쯤 마셨을 때 어느 어머니에게서 전화가 왔다. 자녀훈육에 대한 상담의뢰였다. 어머니의 목소리는 급했고, 전화를 하는 동안 필자는 한마디 질문을 할 틈이 없었다. 덕분에 나머지 커피를 어머니의 하소연을 들으며 모두 다 마실 수 있었지만, 들으면서 내내 어머니는 아이와 어떻게 대화를 해야 하는지, 그리고 더 나아가 아이를 어떻게 대해야 하는지 잊어버린 것 같다는 느낌을 지울 수 없었다. 20분 정도 소나기처럼 퍼부어진 스토리의 내용은 약 네 문장 정도로 요약할 수 있었다.

"11살 아들이 있습니다. 동생과 달리 고집이 세고 말을 잘 안 들어 자주 야단맞는 편입니다. '방을 청소해라', '양치질을 해라' 등 아무리 잔소리를 해도 잘 듣지 않거나 오히려 대들 때도 있습니다. 요즘 집안 형편도 좋지 않아 아이 아빠도 저도 스트레스가 많은데 아이까지 이러니 참 어렵습니다."

어머니는 상담치료를 통해 자녀를 변화시켜 줄 것을 요구했다. 물론 대부분의 부모들은 가능하면 자신들의 바쁜 일상 스케줄에 지장을 주지 않고 편안하게 자녀가 혼자 상담치료를 받고 어떤 변화가 오기를 바란다. 현대인의 생활이라는 것이 워낙 바쁘게 돌아가서 각박할 정도로 시간적 여유가 없다는 것은 충분히 이해하지만 자녀의 상담치료는 일반적으로 부모의 참여가 거의 항상 필수적이다. 왜냐하면 내주 상담치료를 받는다 하더라도 그것은 일주일에 한두 시간에 불과하고 일주일의 나머지 시간은 부모의 관리 속에서 생활을 하기 때문이다. 결론적으로 말하면 부모가 함께 참여해야 자녀상담이 가장 빠르고 확실한 효과를 얻을 수 있다.

그래서 필자는 전반적인 상황의 빠른 이해를 위해 일단은 부모가 먼저 상담을 시작하도록 권했다. 처음에 아이의 아버지는 자신이 상담에 임하기는 꺼리면서도 나머지 가족이 상담에 참여하는 것에는 찬성을 했고 따라서 어머니부터 먼저 상담을 시작하게 되었다. 상담에 임한 어머니는 정신적으로 지쳐있었고 신경이 곤두서 있는 예민한 상태였다. 과거로부터 현재에 이르기까지의 생활 전반에 회의적이었고 일상생활에서조차 분노에 가득 찬 반응의 연속이었다.

"너무 힘들어요. 어릴 때는 착해서 있는지 없는지도 모르게 살았는데, 점점 말도 안 듣고 어떤 때는 이 아이가 일부러 그러는 것이 아닌가 하는 생각이 들 정도로 답답합니다. 내 마음대로 안 되는 게 아이 키우는 것이라고 하지만 어떻게 똑같은 걸 계속 지적하고 고쳐주고 기다리고 닦달을 하고 있어야 합니까? 이제는 아이가 눈을 똑바로 쳐다보고 화가 난 얼굴을 하고 아무 말도 하지 않고 있으면 앞으로 더 크면 어떻게 될지 겁이 나기도 하고 반항하는 아이 앞에서 무력하게 느껴지기도 합니다. 남편도 어떻게 할지 몰라서 그냥 가만히 있는 게 보입니다. 박사님이 좀 아이를 바꿔주세요. 너무 지치고 힘듭니다."

상담 중 필자는 이렇게 생활 속에 지쳐있는 사람에게 칼 로저스 박사(Dr. Carl Rogers)는 어떻게 대화했을까를 상상했다. 인간중심 상담(Humanistic Approach)의 창시자이며 근대 심리치료에 큰 획을 그은 칼 로저스는 이런 환자 앞에서 아마 묵묵히 들어주며 무조건적인 긍정적 존중으로 밀어붙였을 것이다. 사실 칼 로저스의 상담 스타일은 상당히 철학적이고 어떻게 보면 맹자의 성선설적인 면이 있다.

아주 단순히 말하자면 인간중심 상담은 사람은 누구나 스스로 치료되고 향상될 수 있는 타고난 가능성이 있으며 식물이 잘 자라기 위해서는 알맞은 기후와 환경이 필요하듯 상담에 임하는 환자도 상담치료자가 올바른 '환경'과 '기후'를 준비해 준다면 효과적인 심리치료가 가능하다는 이론이다. 칼 로저스는 이렇게 말했다.

"누군가가 진정으로 들어주면 암담해 보이던 일도 해결방법을 찾을 수 있다는 것은 정말 놀라운 일이다. 돌이킬 수 없어 보이던 혼돈도 누군가가 잘 들어주면 마치 맑은 시냇물 흐르듯 풀리곤 한다."

필자는 다시 한 번 이번 케이스를 자녀가 아니라 어머니를 중심으로 재조명했다. 그리고 어머니가 힘들어하고 고통스러워하는 것을 하나하나씩 알아가고 이해했다. 부모가 자녀에게 어떻게 대해야 하는지에 대한 분명한 원칙을 갖고 있는 입장에서 어머니의 잘못된 양육 태도에 대해 분명한 방법론적인 제시와 조언을 하지 않는다는 것이 쉽지 않은 일이었지만 어머니의 치유를 통해서 전반적인 변화를 이끌어 낼 수 있다는 확신을 갖고 치료에 임했다. 사실 이 치료 스타일은 환자의 상담치료와 치료자에 대한 믿음이 강하지 않으면 중도하차의 위험이 많다. 이것은 상담 속에서 뭔가 현실적인 도움을 필요로 하는 한국 문화권의 환자일수록 더욱 그렇다. 다행히도 어머니는 누군가 편견을 갖지 않고 들어줄 사람이 무척 필요했고, 소극적인 태도를 보이면서도 이번 상담이 도움이 될 것이라는 것을 알아준 남편의 변하지 않은 믿음이 상담을 계속하는데 한몫을 했다.

몇 개월의 상담 속에서 어머니는 서서히 변화하는 모습을 보이기 시작했다. 예전에는 찾아보기 어렵던 여유로운 마음이 생기기 시작했다. 동시에 어머니로서의 역할에 대한 자신감과 확신이 들기 시작하면서 자녀를 대하는 태도와 대화 스타일에도 차차 따사로움이 묻어나기 시작했다. 그러나 안타깝게도 남편의 직장이 타 주로 이전하는 바람에 이사를 하게 되었다. 상담을 위해서 비행기를 타고 왔다 갔다 할 수는 없는 노릇인지라 결국 상담을 끝맺지 못하고 중도에 하차하게 되긴 했지만 필자는 이만큼이면 어쩌면 어머니가 여러 가지 측면에서 좋은 방향으로의 가속이 생겨 부모로서의 좋은 모습을 보이게 되지 않을까 하는 생각이 들었다.

사실 부모의 역할은 참으로 힘든 일이다. 책임도 많고, 할 일도 많고, 참 어렵긴 하지만 자녀를 키우면서 얻게 되는 기쁨은 어디에도 비교하기 어려울 정도로 특별하다고 생각한다. 물론 이런 특별한 기쁨은 자녀가 올바로 성장하면서 더 얻어지게 될 것이다.

유명한 자녀교육서 《Baby and Child Care》의 저자이며 소아과 의사인 벤자민 스폭은 부모들에게 이렇게 호소했다.

"부모 여러분, 자신을 믿으십시오. 당신들은 자신이 생각하는 것보다 훨씬 더 많이 알고 있습니다. 두려워하지 말고 사랑하는 자녀에게 사랑의 표현을 마음껏 하십시오."

또한 필자는 부모는 자녀에게 사랑과 관심을 주는 것 외에도 바람직한 성격 형성과 정신구조의 성장을 돕는 지속적이고 긍정적인 자극을 끊임없이 자녀에게 줘야 한다고 생각한다.

무조건 경청하기

부모로서 자녀에게 해줄 수 있는 가장 기본적이며 중요한 것은 자녀와의 관계에서 믿음을 형성하는 것이다. 대부분의 부모는 공통적으로 그의 자녀들이 인생에서 성공하기를 바란다. 자녀들이 성공하는 것이 그들이 행복해지는 길이라고 믿고 있기 때문이다.

하지만 많은 부모들이 간과하는 것이 있다. 그것은 자녀의 학업의 성공이나 경제적인 성공 등 어떤 인생의 성공보다도 부모와 자녀 사이의 올바른 관계가 자녀의 일생 동안의 감정 상태와 인생관에 크나큰 영향을 준다는 사실이다. 아무리 돈이 많고 사회적인 지위가 높아도 항상 불안하고, 조급하고, 뭔가가 부족해 만족스럽지 않고, 불행하게 느끼고, 사는 의미를 느끼지 못하고 산다면 그 성공이 어떤 의미가 있을까? 실제로 우리는 주변에서 '있을 것 다 있는 것' 같은 사람들이 자살로 불행한 삶을 마감하는 예를 자주 접하게 된다.

세상에 완벽한 부모란 존재하지 않는다. 부모도 사람이고 단점이 있기 마련이다. 이 단점들을 보완할 수 있는 방법은 자녀에게 관심을 더 가져주고, 동감하며, 그들의 입장을 잘 이해하는 것이다. 이런 노력은 어느 정도 기간이 지나면서 서서히 자녀로부터 감사함으로 돌려받게 된다고 생각한다. 쉽게 말하면 자녀의 행동이나 태도, 사고방식 등이 아무리 이해하기 힘들다 해도 끊임없이 이해하려고 노력하는 부모는 언젠가는 자녀가 그 부모의 노력을 알게 되고 감사히 여기며 그 마음을 받아줄 수 있게 된다는 것이다. 그러니까 어쩌면 잘 이해하는 것보다 이해하기 위해 노력하는 것 자체가 더욱 중요할 수도 있다.

부모라는 역할은 공부를 해서 배워야 하는 어려운 직책이다. 시대가 변하면서 부모의 역할도 변화를 거듭한다. 한국이 경제적인 성장에 발전을 거듭했고 그 이전에는 배고팠던 시절도 있었지만 이것은 벌써 오래 전 얘기다. 자녀가 배고플까봐 걱정하고 열심히 일을 해서 가족을 먹여 살리는 일이 우선이던 때와는 달리 요즘의 자녀들은 전혀 다른 필요를 느낀다. 열심히 일만 하고 사회생활만 하는 아빠나 맛있는 음식만 만들어 주던 엄마의 모습은 수십 년 전 모범부모의 대열에서 도태되었다. 이제는 그런 단순한 필요를 벗어나 부모는 아이의 선생이 되어야 하고, 코치가 되어야 하고, 멘토도 되어야 하고, 심리학 박사도 되어야 한다.

부모가 해줄 수 있는 것 중 가장 손쉽고도 큰 것 중 하나는 아마도 자녀가 말을 시작하면 사랑으로 경청하는 것일 것이다. 이론은 쉽지만 자녀와 대화하는 생활 패턴에 익숙하지 않은 한국의 부모는 이것을 터득하는데 오랜 시간과 노력을 요한다.

자녀가 말을 꺼내면 자녀를 향해 들어주는 자세를 취하는 것으로 시작해야 한다. 보고 있던 컴퓨터나 신문에서 눈을 돌리는 것뿐만 아니라 몸 자체를 돌려 앉아야 한다. 이것은 상대에 대한 존중의 표현이며 기본적인 예의라고 할 수 있다.

사실 직장에서 상사와 대화를 하면서 어떻게 신문을 읽으며 대화를 할 수가 있을까? 만일 이렇게 한다면 상사는 무시당했다는 느낌을 강하게 받을 것이다. 어쩌면 부모와 대화할 때 자녀도 이런 무시당했다는 느낌을 항상 경험하는 것이 아닐까 하는 생각이 든다.

물론 시시콜콜 말이 많은 어린 자녀를 위해 직장 상사 대하듯 하루 하루를 살아야 한다는 것은 아니다. 하지만 중요한 일이 아니면 자녀와의 대화에 먼저 임하고, 중요한 일이라면 말을 꺼내는 자녀에게, "아빠가 하고 있는 거 지금 이것만 끝내고 우리 얘기 하자." 또는 "엄마 옷마저 입고 얘기할까?" 라고 양해를 구하는 말을 해주고 약속을 지키는 것이 좋다.

자녀와 대화를 할 때 자녀의 이야기를 일방적으로 방해하거나, 중단시키거나, 앞지르거나, 의표를 찌르는 말을 하는 것은 대단히 나쁜 습관이다. 이런 것은 서로에 대한 믿음에 좋지 않은 영향을 준다.

자녀와의 대화는 어떤 때는 진부할 수도 있고 부모의 입장에서는 자녀가 무슨 말을 하려고 하는지 내용을 뻔히 알 수 있는 경우도 많고 답답한 느낌이 들 수 있다. 하지만 자녀와의 대화는 부모를 위한 것이 아니라는 것을 기억해야 한다. 부모가 자녀와 하는 대화는 부모가 자녀에게 주는 선물이다. 자녀가 무슨 말을 하고 싶어할 때는 그 이유가 대화 속에 녹아들어 있다. 부모는 자녀가 하고 싶은 말을 들어주며 이해해주는 것만으로도 앞으로 생길 수 있는 많은 문제가 미연에 방지되고 해결될 수 있다.

자녀에게 책임을 전가하는 말을 하거나 그런 행동을 보이는 것 또한 자녀에게 정신적인 상처를 주는 것이라고 볼 수 있으니 조심하는 것이 좋다. 아무리 닫혀 있는 자녀의 마음도, 솔직한 대화와 열린 마음으로 대하면 자녀는 서서히 반응을 할 것이다. 자녀를 키우면서 생길 수 있는 어떤 심각한 문제가 발생해도 계속적인 대화로 편안하고 솔

직한 관계를 유도한다면 저절로 해결될 수 있는 가능성이 높아진다. 또한 자녀는 부모님과 다른 인격체라는 것을 인정하고 자녀의 독특함을 존중할 수 있으면 대화의 질이 더욱 향상될 것이다.

비교하지 않기

많은 부모가 자주 들어 알고는 있지만 행동으로 옮기지 못하는 것들, 어쩌면 자녀와의 믿음을 쌓는데 있어 피해야 할 금기 사항이라고 할 수 있는 것들 중에서 첫째로 손꼽는 것은 단연 자녀를 그의 형제나 친구 또는 다른 어떤 사람들과 비교하는 것이다.

아무리 좋은 의미로 하는 비교라도 자녀는 비교되는 즉시 부모에게서 '자신이 누군가보다 못났다'는 메시지를 은연중 받게 된다. 부모가 자녀의 잘못을 지적할 때는 다른 사람의 장점을 거론하면서 비교하지 말고 지금 자녀가 해결해야 할 문제에 대해 직접 대화하는 것이 바람직하다. 예를 들어 자녀가 학교를 마치고 집에 온 후에 숙제를 곧바로 하지 않고 게임부터 하는 습관을 지적해야 한다면 좋은 습관을 갖춘 형제나 친구들에 대한 칭찬을 하면서 비교를 하는 것보다는 올바르지 못한 습관과 행동을 직접 지적해야 부작용이 가장 적다. 다음의 두 가지의 대화를 비교해 보자.

"민철이는 왜 학교에서 오면 숙제를 바로 안 하고 놀다가 밤늦게까지 잠도 못자고 그래? 누나 좀 봐. 학교 다녀오면 할 거 다 해놓고 자기 할일 모두 하잖아. 맨날 게임만 하고 시간을 낭비하니까 그렇게 되잖아."

"민철이는 학교 다녀와서 숙제를 바로 하지 않는 게 습관이 된 것 같아. 좋지 않은 습관이니까 우리 고치도록 하자. 해야 할 것을 먼저 다 해놓으면 게임을 해도 마음이 편하지 않을까? 엄마가 어떻게 도와주면 그렇게 할 수 있을까?"

상담치료를 받던 어머니가 가장 어려워했던 것 중 하나는 아들과 대화를 하면서 남들과 비교하는 것을 자제하는 것이었다. 이 어머니의 경우에는 남들과 비교하며 말하는 것이 생활화되어 있었고 자신도 모르게 그런 말이 튀어나오는 것을 스스로 컨트롤할 수 없었다. 물론 이런 무분별한 대화 방법 때문에 아들은 어머니와의 대화를 기피하게 되었고, 항상 못난이로 취급당하는 것처럼 느끼게 해서 자존감을 시도 때도 없이 무시 당하기 일쑤였다.

만일 상담 중 필자가 그 어머니에게 이렇게 부족한 점과 약점을 찾아 다른 사람과 비교해서 꼬집어냈다면 그 어머니는 아마 단 5분도 참아내지 못했을 것이다. 물론 이런 수모를 겪어 보게 하는 것은 좋은 상담치료의 방법이 아니다. 하지만 필자는 상담 중 자녀가 매일 느끼고 있는 굴욕감을 어머니가 직접 경험한다면 자녀의 마음을 좀 더 이해할 수 있지 않을까 하는 생각을 문득문득 하곤 했다.

잔소리하지 않기

자녀가 해야 할 일을 하지 않을 때 부모가 가장 많이 애용(?)하는 대화 방법 중 하나는 '잔소리'다. 사실 잔소리의 효과는 모두가 알고 있다. 한마디로 별로 효과적이지 못하다. 그런데도 이 잔소리가 자주 이용되는 이유는 지금의 부모 세대가 자라는 과정에서 항상 들어왔기 때문이다. 그리고 자신도 하기도 싫고 듣기도 싫은데 자녀에게 잔소리를 하는 이유는, 잔소리를 하다 보면 언젠가는 자녀가 말을 듣기 때문이다. 그렇게 보면 자신도 모르게 자녀에게 잔소리를 하도록 자신을 훈련한 셈이 되는 것이다.

쉽게 다시 설명하자면, 부모가 자녀에게 이런 비효율적인 방법의 대화를 계속하는 것은 다른 대화 방법을 모르기 때문이기도 하지만, 이것이 나름대로 효과적인 대화 방법이라고 받아들이고 있기 때문이다. 우리의 자녀들은 부모의 잔소리에 만성이 되어 있다. 자녀의 두뇌는 부모가 잔소리를 시작하는 순간 입력장치가 꺼지는데 익숙해져 있다. 잔소리는 무조건적으로 거부(Shut Down, 전면적으로 닫힘)된다고 말을 해도 과언이 아니다.

여기에서 부모들이 이해해야 할 것은 자녀가 부모의 잔소리에서 얻는 메시지는 단지 '너를 못 믿겠다'라는 것이다. 잔소리를 그만두는 것은 많은 부모님들에게 정말 힘든 일이다. 잔소리를 하는 것에 익숙해져 있는 만큼 더욱 힘든 일이다. 그러나 이제 잔소리를 그만두고, 대신 자녀에게 믿음을 주는 방식으로 대화 방법을 대체해야 한다. 잔소리를 그만두는 것으로 얻을 수 있는 효과는 첫째, 부모와 자녀의 관계 안에 믿음이 형성된다는 것이다. 그러면 자녀는 비로소 의식적으로 또한 능동적으로 자신이 해야 할 일을 할 수 있게 된다. 둘째, 여기에서 형성되는 믿음은 자녀가 자라면서 다가올 다양한 위기를 효과적으로 넘길 수 있도록 도와 줄 수 있다는 것이다.

프라이버시 존중하기

자녀양육에서 자율적이고 능동적인 자녀로 이끌어 주기 위해서 해줄 수 있는 방법 중 가장 중요한 하나는 자녀의 프라이버시를 존중해주는 것이다. 자녀가 부모의 프라이버시를 존중해야 하는 것처럼 부모도 자녀의 프라이버시를 존중해 주어야 하는 것은 사실 자연스러운 것인데도 많은 부모들은 자녀에게도 프라이버시가 필요하다는 것을 제대로 인지하지 못한다.

물론 자녀가 불법적인 행위나 위기 상황에 있다고 느끼면 프라이버시는 어느 정도 제한되어야 할 것이다. 그렇다고 해도 부모가 '걱정'되는 때와 '위기' 상황은 분명히 구별해야 하고 차이를 두어야 한다. 따라서 이렇게 제한되는 프라이버시에 대해서는 자녀도 그 이유를 납득할 수 있어야 하고 잘 이해하고 공감해야 한다.

또한 프라이버시를 존중해주는 것은 무관심과는 큰 차이가 있다. 부모가 자녀를 인격체로 존중해줄 때 자녀도 부모를 진심으로 존경하게 된다.

이런 노력들이 결실을 맺을 때 부모와 자녀 간에 믿음이 생기게 되고 서로 존중하는 마음이 생기게 된다. 서로의 믿음과 존중은 앞으로 다가올 많은 어려움과 고민을 부모와 자녀가 서로 마음을 열고 함께 이겨낼 수 있는 환경을 조성해주게 될 밑거름이라고 생각한다.

고집쟁이
길들이기

만으로 2살이던 민철이의 어머님이 지면으로나마 상담 문의를 한 것은 행동의 과격함이 지나쳐 많이 걱정이 되었기 때문이다. 장난기 많고 밝은 모습이 두드러진 반면 민철이는 예민하고 과격한 모습을 보였다. 엄마 아빠랑 잘 놀다가도 흥분을 하게 되면 엄마 아빠의 팔을 물거나 자신의 얼굴을 꼬집거나 하는 모습을 보였지만 문제는 이런 과격행동들의 동기나 원인이 모호하다는 것이었다. 이런 모습은 분노나 성난 감정의 표현이 아니라 흥분 상태에서 주체가 안 되는 에너지가 과격한 행동으로 넘쳐나는 모습으로 관찰되었다.

동시에 민철이는 밤마다 엄마가 밤새도록 등에 손을 얹고 있어야 잠을 잘 수 있는 등의 애착의 문제를 표현했다.

"아휴, 잠시라도 손을 떼면 아주 뒤집어져요. 밤새 그 옆에 앉아 있을 수 있는 것도 아니고… 잠이 들어도 금방 다시 깨서 엄마 손이 아직 있나, 엄마가 어디 안 가고 의자에 앉아 있나 확인하고 떨어져 있으면 난리가 나지요. 혼자 두고 방에서 나오는 건 아예 꿈도 못 꿔요. 그랬다가는 악을 쓰며 아기침대에서 기어나오려고 하니까요."

하지만 울고 악쓰는 것을 불사하고 정상적인 수면훈련을 시키려고 노력하고 있었다. 엄마는 민철이에게 계속해서 이렇게 말한다고 한다.

"밤에 자다 깨서 부르면 엄마가 와서 옆에 누워서 함께 자 줄게. 엄마가 안 나가고 방에서 함께 잘게. 하지만 옆에 앉아서 등에 손 얹어 주는 건 못해. 엄마도 밤에는 자야 하거든."

민철이 엄마는 이런 말이 불안해 하는 어린아이에게 너무 많은 것을 요구하는 것이 아닌가 하는 의구심을 갖고 있었다. 아침에 눈 뜨자마자 "엄마 앉아, 엄마 앉아 있어."를 반복하는 민철이를 보면 엄마의 마음은 점점 연약해져만 갔다.

하루는 엄마가 민철이를 아기침대에서 꺼내주려고 하자, 잠에서 깨어난 민철이는 부시시한 얼굴로 엄마를 끝내 옆에 앉게 만들고 자기는 다시 누웠다고 한다. 그렇게 몇 분 동안 스스로 진정을 시키고 나서야 꺼내달라고 했다. 엄마는 생각이 복잡해졌다.

'민철이가 정말 필요로 하는 것을 엄마라는 사람이 묵살하는 건 아닐까? 그래서 아이의 행동이 더 빗나가는 것일까? 그냥 하자는 대

로 받아줘야 하나? 지금처럼 계속 노력하는 것이 맞는 것일까?'

필자로서는 자주 경험하는 일이지만 마음 아파하는 엄마의 모습을 볼 때마다 가슴이 찡해지고 그 고민을 함께 느끼게 된다. 아이가 힘들어 할 때처럼 부모가 속상할 때가 없다.

어린 자녀의 과격한 행동은 충분히 있을 수 있는 일이고 그것을 문제 삼는 것보다는 부모의 현명한 가이드가 필요하다. 일단 민철이의 경우에는 효과적인 육아와 훈육을 위한 상과 벌의 적절한 균형이, 특히 효과적인 상이 현재 양육 시스템 내에 없었던 것으로 보이기 때문에 변화를 줄 필요가 있다.

자녀가 이렇게 아주 강한 필요와 욕구를 표현할 때는 상대적으로 강하게 충돌하거나 자녀를 꺾으려는 것은 큰 의미가 없다. 양육을 좀 더 거시적인 관점으로 봤을 때, 부모는 자녀에게 안전한 울타리를 마련해 주고 자녀가 그 울타리를 존중할 수 있도록 서서히 가르쳐 주어야 한다. 예를 들면 자녀가 필요로 하는 다독거림을 주고, 계속해서 새로운 생활루틴에 익숙해질 수 있도록 유도하는 것이다.

민철이의 어머니는 민철이의 감정을 이해하는 매우 중요한 관찰을 했다. 하지만 자녀를 불쌍히 보는 안타까운 부모의 관점인 동정심 때문에 정작 중요한 것이 초점에 들어오질 못했다고 생각한다.

2살의 자녀가 그렇게 다독거려 달라고 하는 것은 "나는 엄마가 가르쳐준 방식을 따르려고 해요. 하지만 쉽지 않아요. 엄마가 이렇게 해 주면 그래도 나는 마음이 놓이고 엄마의 방식을 따를 수 있어요."라는 뜻으로 이해할 수 있다. 하지만 여기에서 아이의 그런 모습에 마음이 아파 가르쳐주던 방식을 바꾸게 되면 자녀에게 올바르지 못한 관점을 심어줄 수 있다. 왜냐하면 자신은 엄마의 지도를 따르려고 노력한 것이었는데 그것이 오히려 엄마의 의지를 꺾게 된 것으로 인식할 수 있기 때문이다.

하지만 지속적으로 반항적이거나 저항적인 행동을 할 경우에는 체계적인 행동스케줄을 통해 상과 벌의 균형을 잡아주고 서서히 변화시켜 줄 수 있을 것이다. 효과적인 행동 스케줄은 자녀와 대화를 통해 결정한다. 예를 들면 좋은 행동을 했을 때 받을 수 있는 상에 대해서 미리 약속하는 것이다.

"우리 민철이 아침에 예쁘게 잘 일어나면 냉장고에 붙어 있는 달력에 물고기 스티커를 하나씩 붙이자. 그리고 스티커 일곱개가 생기면 주말에 민철이가 좋아하는 수족관에 놀러가자. 엄마도 수족관에 너무 가고 싶거든. 민철이가 아침에 기분 좋게 일어나고 엄마 안아주면 너무 좋을 것 같아. 우리 그럴까?"

Chapter 4

실전 심리상담
사례별 처방 및 대책

자녀교육에 관한 대책 및 처방은 생각처럼 단순하지가 않다. 어떤 문제가 발생되었다면 많은

시간의 경과와 더불어 부모와 자식 간에 이미 극한 상황에 처할 만큼 매우 복잡다단한 단계에

도달했다는 것을 의미하기 때문이다. 가정마다 처한 상황이 다를 뿐만 아니라 부모와 자녀의

성격, 가치관이 저마다 다양하기 때문에 이에 따른 처방이나 대응책 또한 어렵기 마련이다.

아이를 키우다보면 흔하게 부딪치는 문제들을 어떻게 해결해야 하는지 닥터 저스틴 최의 아동

심리 컬럼에 실렸던 Q&A 사례를 통하여 시원한 해법을 찾아본다.

1

0~3세
아이들의
사례별 처방 및 대책

저는 13개월 사내아이 엄마인데, 아이가 요즘 들어 낯을 가리고 있는 것 같아요. 전에는 아무한테나 잘 가고, 혼자서도 잘 놀았는데 요즈음은 혼자 노는가 싶으면 어느새 엄마를 찾으며 울고, 꼭 제가 옆에 있어야 안정을 찾는 것 같아요. 요즘은 얼마나 떼를 쓰고 우는지 참 고민스러워요.

처방 및 대책

일반적으로 소아는 12개월이 지나면 낯을 잘 가리게 되고 좋아하는 사람이나 장난감이 생기게 되고, 사람들의 흉내도 곧잘 내게 된다. 처음 보는 사람 앞에서는 부끄러워하거나 긴장하고 엄마 아빠가 어딜 가면 잘 울게 된다. 이것은 지극히 정상적인 발달사항이다.

이때부터 아이는, 밥을 안 먹으면 부모님이 어떻게 반응을 하는지, 엄마 아빠가 방을 나갈 때 울면 부모님이 어떻게 반응을 하는지 매사에 주의 깊게 관찰을 하면서 엄마 아빠를 조금씩 테스트한다. 그렇게 자기가 하고 싶은 대로 하려면 어떻게 하면 되는지 배우는 것이다.

아이의 개성, 부모님의 성격, 훈육 스타일에 따라 대처하는 방법은 조금씩 다르다. 지금은 조금 떨어져 있다고 정신적으로 큰 타격이 생기는 것은 아니니 걱정하지 말고 이것저것 시도해 볼 것을 권한다.

Q

저는 5살, 14개월 아들 둘을 키우고 있는 전업주부입니다. 자녀양육에 관심이 많아서 육아에 관한 책도 20권은 넘게 읽었고 따로 공부도 나름대로 열심히 했습니다. 그 덕분인지 첫째의 타고 난 천성인지 첫째는 말도 잘 듣고 활발하고 친구들 사이에서도 인기가 있습니다. 매를 들지 않고 바르게 훈육하려고 노력했습니다.

그런데 문제는 둘째입니다. 첫째 아이와 다르게 둘째는 고집이 있고 뒤끝이 있는 아이입니다. 맘에 안 들면 들고 있는 것도 뒤로 던져버리고 먹던 것도 뱉어버립니다. 또 형아 머리를 잡고 흔들기도 하고 지금은 많이 나아졌지만 깨뭅니다. 형을 얕잡아 보는 거죠.

요즘에는 제가 일부러 더 큰 소리로 둘째를 혼내는데 잘 안 되네요. 좋게도 타일러보고 세워 놓고 엄한 표정으로 혼내도 봤는데 눈치만 늘어가는 걸 보면 안쓰럽기도 하고 걱정입니다. 이것도 지나가는 과정일까요? 아니면 고집을 이 시기에 꺾어야 하나요?

처방 및 대책

지금 상황에서는 가정의 질서가 둘째의 출현(?)으로 흔들리는 듯한 느낌이다. 다행히 둘 사이에 나이 차이가 있기 때문에, 약간의 훈육과 코칭으로 큰 아이에게 힘을 실어주고 질서를 바로 잡을 수 있지 않을까 하는 생각이 든다. 둘째아이에게 해야 할 것과 하면 안 되는 것, 지켜야 할 규칙 등을 좀 더 적극적으로 가르쳐주는 동시에 훈육이 실행되어야 한다.

이 시기를 잘 극복하면 첫째도, 둘째아이도, 동시에 부모도 배우는 것이 많아질 상황이며, 둘째처럼 도전적이고 강한 성격은 '찍어 누르는' 식의 양육법은 단지 그 순간만 제어가 될 수 있는 해결책일 뿐이므로 큰소리로 야단을 치거나 화내는 모습을 보이는 것은 약이 아니라 독이 될 수 있다는 점을 기억해야 한다.

부모로서 일상생활 속에서 규율과 틀을 잘 잡아주고, 할 수 있는 것과 하면 안 되는 것을 잘 잡아주는 기본적인 책임을 다하는 것이 무엇보다 중요하다.

이런 도전적인 둘째의 성향은 잘 인도해주면 앞으로 큰일을 이루고 형에게 도전하는 것을 넘어서 세상을 향해 긍정적으로 도전할 수 있는 자질로 이해할 수 있다.

사례3 물고 꼬집는 아이

Q

14개월 된 아기인데, 요즘 갑자기 물고 꼬집는 버릇이 생겼습니다. 아기가 무슨 불만이 있어서 이런 현상을 보이는지 걱정이 됩니다. 처음에는 잠을 많이 못자서 짜증이 난 날이어서 그런가 보다 했는데 그 이후로 그렇지 않은 날에도 가끔 이래요. 무는 건 그래도 이가 나느라 간지러워서 그러려니 생각을 했는데 꼬집기까지 해서 걱정이 됩니다. 제가 일을 시작하고부터 아주머니가 아기를 키우고 있는데 그래서 애정결핍인가 걱정도 되고요.

저희 아기는 2개월 반부터 밤에 잠이 들면 아침까지 안 일어나고 푹 잤는데 요새 갑자기 새벽에 꼭 일어나서 웁니다. 평상시에는 아기가 성격이 밝고 낯도 안 가리고, 또래친구들과도 잘 지내고 어른들과도 다 잘 지내서 별 걱정을 안 하는데 이런 반응들이 아무래도 마음에 쌓여있는 불만을 표현하는 것 같아서요.

처방 및 대책

최근 어머니가 일을 시작하면서 어린 자녀와 보낼 수 있는 시간이 줄어드는 동시에 대리 양육인을 이용하게 되는 변화가 생긴 것으로 보인다. 양육자(Care Provider)의 갑작스러운 변화는 자녀에게 불안감을 조성할 수 있으며, 어린 자녀의 불안감은 공격적인 모습이나 악몽 등의 모습으로 나타날 수 있다.

아이와 함께 하는 시간이 줄었다고 하더라도 양보다 질이 더 중요하기 때문에 아이와 함께 있는 시간을 힘들더라도 규칙적으로 만들어야 한다. 그리고 그 시간만큼은 오로지 아이에게만 집중해서 놀아주고 적극적으로 애정표현을 하기 위해 노력해준다면 아이의 이런 불만과 불안의 표현이 서서히 지나갈 것으로 보인다.

우선은 자녀가 건강상의 어떤 문제가 있는지 알아보는 것도 중요하며 현재로는 자녀의 공격적인 모습을 직접적인 훈육과 체벌로 교정하려는 것은 바람직하지 않다고 생각된다.

사례4 엄마의 머리카락을 잡아당기는 딸

Q

Q: 이제 며칠이면 15개월째 되는 딸아이의 엄마입니다. 얼마 전부터 딸이 제 머리카락을 잡아당깁니다. 예전에는 제가 피곤해서 침대에서 자고 있으면 혼자서 좀 놀곤 했는데 얼마 전부터는 잘 놀다가도 제가 좀 피곤하거나 힘들어서 누워있으면 와서 제 머리카락을 막 잡아당깁니다. 나쁜 버릇이 들까봐 엄하게 이야기하고 야단을 치는데도 같은 일이 계속 반복됩니다. 문제는 제가 하지 말라고 야단을 치고 있는 도중에도 말이 끝나기도 전에 또 잡아당긴다는 것입니다. 화가 나서 몇 번 야단치다가 때리기도 했는데(화가 나서 좀 감정적으로 때리기도 했어요.) 때리고 나면 기분이 영 좋지가 않습니다.

자라면 서서히 없어질 행동인지, 제가 때릴 필요까지는 없는 건지 궁금합니다. 제가 아이를 때리게 되는 경우는 야단을 쳤는데도 아랑곳하지 않고 바로 똑같은 행동을 할 때입니다. 저는 아이가 나쁜 버릇이 들까봐 그게 걱정이 됩니다. 혹시라도 아이가 못된 고집을 부리는 것이라면 어떻게 해야 하는지, 첫아이라 이것저것 걱정이네요.

처방 및 대책

감정적인 훈육과 때리는 훈육은 피해야 한다. 이것은 자녀교육에 있어서 첫 번째 원칙이라고 할 만큼 중요하다.

야단치거나 화를 내기에 앞서, 아이가 엄마 머리를 잡아당기는 것을 왜 재미있어 하는지 먼저 이해해야 한다. 그러고 나서 행동교정의 방법을 찾는 것이 올바른 방향이다.

강아지를 키울 때 강아지가 신발을 물어뜯는다든지 소변을 잘 가리지 못한다고 해서 열을 내며 소리를 지르거나 때리는 것은 옳지 못한 방법이라는 것쯤은 누구나 다 아는 상식이다. 책도 읽어보고 인터넷도 뒤져보고 동물병원 의사에게도 조언을 구하면서 어떻게 해야 강아지의 버릇을 고칠 수 있는지 고민하는데 하물며 내 아이라면 말할 것도 없다.

15개월이면 아직은 어린 나이인 만큼 행동 교정을 위해 부모가 할 수 있는 방법은 아주 다양하게 많이 있다. 그러나 무엇보다 먼저 해야 할 일은 우선 부모가 아이에게 사랑과 관심을 듬뿍 보여주는 것이다. 그리고 무엇이 아이에게 그런 행동을 하게 하는지 찬찬히 관찰하고, 어떻게 하면 아이가 그런 행동을 그만두게 될 것인지 연구를 많이 해야 할 것이다. 그런 연구 자체를 즐거워한다면 못 고칠 버릇이 없다!

많이 우는 아이

Q

저의 아기는 17개월째 접어드는 남자아이인데요, 아주 많이 웁니다. 아기가 계속 우는 것은 분리 불안증이라는 말을 들었습니다. 엄마와 아기가 애착형성이 잘 된 것이라고들 하던데요. 요즘은 일을 하기 위해서 같은 시간에 같은 장소에다 맡기고 다시 찾고 그런 걸 지금 4일째 하고 있습니다. 오늘은 좀 열도 나는 것 같아 불쌍하더라구요!

다른 아기들은 참 잘도 놀고 "빠이 빠이!"하며 잘도 떨어지는데 제 아들만 아주 많이 웁니다. 그래서 어떻게 해야 할지 고민이고요. 떼어놓을 때마다 이렇게 힘이 드는데 그래도 꾹 참고 계속 해야 할까요? 계속하면 나아질까요? 아니면 지금 아이가 너무 힘들어 하니까 직장에 며칠 안 가고 기다려줘야 할까요? 아니면 제가 일을 아예 포기해야 할까요?

또 한 가지 문제는, 훈육입니다. 올바른 훈육을 하기 이전에 저는 다혈질이라서 그런지 자꾸만 때리게 되더라구요. 아직 아기인데도 불구하고 너무 화가 나고 암튼 제가 보기에도 좋은 엄마는 아닌 것 같습니다. 그래서 여쭤보고 싶은 건 언제부터 훈육을 해야 하는 것인지 어떤 방법으로 가르쳐야 하는지 궁금합니다.

처방 및 대책

유아원에 맡기기 시작한지 나흘이 되었다면 아직 걱정할 단계는 아니라고 생각된다. 적어도 2주간은 적응할 시간을 주어야 자녀의 적응에 문제가 있는지 알 수 있을 것이다. 선생님에게 엄마가 떠난 후의 반응을 물어보고 관찰도 하는 등의 적극적인 리서치가 필요하다.

이 경우는 훈육에 해당되지 않는 것으로 생각된다. 이쯤 되는 나이의 자녀가 우는 것은 소통의 큰 일부이므로 자녀의 마음을 알아주고 이해하려는 많은 노력이 필요하다.

두 번째 올바른 훈육에 대한 질문의 경우, 손으로 때리며 훈육하는 것은 어떤 경우에도 올바르지 않다는 것이다. 흥분상태에서 자녀에게 손이 올라간다면, 자녀가 무슨 잘못을 했는지 따지기 전에 부모 자신을 먼저 돌아봐야 할 것이다.

대화가 되지 않는 어린 나이의 자녀를 지혜롭게 양육해야 하는 부모는 인간으로서의 삶속에서 가장 힘들고 중요한 과제 중 하나를 떠맡은 사람이다. 그만큼 더 성숙하고, 인자하고, 자신감과 여유로움을 가져야 한다. 힘이 들 때 노력하고 견디는 모습으로 임하면 시간이 지나고 돌아볼 때 더 성장해 있는 자신을 발견하는 것이 부모의 모습이라고 생각한다.

Q

23개월 아이를 키우고 있습니다. 돌이 지나고 나서부터 때리는 버릇이 생겼는데 아이들이 커가면서 그럴 수 있다는 소리를 듣고 그다지 신경을 쓰지 않았습니다. 그런데 어느날 제 친구가 아이를 데리고 집에 놀러왔을 때 일입니다. 친구의 아이도 제 아이와 비슷한 또래였는데 그 아이가 제게 다가오거나 장난감을 집어들거나 하면 그 아이를 때리는 것이었습니다.

그때 너무 놀라서 혼내주기 시작했습니다. 지금은 다른 아이를 때리는 건 많이 고쳐진 것 같은데 저와 아빠를 때리는 것은 쉽게 고쳐지지 않습니다. 저를 때릴 때마다 타임아웃을 했는데 요즘은 그것도 효과가 없어져서 점점 무섭게 소리를 지르고 엉덩이나 허벅지를 때려주기도 합니다.

아이에게 화를 내거나 때리는 건 정말 하지 않으려고 노력하는데 계속 반복적으로 아이가 그런 행동을 하면 너무 화가 납니다. 이제는 고집도 점점 세지고 하지 말아야 할 행동이 하나씩 더 늘어나고 있습니다. 어떤 것이 올바른 훈육인지 정말 시간이 지날수록 너무 힘듭니다.

처방 및 대책

부모의 힘든 마음 충분히 이해가 간다. 그러나 이렇게 고집이 있는 아이, 말을 안 듣고 주장을 굽히지 않는 아이들은 리더십과 개성이라는 장점을 타고 난 아이들이다. 힘들더라도 사회에 잘 적응할 수 있도록 유도하는 것이 부모의 의무이며 특권이다. 특권이라는 뜻은 앞으로 자녀가 점점 변화하고 자신의 강함을 살려 삶을 주도하는 모습으로 자신과 사회에 기여하는 것을 가까이 볼 수 있는, 부모만이 경험할 수 있는 기쁨을 가질 수 있다는 뜻이라고 생각한다.

아이들은 모두 다르게 태어나며 그 어떤 아이라도 별의별 유형으로 부모에게 도전하기를 멈추지 않는다. 그래서 부모가 되어야 정말 어른이 된다는 표현이 맞는 것 같다.

때리고 난폭한 모습을 보이는 자녀는 행동치료가 필요하지만, 부모님이 전문인의 조언을 받는다면 생활 속에서 가족 관계와 생활패턴의 재구성으로 간접적인 치료가 가능하다. 사회성을 키워 학교에 더 잘 적응하도록 빨리 변화를 주는 것이 좋을 것이다.

또한, 효과적인 체벌 및 대화가 실행되고 있지 않는 것으로 보인다. 타임아웃 등의 체벌 방법에 대한 서적을 공부하시기를 권한다. 하지만 가끔 상황에 따라서는 단기간이라도 전문인의 도움을 찾아볼 필요가 있다.

옷 입기 싫어하는 아이

Q

저는 24개월 된 딸을 둔 엄마입니다. 미운 3살인 건 알지만 모든 일에 "싫어."라고만 하는 아이에게 저도 많이 지치네요. 특히 기저귀 차는 것과 옷 입는 걸 너무너무 싫어하는데 그 핑계가 엉덩이가 아프다는 거예요. 처음엔 진짜로 어디가 아픈가 해서 병원에도 갔었는데 아무 이상이 없다고 해요. 근데 아이는 기저귀 차자고 하면 "아파, 아파! 호~해줘."를 연발하며 거부합니다. 옷 입는 것도 마찬가지이고요.

처음엔 타임아웃도 하고 훈육도 해보았는데 오히려 고집만 더 세지는 것 같아서 이제는 될 수 있으면 말로 타이르려고 애써요.

예를 들면 "엄만 네가 기저귀 안 차고 옷도 안 입는 게 싫어. 왜냐면 벗고 있으면 창피한 거고 추워서 감기 걸릴 수도 있거든. 그래서 엄만 네가 기저귀 차고 옷 입을 때까진 너랑 안 놀 거야."

이렇게 얘기하고 아이와 눈 마주치지 않고 딴 일 하거든요. 과연 제가 하는 방법이 옳은 걸까요? 아님 다른 식으로 가르쳐야 할까요?

처방 및 대책

기저귀를 차다가 아픈 경험이 연상 되어 거의 공포증 같은 습관이 생긴 것으로 보인다. 그래서 엉덩이에 닿는 기저귀, 옷 등 모든 것이 싫어질 수 있다. 너무 아프고 두려운 것을 제대로 대화할 수 없는 어린 아이들은 '자기보호'를 위해서 과민반응, 행동장애 등 모든 방법을 동원할 수 있다. 이 경우는 훈육 지도의 영역은 아닌 것으로 보인다.

이 경우에는 클래식 조건형성과 노출치료법 두 가지를 시도해 볼 수 있다.

클래식 조건형성은 강아지에게 벨과 고기를 동시에 주어 벨만 울려도 침을 흘리게 하는 파블로프의 실험과 같은 방법이다. 행동교정에 즉각적인 효과가 있다. 예를 들어 자녀가 좋아하는 과자를 기저귀를 입을 때만 준다. 처음에는 기저귀를 만지면 주고 나중에는 기저귀를 들고 다니면 주고, 며칠 후에는 기저귀를 입을 때만 과자를 준다. 그렇지만 아이가 언제라도 불편하면 기저귀를 벗을 수 있는 자유로움을 주어야 기저귀에 대한 아이의 두려움을 덜 수 있을 것이다. 나중에는 '기저귀 = 좋아하는 과자'라는 느낌이 들도록 하는 게 목적이다.

노출치료법은 두려워하는 대상에 자주 노출시킴으로써 두려움을 완화시키는 것으로 몇 가지 치료법이 있지만 이 경우에는 노출의 강도를 조금씩 높여가는 점진적 노출치료법이 좋겠다.

설명을 해주고 이해를 시켜주어도 행동의 변화가 어렵다면 일단 두 가지 방법을 동시에 쓰는 것노 노움이 된다. 그리고 이런 대화를 할 때는 아이와 항상 눈을 마주치고 대화하도록 한다.

Q

28개월 아들의 행동이 너무 심한 게 아닌가 싶어서 질문 드립니다. 일단 무엇이든 툭하면 냅다 집어 던집니다. 떼쓰다가 그러는 게 아니라 재미로 우유병도, 밥그릇도 수저도 장난감도 옷도 신발도 집어 던집니다. 두어 번은 변기에다 투척을 하기도 했지요. 그리고 툭하면 물어요. 주로 엄마 아빠가 당하고 두어 번 할머니한테도 그랬답니다. 엄마 아빠 얼굴을 때리기도 하구요. 고성을 지르는 경우도 있습니다. 귀엽게 보자면 그럴 수도 있는지 모르겠는데, 또 아직은 다행히 집에서만 그러고 밖에서는 비교적 괜찮긴 하지만 정말 갈수록 너무 심하고 걷잡을 수가 없다는 표현이 딱 맞는 표현입니다. 슬슬 걱정이 돼요. 제가 훈육을 위해서 하는 것은 아이가 물고 던지고 때리는 과격한 행동을 할 때 앉혀놓고 손 붙잡고 눈을 딱 마주치고 낮고 엄한 목소리로 안 된다고 반복하는 것, 대체행동을 가르쳐주고 그렇게 하면 칭찬해주는 것, 그리고 가끔 벌을 세워요. 그런데 친정엄마 말마따나 먹혀들지가 않는다는 느낌이 드네요. 어떻게 가르치고 행동을 수정해야 할지 잘 모르겠네요.

처방 및 대책

어떻게 보면 이 세상에는 두 가지 타입의 자녀가 있다. 착하고 순종적인 자녀와 리더십의 기질이 보이는 자녀가 바로 그 두 가지다. 부모의 양육을 순순히 받아들이지 않는 자녀는 아무래도 후자 쪽에 가깝다고 볼 수 있을 것이다. 필요한 강점은 살려주고 다듬어야 할 점은 슬기롭게 다듬어 주는 것이 부모의 역할이다. 이 아이의 경우, 자녀에게 맞는 훈육법과 행동교정이 중점이 된 양육법을 고안하지 않으면 다음 둘 중 하나의 좋지 않은 결과가 나타날 수 있다.

첫째, 자녀를 윽박질러 기를 죽이고 복종시키는 훈육 방법이 들어서게 된다. 이런 경우 자녀는 행동의 교정이 될 수도 있고 부모를 존중하는 습관이 생길 수도 있지만 한편으로는 속으로 멍이 들고 정신적인 학대에 분노감을 키워가게 될 수도 있다. 이런 훈육 환경이 지속되면 대부분 아이가 자라서 사춘기를 전후로 그동안 억눌렸던 감정이 폭발하게 되는데 밖으로 폭발하면 폭력과 범죄, 안으로 폭발하면 우울증, 공황증 등의 증상으로 발전할 수 있다.

둘째, 부모가 자녀에게 이른 나이 때부터 잡혀 흔들리고 비정상적인 자아가 발달되면서 성격장애 등의 커다란 문제가 생길 수 있다.

자녀의 행동을 자신 있게 적극적으로 조율을 해주는 것에 초점을 맞추어야 하고, 가능하다면 전문가와의 상담을 통해 밸런스가 맞는 훈육방법을 고안할 필요가 있을 것으로 생각된다.

사례9 상호작용이 안 되는 아이

Q

저는 지금 30개월 남자아이를 키우고 있는 엄마입니다. 제가 둘째를 낳은 지 5개월이 되었는데요. 동생이 생긴 뒤부터 아이가 이상행동을 하고 있습니다. 물건에 많은 집착을 보이고 떼쟁이처럼 굴고요. 이제 는 누구나 할 것 없이 때리고 다닙니다. 그래도 화가 안 풀리면 자기 머리를 때려요. 정말 속상합니다. 그래서 타임아웃을 시키는데요. 소리 지르고 울고 떼쓰고 난리도 아닙니다.

그리고 뭘 잘못했는지 말하려고 "엄마 눈을 보세요."하면 아이가 눈을 보지 않아요. 눈을 보지 않으면 그것 때문에라도 또 타임아웃을 하는 경우가 있어요. 아니면 매를 들 때도 있고요. 그런데 똑같은 일을 자주 반복하니까 이제는 혹시 이 아이가 제 말을 이해를 못하는 건 아닌가 하는 생각이 듭니다.

그리고 교회에서는 문제아가 되었어요. 교회 선생님 말로는 저의 아이가 상호작용이 전혀 안 되는 아이라던데 그건 구체적으로 어떤 의미인가요? 어떻게 해야 할지 모르겠어요. 조언 부탁드립니다.

처방 및 대책

갑작스러운 동생의 출현은 아이에게 충격적인 사건으로 그런 변화를 가져올 수가 있다. 어떻게 보면 자연스러운 반응일 수도 있다. 일단은 2장의 '자해' 부분에서 드린 조언을 한번 생활 속에서 실천해보는 것이 어떨지 하는 생각이 든다.

누구나 한 번은 겪는 과정상의 문제일 수도 있고, 시간이 지나면 자연스럽게 해결이 될 일일 수도 있지만, 아이들마다 성격이 다 다르고 견뎌내는 모습이나 처해 있는 환경, 부모님의 양육 스타일 등이 다 다르다는 점을 인지하고, 이 상황이 아이의 성격 형성에 좋지 않은 영향을 주지 않도록 노력하는 것이 양육의 정석일 것이다.

만일 부모의 입장에서 판단해 볼 때 발달장애가 걱정이 된다면, 전문인과의 상담으로 앞으로의 방향을 잡아갈 수 있다.

사례10 밤에는 아빠를 거부하는 딸

Q

32개월 된 딸아이가 있어요. 그런데 낮엔 아빠를 그렇게 좋아해서 아빠하고만 있으려고 하고 차도 아빠 차만 타려고 하는데 밤엔 아빠가 뽀뽀하거나 옆에 오는 것을 싫어해요. 왜 그런 걸까요?

저는 딸아이를 다른 사람에게 맡기지 않고 제 손으로 키웠습니다. 남편은 개인사업을 하는데 늦게 출근하고 늦게 퇴근을 합니다. 그래서 남편이 퇴근해서 집에 돌아오면 아이는 항상 잠들어 있지요.

하지만 남편은 아침마다 일하러 가기 전에 아이와 많이 놀아주고 쉬는 날도 항상 함께 하는 편입니다. 게다가 특별한 일이 없으면 거의 매일 오후에 제가 아이를 데리고 아빠한테 들렀다 오구요.

떼를 쓰거나 고집스럽거나 그런 아이는 아니에요. 순하고 애교도 많고 아빠를 무척 좋아하고요. 그런데 유독 밤에만 아빠를 거부하는 이유가 궁금해서요. 남편이 속상해해요.

처방 및 대책

정확한 이유를 지면상으로는 알 수 없지만 아빠가 항상 오전과 낮에 있는 것에 익숙하고 주중에 대부분 아이가 잠이 든 후 퇴근을 하는 이유로 아빠를 밤에 보는 것이 익숙하지 않다면 충분히 그런 반응이 있을 수가 있다. 이것은 아이가 아빠를 싫어하는 것과는 전혀 다른 것이다.

어떤 아이들은 '세상'을 이해하는데 있어 어떤 규율이 있어야 안전하게 느끼기 때문에, 만일 아빠는 낮에 같이 있으면서 놀아주는 사람으로 아이의 마음속에 정해져 있다면 어쩌면 아이의 마음에 여유가 생길 때까지 그것을 존중해주는 것이 아이의 마음을 안심시키기 위해서 좋다. 물론 약간의 시간이 지나면 저절로 유동성 있는 변화가 있을 것이다.

여기에서 배울 수 있는 것은 32개월 된 딸아이가 지금 자신의 세상에 틀을 필요로 하고 나름대로의 안전구역을 만들기 위해 노력을 하고 있다는 것이다. 그렇다면 이 경우에는 일정한 취침시간, 기상시간, 식사시간 등으로 기본적인 생활 패턴에 틀을 잡아줄 필요가 있고 그것은 아주 좋은 결과로 이어질 수 있다.

동생을 본 이후로 어리광이 심해진 아이

Q

저는 지금 33개월 된 딸이 있습니다. 23개월부터 유치원에 다녔는데, 이제 제법 말귀도 잘 알아듣고, 짧게나마 의사표현을 잘하는 것 같습니다. 그런데 유치원에서는 아무래도 언어구사가 잘 안 되니까, 의사표현을 제대로 할 수 없다는 것 때문에 아이가 스트레스를 받을까요? 유치원에 가면 조용해지는 우리 아이가 맘에 걸리네요. 집에서 조잘조잘 정말 말이 끊임이 없거든요. 제가 3개월 전 동생을 낳았는데, 요즈음 부쩍 많이 안아달라 하고, 정말 툭하면 징징대고, 제가 옆에 있는데도 "엄마랑 잘 거야, 엄마랑 잘 거야." 하면서 징징거리다 울어버립니다. 아마 제가 모유 수유하면서 빼앗기는 시간이나 기다리는 시간이 싫은 듯해요. 자기 전엔 제 팔 냄새를 맡거나 맨살을 만지면서 잠이 듭니다.

첫아이를 언제 어떻게 따로 재워야 하는 것이며, 요즘 부쩍 늘어난 생떼와 어리광은 어떻게 달래야 하는지 알고 싶어요. 그리고 집에서는 덜한데 요즈음 유치원에 데리러 가면 아랫턱을 쭉 내밀어 주걱턱을 만드는 습관이 생겼어요. 혹 동생 때문에 생긴 스트레스 때문일까요? 이런 습관들은 어떻게 고쳐주어야 할까요? 엄마만 밝히는 첫아이가 요즈음 너무 안쓰럽고 미안해요.

처방 및 대책

동생이 태어나는 일은 아이들에겐 정말 충격적인 일이다. 아이의 입장에서는 정말 엄청난 변화를 감당해야 하기 때문에 불안하고 이래저래 불만스러워지기도 쉽다. 하지만 모든 것이 그렇듯이 성숙함도 마음이 힘들었던 경험에서 오는 것이 아닐까 한다. 동생 없이 혼자 크는 아이들이 대체로 자기중심적일 수밖에 없는 것과는 달리 맏아이들이 훨씬 성숙하고 생각이 깊은 것은 어쩌면 이렇게 어린 나이에 했던 고뇌(?) 때문이 아닐까 그런 생각이 들기도 한다.

이 아이의 경우에는 그저 많이 안아주고 다독여 주는 것만으로도 충분히 도움이 될 것 같다. 행동을 교정해야 한다는 강박을 갖기보다는 천천히 간접적으로 접근하기를 권한다. 큰아이를 더 많이 안아주고, 더 편들어주고, 사랑한다는 표현도 더 자주해야 한다. 작은 아이를 보호하려고 큰아이에게 소리를 지르거나 야단치는 게 아니라 아이의 손을 잡고 부드럽게 차근차근 동생이라는 존재에 대해 아이가 이해할 수 있도록 설명해주는 그런 시간이 필요할 것 같다.

고집 세고 난폭한 아이

Q

2살 반쯤 되는 남자아이에 관한 질문입니다. 아이가 어찌나 고집이 센지 무엇이든지 자기가 하고 싶은 대로 하지 못하면 징징대며 끝까지 매달립니다. 그러다 타임아웃을 주면 크게 울고불고 소리를 지릅니다. 그래도 안 되면 공격적으로 반항을 하기도 하고요.

예를 들면, 아침에 옷을 입을 때도 자기가 고른 옷이 아니면 입히기가 어렵습니다. 장난감도 누나가 가진 것은 꼭 뺏으려 듭니다. 하루 종일 이런저런 소소한 일마다 매번 이런 식이라서 타이르는 것만으로는 상황이 나아지지 않을 것 같습니다.

문제는 이런 성향이 성장하는 과정에서 겪는 일시적인 문제가 아니고, 아이의 타고난 기질인 것 같다는 것입니다. 그래서 정말 걱정입니다. 이렇게 자아가 강하고 공격적인 아이들에게 효과적인 육아법이 있을까요?

처방 및 대책

물론 타고난 기질이 있을 것이다. 하지만 주관이 뚜렷하고 고집이 센 아이는 걱정거리가 아니라 개성 있고 독립심이 강한 멋진 사람으로 키울 수 있는 훌륭한 가능성을 갖고 있는 것으로 보아야 한다. 키우기 힘들겠지만 긍정적으로 생각하라는 위로 차원의 말이 아니라 실제로 그렇다. 다행히 타임아웃을 적용하고 있다고 하니 어머니가 이 아이에게 아주 적절한 훈육법을 활용하고 있는 것으로 보여 마음이 놓인다.

여기에서 중요한 것은 아이의 기질과 고집을 꺾기 위해 훈육법을 이용하는 것이 아니라, 오히려 아이가 하고 싶은 대로 맞춰주면서 상황에 따라서 필요한 것에 훈육의 초점을 맞추는 것이 좋다는 것이다. 예를 들면 누나가 갖고 있는 것을 무조건 뺏으려 들 때 아이를 야단치고 혼내는 것보다는 아이의 손을 잡고 누나의 장난감을 뺏으면 왜 안 되는지 설명해 주면서 함께 어울리는 즐거움, 나눔의 가치, 양보의 의미 등의 사회성 교육을 하는 것 등이다.

불은 물로 다스리는 것이 가장 효과적이다. 같이 소리지르고 화내는 것은 아무런 의미가 없고 역효과만 강화할 뿐이다. 아무리 밀어보아도 밀리지 않는 느낌이 들 때 아이는 비로소 밀기를 멈출 것이다.

사례13 산만하고 공격적인 아이

Q

전 이제 34개월 되는 아들이 있는데 제가 아이를 낳고 산후우울증으로 고생을 많이 했습니다. 그런데 아이는 잠시도 가만히 있지 않고 너무 활동적인 데다가 친구들을 많이 때리고 할퀴어서 이젠 저도 많이 지쳤답니다. 그래서 아이의 문제 행동 때문에 소아신경과를 가야 할지 고민하고 있습니다.

처방 및 대책

출산 후 겪게 되는 산후 우울증(Postpatrum Depression)은 많은 분들이 경험하는 증세이다. 그동안 참 힘드셨을 걸로 생각된다. 엄마로서, 아내로서, 며느리로서, 그리고 사회의 구성원으로서의 역할을 감당하면서 동시에 견뎌내야 하는 힘든 고비였던 걸로 생각된다.

이 남아의 경우는 과잉행동장애(ADHD)의 경향을 보이는 것 같다. ADHD란 Attention Deficit Hyperactivity Disorder의 약자를 딴 증세의 이름인데, 국내에선 '주의력 결핍 활동항진 장애' 또는 '과잉행동 장애' 등의 이름으로 불리고 있다. 하지만 나이가 워낙 어려서 어떤 병명을 붙이기는 참 조심스러운 게 사실이다. 전문인이 직접 관찰해 보는 것이 필요할 것 같다.

소아신경과를 가보는 것도 좋은 방법이긴 한데 이때 유념해야 할 것은 많은 경우 의학계와 교육계 쪽에서는 아이들을 약으로 치료하는 것을 우선 권하고 있다는 것이다. 그러나 가능하면 약보다는 심리학 또는 상담 관계 전문인의 조언을 받아보는 것을 추천하고 싶나. 인제나 그렇지만 행동관리와 훈육이 약을 이용한 치료보다 더 세심하고 조심스러우며 또 장기적인 부작용이 적고 원인을 찾아 치료하는 힐링 치료법이기 때문이다.

사례14 청개구리 아이

Q

저희 아이들은 5살 반, 25개월, 그리고 7개월 된 남자아이들입니다. 둘째아이 행동에 대해 상담을 드리고 싶은데요. 둘째가 18개월 되었을 때 막내가 태어나 19개월 때부터 큰아이와 같은 프리스쿨에 보내게 되었어요. 그래서 항상 미안한 마음이 있어요. 그런데 프리스쿨 다니기 시작하면서 청개구리가 되었어요. 어떤 경우냐면, 어딜 가거나 뭘 해야 할 때 제가 의사를 물어보면 "아니야."를 먼저 합니다. 그래서 "그럼 너는 가지마, 하지마." 하면 그제서야 간다고, 한다고 징징대면서 따라나서요. 밥 먹을 때, 외출할 때 거의 매번 "가지 마." "먹지 마." 해야지만 간다고 하고 혹은 밥을 먹어요. 처음엔 같이 가자고 설득하고 밥 먹자고 달래기도 했는데 시간이 오래 걸리니까 저도 지쳐서 이제는 바로 말이 반대로 나와요. 그래야 말을 들으니까요. 그리고 손톱 물어뜯는 버릇도 생겼구요.(특히 졸릴 때 그런 것 같아요.) 저의 관심을 받기 위해서 청개구리가 된 걸까요? 저러다 앞으로 계속 반대로 말해야만 말을 들을까 걱정이에요. 참고로 처음 프리스쿨 보낼 때 보통 아이들처럼 며칠 울다가 한 일주일 되니까 잘 적응했어요. 그래서 잘하는 구나 싶었는데 이렇게 청개구리가 될지는 몰랐네요. 그냥 시간이 걸리더라도 계속 설득하고 달래야 하는 걸까요?

처방 및 대책

희한하게도 자녀가 세 명이 있는 경우, 셋 중 둘째는 거의 대부분 소외감을 느끼며 자라게 되고, 부모의 무관심의 대상이 된다. 큰아이는 큰아이라서 관심을 갖고 챙겨주고, 막내는 아직 어려서 손이 갈 수밖에 없는 상황이기 때문에 둘째 아이한테는 상대적으로 관심을 덜 갖게 된다. 속된 말로 가운데 껴서 큰애한테 치이고 작은애한테 치이는 격이다.

특히 이 아이의 경우는 어머니의 따뜻한 관심이 무척 많이 필요해 보인다. 아직은 어려서 좀 성가신 정도로만 느낄지도 모르겠지만, 아이가 미래에 더 큰 '일'을 저지르기 전에 사랑과 관심 욕구를 충족시켜 주도록 아주 많이 노력해야 한다. 이럴 때일수록 아버지의 협조와 관심이 무척 필요한 상황이다. 어머니는 아무리 마음이 있어도 육체적으로 힘겨울 수밖에 없는 상황이기 때문에 아이가 필요로 하는 부족한 사랑과 관심을 아버지가 채워주려는 노력이 간절히 필요하다.

아이에게서 불안의 요소가 계속해서 관찰되고 나아지지 않으면 부모님이 직접 전문가와의 상담에 임해보는 것도 좋은 생각이다.

저는 이제 21개월 되는 딸이 있고, 현재 임신 6개월인데 요즘 스트레스 받는 일이 많아서 정신적으로 피곤한데다가 그러다보니 딸에게 잘 해주지 못해 미안하고, 좋은 엄마가 못 되는 것 같아서 걱정도 되고, 육체적으로는 쉴 수가 없으니 요즘은 정말 정신적, 육체적으로 너무나 힘이 듭니다. 제가 아이에 대해 걱정하는 것은 5가지예요.

첫째, 저희 딸은 돌이 되기 좀 전부터 틱 같은 반응을 보였어요. 의사선생님은 사진을 찍으라고 하는데 순간적으로 나오는 행동들을 갑자기 찍기도 너무 힘들어요. 제가 느끼기엔 하고 싶은 걸 못하게 하면 그러는 것 같은데 고개를 오른쪽으로 기울여 어깨에 대고 조금 이상하게 걸어가요.

둘째, 낮잠은 예민해서 잘 못 자는데 돌쯤부터 1시간 정도씩 2번 자다가 17개월부터 1번 1시간만 자더라고요. 근데 밤에 2시에서 3시쯤엔 꼭 깨서 울고, 칭얼대고(그렇다고 완전히 깨지는 않구요.) 그러길 1시간 정도 하다가 계속 안아주고 그러면 다시 잘 자더라고요. 소아과에서 생활 패턴을 바꿔보라고 해서 그렇게 했더니 한 5시쯤 되니까 또 그러더라고요. 그러면서 최근엔 잠을 깊이 자지 못하고 계속 깨서 엄마가 옆에 있는지 확인하고 제 팔을 계속 만지작거리면서(거의 한 시간 가량) 자다가 또 잠깐 깨면 그러고… 그래서 제가 너무 힘들어서 어떨 땐 화를 내기도 해요. 그러면 아빠가 와서 달래기도 하는데 그럴 때면 자지러지게 울고요.

셋째, 원래 낯을 많이 가리다가(콜릭도 있고 굉장히 예민했었어요.) 돌지나 말을 하기 시작하면서 모든 사람들한테 인사도 잘하고 그랬었는데 언젠가부터 사람들을 만나면 세 뒤에 와서 숨고 인사도 안 하고 제게만 붙어있어서 어떤 사람은 제 딸이 말을 못하는 줄 알아요. 집에선 율동도 너무 잘하고(어디서 배웠는지… 표정과 행동이 장난 아닐 정도로) 말도 잘하고, 활발한데 밖에선 엄마 껌딱지예요. 최근엔 집에 온 수리공 아저씨를 보고 울고불고 난리를 치는 바람에 너무 난처했어요. 또 어딜 놀러가도 꼭 엄마 손을 잡아야 되고, 친구 집에 가서 장난감 가지고 놀라고 해도 엄마 손을 잡고 가야 같이 놀 정도예요.

넷째, 말을 잘 했었는데 요즘 갑자기 쓰던 단어도 물어보면 "안 해!"라고만 하고, 가르쳐 주는 것도 "안 해!" 그래서 혹시 제가 너무 아이한테 "아니야!"라고 해서 그런가 걱정도 됩니다.

다섯째, 저랑 집에 있을 때도 계속 제 몸에 붙어서 머리를 부비고 들이대고 밖에서도 그러고요. 너무 비벼대서 제 몸에 작은 피멍이 맺혀 있을 정도예요. 가끔 야단치면 이불을 물어뜯기도 하고 그러네요!!

그래서 제가 가장 궁금한 것은 제가 야단을 너무 많이 쳐서 애기 불안하고 내성적으로 된 건 아닌지, 가끔 부부싸움을 하는 걸 보고 많이 힘들었던 건 아닌지, 10개월 정도 때부터 심하게 떼를 쓰면 힘으로 제압하고 기절할 듯이 넘어가도 꼭 잡고 훈육한답시고 울음 그칠 때까지 놓아주지 않았던 것이 문제가 된 건지, 둘째 임신하고 잘 놀아주지 못해서 그런 건지, 제가 뭘 잘못하고 있는 건지, 걱정이 되어, 특별히 제 훈육의 문제로 아이가 잘못되어 가는 건지 궁금해서 여쭙니다.

사랑을 많이 주고 키우고 싶어서 야단치고도 엄마가 혼내서 미안하다고도 하고, 사랑한다고 말도 많이 해주고 하는데 요즘은 감정조절도 안 되고 큰일입니다. 도와주세요! 급한 맘에 너무 길게 적어 죄송합니다. 그리고 이런 곳을 만들어 주셔서 너무 감사해요^^

처방 및 대책

틱장애가 있는 아이를 둔 부모의 안타까운 마음이야 말할 필요도 없을 정도다. 이 아이의 현재 모습으로 봐서는 정서적으로 굉장히 예민하고 불안한 상태인 것으로 판단된다. 근본적인 해결을 위해서는 아이가 그렇게 불안하고 초조하고 예민할 수밖에 없는 이유를 찾아야 하기 때문에, 아동상담 전문의를 찾아서 진찰을 받아보아야 어떤 방향을 제시 받을 수 있지 않을까 하는 생각이 든다. 어머니의 관점과 전문인의 관점은 차이가 있기 때문에 긴 설명이 도움이 되기는 하지만 임상적인 의견에는 직접적인 관찰이 필수적이라고 볼 수 있다.

아마도 앞으로 2~3년 사이가 가장 힘든 시기가 될 것으로 생각된다. 특히 현재는 엄마가 정신적으로 육체적으로 견디기 힘들 정도로 피로가 누적되어 있는 것으로 보이기 때문에 전문의와의 상담이 큰 도움이 될 수 있겠다.

타임아웃(Time-Out)

타임아웃이란 어떤 강화상황으로부터 자녀를 제외시키는 방법으로, 바람직하지 않은 행동을 점차적으로 감소시키고자 하는 훈육법이다. 교육적이고, 양육에 도움이 되는 훈육기술로, 북미 및 서유럽 소아과의사와 발달심리학 박사 등의 교육관계 전문가들에게서 무한한 지지를 받고 있다. 타임아웃이 시행되면 자녀는 놀이 등의 활동에 참여할 수 없고 지정된 코너나 방안의 의자에서 일정시간 동안 앉아 기다려야 한다. 이때 부모는 차분히 훈육에 임해야 하며 타임아웃 시간 동안 절대로 잔소리를 하지 않는다. 상황에서 격리시킴으로 인해서 문제 행동의 강화를 저지시키는 등의 효과를 노린다. 18개월 이상의 나이부터 효과를 볼 수 있으며 나이에 비례한 시간을 이용하는 것이 적절하다. 예를 들면 2살은 2분 동안 타임아웃을 하게 된다.

아이에게 놀이는 무슨 의미일까?

놀이는 자녀의 발달에 아주 중요하다. 놀이는 자녀의 훈육문제를 해결해 줄 수 있으며, 학습의 가장 큰 도구이고 부모와의 관계를 올바로 형성해 줄 수 있는 다리라고 볼 수 있다.

자녀와 놀이를 할 때는 눈을 맞추고 목소리는 부드럽게 하고, 놀이 중 있을 수 있는 터치도 부드럽게 해주며 마음을 편안하게 해준다. 자녀의 흥미를 존중해주고 잘하는 것을 칭찬해주며 가능한 한 조금씩이라도 매일 함께 시간을 보내도록 노력한다. 이런 노력은 자녀의 신체적, 지능적, 사회적, 감정적, 도덕적 성장을 촉진시켜준다는 것을 기억하고 부모는 즐거운 마음으로 자녀와의 놀이에 임해야 할 것이다.

2

3~5세
아이들의
사례별 처방 및 대책

Q

저는 3살 반 된 아들과 20개월 된 딸이 있습니다. 큰애가 기의 한 살 조금 지나서부터 낮잠도 자지 않고 저를 너무 힘들게만 했던 예민한 아이였습니다.

3일 동안 세 시간씩만 잔 적도 있어서 약을 먹여 재운 적도 있고, 결국은 6개월의 노력 끝에 세살이 되어서야 잠의 루틴이 갖추어져서 9~10시면 잠이 듭니다. 그러나 지금도 새벽에 한두 번은 어김없이 깹니다. 전에는 깨서 2~3시간을 혼자 눈뜨고 있고 하더니 요즘은 제가 낮에 많이 놀려서 그런지 눈을 떴다가도 다시 금방 잠들긴 하더라구요.

또 친구들과 놀면 자주 밀거나 때리고 소리를 지릅니다. 졸음이 오면 그 졸음을 어떻게든 깨기 위해 노래를 부르고 물을 마시고 잠을 깨는 행동들을 취합니다. 아이 친구들을 보면 보통 엄마가 몇 번 타이르고 집에 가자라든가 다음에 이렇게 해줄게 타협을 하거나 하면 금방 듣던데 저희 아이는 그냥 막무가내입니다.

제가 제일 힘든 것은 징징거리는 건데요. 아침에 눈떠서부터 징징거림이 시작됩니다. 장난감 기차를 너무 좋아하는데 기차 선 하나 삐뚤어져 있거나 본인이 뭔가를 하는데 안 되면 던지고 화부터 내고 징징거리고 짜증을 냅니다. 아침부터 자기 전까지 거의 하루 종일 징징거리고 던지고 화내고 해서 하루하루가 정말 미칠 지경입니다. 물론 매일 그런 건 아니고요. 일주나 이주에 1~2번 정도는 말도 잘 듣고 예쁘고 무난하게 넘어가 주기도 합니다.

　가끔 이웃에서 놀러오면 다들 혀를 찹니다. 누가 그러더라고요. 제 아이는 사람 진을 빼는 아이라고…… 변도 6~7일에 한 번씩 누어서 관장을 하거나 변비약을 먹이고 있어요. 본인이 친구를 때리고도 친구가 자기를 때렸다고 얘기하고, 암튼 이것저것 많지만, 이런 아이라면 상담이 필요하지 않을까 싶어요. 남편은 저에게 너무 예민하게 생각한다고 하면서 저 나이엔 다들 그런다고 얘기하지만 제가 볼 때는 전문가의 도움이 필요하지 않을까 싶어서 여쭈어 봅니다.

　사실은 제가 더 절실히 필요한 거 같아서요. 박사님의 답글을 남편에게도 보여주면 뭔가 얘기가 확실히 되지 않을까 싶어서요. 큰 애가 저러니 둘째도 영향을 많이 받는 거 같아서 심란하고 저는 날이 갈수록 더더욱 힘들어져만 가네요. 너무 두서없이 주저리주저리 적어서 죄송합니다. 늘 좋은 글 감사드려요. 저 자신을 많이 돌아보기는 하는데 행동으로 잘 이어지지가 않네요.

처방 및 대책

3살 반과 20개월이면 지금 한참 뛰어다니는 아이들 쫓아다니느라 바쁠 때다. 유난스럽게 예민한 큰 아들의 수면 루틴은 이제 잡혀 있어서 다행이다. 큰아이의 경우, 타고난 성격 탓도 있겠지만 동생의 존재에 대한 반응이 더해져 있다는 생각이 든다. 이 나이의 자녀에게 변비가 있는 것은 자주 있는 일이지만 생활 속의 긴장감과 '빼앗김'에 반응하는 모습일 수도 있다.

확실한 것은 큰아이의 현재 상태는 부모의 관심을 필요로 하는 상태이기 때문에 야단을 맞던 칭찬을 듣던 가리지 않고 관심을 끌만한 일을 계속해서 벌일 것으로 보인다. 부모나 자녀나 습관이 여기에서 잘못 들면 '문제아'의 레벨을 단 천덕꾸러기로 만들어질 수도 있다. 이 시점에서 상담이 크게 도움이 될 수 있는 이유는 부모가 조언과 감정적인 지지를 받는 것이 부모 자신에게는 물론이고, 힘든 아이에게 직간접적인 도움이 될 수 있기 때문이다.

"저 나이엔 다들 그런다."는 말은 맞기노 하고 틀리기도 한 밀이다. 틀린 점은 다들 그러지는 않는다는 것이고, 맞는 점은 아이에게 이렇게 힘든 시기가 있어도 십중팔구는 큰 문제없이 자라줄 수 있다는 것이다. 문제는 예외가 될 수 있는 '열에 하나, 둘'일 수도 있다는 것이다. 이 예외는 사회 적응 문제, 중독 문제, 반사회적인 성격, 정신질환 등의 개인만의 문제가 아닌 가족의 문제로 이어질 수 있기 때문에 전문가의 도움을 받는 것이 좋을 것으로 판단된다.

사례2 유아원에 다니면서 난폭해진 아이

Q

3살 여아입니다. 4개월 된 여동생이 있구요. 문제는 유아원에 다니면서부터 좀 난폭해졌다는 것입니다. 원래는 너무 온순하고 상냥한 아이였는데 유아원에 다닌 후로는 할머니, 할아버지, 아빠에게 "하지 마!" "내 꺼야!" "저리 가!" 이런 식으로 말하고 막 때리기도 하고 좀 과격한 성향을 보입니다. 너무 순해서 걱정하던 아이였는데 말이죠.

유아원 선생님께 물어보니 유아원에서는 선생님이 말을 걸기 전엔 말도 하지 않고 아이들과도 잘 어울리지 않는답니다. 그냥 친구들 노는 걸 주로 관찰만 하고 먼저 다가서는 법이 없답니다. 말을 굉장히 잘하고 어휘력도 또래에 비해 뛰어난 편인데 유아원에선 굉장히 조용하다는 겁니다.

그리고 요즘 들어 거짓말도 조금씩 하기 시작했는데요. 제가 뭔가를 잘못 교육하고 있는 건 아닌지 걱정됩니다.

처방 및 대책

이 아이의 경우에는 현재 환경 변화에 따른 적응기를 지나고 있는 것으로 생각된다. 아이의 입장에서는 유아원 입학이나 동생의 출현이 엄청나게 커다란 사건이기 때문에 한 가지만으로도 벅찰 일을 동시에 겪는 중이라 아마도 시간이 지나면 저절로 해결이 될 것이다.

하지만 지금 훈육에 대한 대화를 자녀와 함께 시작하고 적용해 나가는 것이 좋을 것 같다. 예를 들어 할머니와 할아버지께 함부로 행동하면 반드시 자녀와 함께 대화를 통해서 미리 정해놓은 적절한 수준의 벌을 주어야 한다. 3살 나이의 심리는 아이마다 조금씩 틀리겠지만 발달 사항에 준해서 이해할 수 있다.

3살짜리 아이는 대부분 자기 위주(egocentrism)로 생각하는 경향이 심하다. 예를 들어 세상 모두가 자기가 '생각하고 느끼는 대로 생각하고 느낄 것'이라고 생각한다. 그리고 상상의 게임과 상징적인 놀이(symbolic play)가 보이기 시작한다. 마법 같은 것이 현실에서 존재한다고 생각할 수노 있다.

그러면서도 점점 도덕에 대한 개념이 들어서기 시작하는 나이이기도 하다. 동전의 양면 같은 현실, 좋은 것과 나쁜 것의 공존에 대한 이해를 아직은 할 수 없기 때문에, 부모는 자녀에게 긍정적이고 공평무사하고 사랑이 많은 존재로써, 올바른 본보기를 보여주는 것이 중요할 때이다.

사례3 심하게 떼 쓰는 아이

Q

제 아이는 이제 3살이 되는 여아입니다. 워낙 아기 때부터 잠 문제로 많이 예민했습니다. 언제부터인가 한번 떼를 쓰면 너무 심하게 떼를 쓰기 시작했습니다. 하루에 꼭 한 번씩은 그럽니다.

잘 놀다가도 갑자기 뭐가 자기 맘에 안 들면 떼를 쓰는데 처음에는 잘 달래줘요. 그래도 안 들으면 무섭게 타일러 보기도 하고 타임아웃을 시켜 보기도 하고 그래도 안 되면 매를 들게 될 때도 있어요. 고집이 센 건지 도통 그칠 줄을 몰라요. 고집을 안 꺾고 울고불고 "아니야, 아니야!" 하면서 소리를 지르고 난리를 칩니다.

말이 좀 늦게 트이긴 했지만 지금은 웬만한 또래 애들보다 말도 잘하고 자기 표현도 잘하는 편입니다. 그렇지만 정말 하루에 한 번씩 이러는데 딸아이가 잘못된 건지 아니면 제가 잘못된 건지 도통 알 수가 없네요. 과연 우리 아이의 문제는 뭘까요? 물론 이런 짧은 설명으론 판단하시기 어렵겠지만 정신적인 문제에 대한 상담을 받아봐야 하는 걸까요?

처방 및 대책

아이가 떼를 쓸 때 타임아웃을 시키는 것은 혼을 내기 위해서라기보다는 아이의 행동에 그 어떤 반응도 보이지 않기 위해서이다. 예를 들어 떼를 쓸 때 달래준다든지 또는 반대로 혼을 낸다든지 어떤 식으로든 부모가 반응하는 모든 것들은 아이의 문제행동을 오히려 부채질할 가능성이 있다. 만일 부모에게서 아무런 반응이 없어진다면 아이의 행동이 더 심해지지는 않을 것이다.

타임아웃이 소용없었다고 말하지만 이 경우는 아마도 어머니가 타임아웃 규칙을 제대로 지키지 않아서 그런 것이라고 생각된다. 그러므로 타임아웃의 이용법을 잘 배워서 활용하면 아이의 행동 교정에 크게 도움이 될 것이다.

어머니가 자녀에 대해 묘사하는 설명을 보면서 무척 사랑스러운 3살짜리 여자아이가 떠올랐다. 또 아이 때문에 힘들어 하면서도 아이를 많이 사랑하는 어머니의 마음이 느껴졌다.

현재 이 사랑스러운 3살 여아의 문제행동과 반항적인 모습은 대부분이 부모의 영향이라고 단언할 수 있다. 매를 드는 것은 어떤 아이에게도 좋지 않지만 특히 이 아이의 경우에는 더 나쁘다. 고집을 꺾으려 하지 말고 감싸 안으며 서서히 변화를 유도해야 한다.

사례4 상호작용이 부족한 아이

저는 어린이집 교사이기 때문에 평소 교육에 관심이 많습니다. 저의 아이는 3살짜리 남자아이인데 자주 혼자 딴 세계 속에 있어요. 잘 따라 하지도 않고 눈도 안 맞추고 딴소리만 하고 전혀 집중을 안 합니다. 요즘 우리 아이는 악어라는 동물에 꽂혀 있습니다. 손으로 악어 모양을 하고 다니고 모든 것을 악어와 연관시켜요. 공부 시간에도 잘 따라 하지 않고 혼자 악어 놀이를 하고 있습니다.

평상시에도 혼자 놀기를 즐겨 해서 때로는 아이들 속으로 들여보내 함께 놀 수 있도록 하고 때로는 교사들이 말을 걸고 놀아 주기도 합니다. 혼자 노는 시간을 줄여주기 위해서입니다. 요즘 아들을 보면 친구들과의 상호작용이 거의 없습니다. 물론 아이들과 장난도 치고 어울려 놀 때도 있어요. 밝고 영리하고 고집이 있고 낯가림이 있고 비교적 섬세한 아이입니다. 학교에서도 교사가 1대 1로 놀아주기를 많이 원하는 눈치입니다. 그러나 전반적으로 집중하지 못하고 자기 세계 속에 있는 시간이 많고 지시사항을 거의 따르지 않는 편입니다. 자기가 좋아하는 것에만 강한 집중력을 보이는 것입니다.

무엇이 문제일까요? 왜 이런 현상이 일어나는 것일까요? 우리 아이를 어떻게 도와주어야 할까요?

처방 및 대책

 필자의 편견일 수도 있기는 하지만, 특히 요즘은 많은 아이들이 아스퍼거의 성향을 보이곤 한다. 하지만 이리저리 자폐적인 모습을 보인다고 어떤 진단상의 결정을 섣불리 내릴 수는 없다. 왜냐하면 그러다가도 가끔은 정상적인 모습을 보일 수도 있기 때문이다.

 자폐적인 혹은 아스퍼거성의 모습은 선천적이지만, 상호작용이 결핍된 이런 모습이 그 외에도 어떤 결핍에 의한 적응 미달의 일면일 수도 있다. 자신이 좋아하는 것에 강한 집중력을 보이는 것은 자신감을 드러내는 것이기 때문에, 반대로 좋아하지 않거나 집중을 하지 못하는 것은 '잘 할 줄 모르기 때문에 피하는 것'일 수도 있기 때문이다.

 정확한 원인을 찾기 위해서는 아동 전문의나 임상전문 심리학 박사에게 진단 및 상담을 받아보는 것이 도움이 될 것이다.

사례5 물을 무서워하는 아이

Q

39개월 남자아이를 둔 엄마로 현재 임신 6개월입니다. 저희 아이는 아래 사건이 있기 전까지 아주 용감했고 친구 관계도 주도적이었고, 뭐든 적극적이었습니다. 두 달 전쯤 아이와 함께 수영장에 갔다가 튜브가 뒤집어지는 바람에 아이가 아주 잠시 물에 빠졌습니다. 약 2~3초 정도의 아주 짧은 시간이라 저는 대수롭지 않게 생각했는데 아이는 많이 놀랐던 것 같았습니다. 그래도 어떻게든 함께 수영을 해보려고 물에 데리고 들어가자 아이는 자지러지게 싫어했습니다. 그리고 집에 돌아온 후 며칠 동안 몸살을 앓았습니다.

그 후로는 수영장만 보면 "물에 빠져서 안 돼!"라고 하며 가까이 가지도 않고 비치 모래사장조차 걸으려 하지 않습니다. 문제는 전에는 그렇게 적극적으로 놀던 아이가 놀이터에 가도 무서워서 그네도 못 타고 미끄럼틀을 타러 올라가지도 못합니다. 친구들 관계에서도 자신이 없어져 징징대기 일쑤이고 아주 소심해졌습니다. 갑자기 변해서 건강상에 문제가 있는 건 아닌지 걱정되기도 하고 이러다가 아이 성격에 문제가 생길까봐 걱정됩니다.

이런 경우는 어떻게 해야 하나요? 자꾸 물놀이를 시도해야 하는지요? 아님 잠시 물놀이를 멀리 해야 하는지요? 아이의 겁을 없애기 위해 임신 6개월의 몸으로 아이와 함께 미끄럼틀을 타고 있는 중입니다.

처방 및 대책

이런 경우에는 인지행동 치료중에서도 둔감치료(proximal desensitization)의 방법이 효과적일 것으로 보인다. 이것은 쉽게 설명하면 서서히 물과 다시 친해지는 것을 배움으로써 두려움을 극복하는 치료법이다. 이렇게 극복을 함으로써 어떤 사건 때문에 위축되는 모습을 가지지 않게 되고, 앞으로 생길 미래의 어려움을 극복하는 것을 미리 배우는 기회로 삼는 것이 좋을 것이다. 방법은 다음과 같다.

　① 물에 대한 그림책을 읽는다.

　② 물에 대한 스토리를 만든다.

　③ 손 씻는 물을 받아놓고 물놀이를 재미있게 한다.

　④ 목욕을 아주 즐겁고 재미있게 한다. 필요하면 부모님과 함께 목욕을 한다.

　⑤ 수영장 근처에서 산책을 한다.

　⑥ 수영장 근처에서 피크닉을 한다.

　⑦ 수영장에 장난감 배를 띄어 놓고 논다.

　⑧ 수영장에 잠시 들어갔다 나온다.

이런 식으로 단계를 밟으며 점진적인 접근을 해볼 수 있다. 자녀에 따라 극복이 되는 기간은 다르겠지만 두려움과 정신적인 충격이 오지 않도록 잔잔하게 자신감 회복과 함께 극복시켜주면 자녀의 자신감 형성과 미래에 대한 도전에 큰 도움이 될 것이다.

사례6 잠시도 가만히 안 있는 아이

Q

저는 46개월 아들을 둔 엄마입니다. 지금 프리스쿨을 다닌 지 1년 정도 되어가고요. 일주일에 3번 풀타임으로 가고 있어요. 근데 아이가 아직도 틈만 나면 젖을 먹으려고 하고 할머니와 이모한테도 그리고요. 유치원에서도 선생님이나 친구들 가슴을 만진다는 말을 들어서 주의를 줬어요.

그리고 너무 번잡합니다. 잠시도 가만히 안 있고요. 특히 다른 사람들과 같이 있으면 더 심해요.(아는 사람들한테만요.) 저와 둘이 있으면 제 말은 그래도 잘 듣는 편인데 다른 사람 말은 안 들어요.

그리고 새로운 환경이나 장소, 잘 모르는 사람이 있을 때는 적응을 못하고 저한테만 붙어 있으려고 하네요. 그리고 아는 사람들한테는 올라타고 매달리고 붙잡고 늘어지고 옷이나 상대방의 손이나 발 등을 빨아요. 욕구 불만 같은데 잘 모르겠습니다.

그래서 유치원에서 반을 옮겨야 함에도 불구하고 옮기지 못했어요. 그래도 또래들 하고 같이 공부는 해요. 유치원 공부 시간에 종종 딴짓을 하긴 하지만요.

처방 및 대책

이런 행동은 상과 벌을 중심으로 서서히 변화를 줄 수 있다. 아직 나이가 어려서 설명하는 것만으로는 지금은 부족할 수 있으니 직접적인 행동 교정이 필요하다. 야단을 치는 것으로는 절대로 고칠 수 없다는 것을 인식하고 아이와 함께 상과 벌에 대해 함께 의논하고 구체적으로 정해두는 것이 좋다.

예를 들어 매일 시간을 정해놓고 엄마의 가슴을 안 만진 날은 달력에 동그라미를 그리고 엄마의 가슴을 만진 날에는 가위표를 그리기로 아이와 약속한다.

동그라미가 5개가 모이면 좋아하는 간식을 준다든지, 아이와 미리 약속해둔 장난감을 사준다든지, 어딘가 아이가 좋아하는 곳에 간다든지 하는 등의 상을 준다. 물론 아이가 정말 좋아하는 것을 미리 파악해야 한다.

반대로 가위표가 이틀 연속이 되면 좋아하는 장난감을 한동안 압수하거나, 좋아하는 TV프로그램을 못 보게 하는 등의 벌을 수는 식의 접근을 하는 것이 좋다. 물론 벌도 아이와 미리 약속해 두는 것이 좋다.

아이가 아직 어리기 때문에 상벌의 기간은 짧게 잡는 것이 좋다. 일주일, 열흘, 한달, 이런 식으로 기간이 늘어지면 아이의 집중력이 떨어지기 때문에 상벌의 효과를 보기 어렵다.

사례7 잠을 안 자는 아이

Q

잠을 자기 싫어하는 저희 딸은 이번에 만으로 3살 반이 됩니다. 동생은 아직 없어요. 안 그래도 어렸을 때부터 잠자는 걸 너무나 싫어하는 저희 딸은 두 살부터는 더 심해져서 밤 12시나 되어야 겨우 잠이 들어 오전 9시쯤 일어나는 편입니다. 낮잠도 안 자구요. 저희는 워낙 자주 차를 타고 여기저기 다니는 편이라 집에 늦게 들어오는 날도 많은 데다가 집에 손님도 자주 오는 편이라 아이 자는 시간이 늦을 땐 새벽 2시가 될 때도 있습니다.

처방 및 대책

잠을 자기 싫어하는 어린 자녀를 억지로 재우는 것은 어떻게 보면 고통스러울 수 있는 문제다. 안 자려는 자녀를 재우는 데는 한 시간에서 2시간 이상이 걸리기도 한다. 이것은 루틴이 잡혀있지 않은 문제에서 오는 부작용이라고 볼 수 있다. 그런 경우에는 더욱 생활의 틀을 잡아 주는 것이 중요하다.

첫째, 가족 모두가 9시에 잠자리에 들어야 한다. 적어도 아이의 눈에는 그렇게 보여야 한다. 가족이 모두 자야, "아, 자야 하는구나."라는 인식을 하게 될 것이다. 아이의 눈에 혼자만 일찍 자야 하는 것은 이해할 수 없는 일이다. 집의 모든 불을 끄고, TV나 라디오 등 모두가 꺼져야 하며 모두가 취침시간을 존중하는 문화가 성립되어야 한다.

첫 일주일이 어렵고 중요할 것이다. 시작하기 며칠 전부터 오전 7시 이전에 일어나는 습관을 관리해야 한다. 이렇게 일찍 일어나는 데서 오는 피로가 며칠 쌓이면 수면 습관을 제대로 잡아주기가 좀 더 수월할 것이다.

둘째, 또 한 가지 중요한 것은 꾸준함이다. 이런 수면 시간은 항상 같아야 한다.

자녀는 건강한 수면 습관을 통해 신체적으로 건강하게 성장할 수 있고 또한 정신적으로도 튼튼한 안정감을 얻을 수 있다. 어린 자녀는 이런 환경에서 가장 가능성을 극대화하고 더욱 많이 성취할 수 있다.

Q

3살 반 된 아들에 대한 질문입니다. 위로 7살 된 누나가 있구요.

저희 아들은 평상시에는 굉장히 상냥하고 "엄마, 사랑해!"라는 말도 자주 하는 편이고 엄마 아빠랑 노는 것도 좋아하고 혼자서 책을 보거나 레고를 하거나 퍼즐을 하며 집중하는 시간도 꽤 되곤 하는데요. 완벽주의적인 성향이 있는 것인지 가끔 레고가 원하는 위치에 끼워지지 않거나, 자기가 만든 모형이 놀다가 떨어져 일부분이 부서지거나 하면 굉장히 신경질적으로 짜증을 내고 울면서 "이게 부서졌어." "이게 안 끼워져." 등 똑같은 말을 백 번도 더 소리소리 지르며 반복합니다. 정말 귀가 아플 정도로요.

처음엔 동감해주거나 위로해주고 도움도 줘 보고 하면 2~3분 내에 그치고 다시 언제 그랬냐는 등 명랑하게 말하며 놀곤 했는데, 점점 신경질 내고 우는 시간이 길어져서 요즘은 한번 뭐가 맘에 안 들거나 자기 마음대로 안 되어 울기 시작하면 거의 25~30분 정도 진을 빼며 소리를 지르고 떼를 쓰다가 제 풀에 기운이 꺾여 그치곤 해요. 1-2-3 기회를 주고 4번째엔 타임아웃도 시켜봤었는데, 예전엔 타임아웃을 외치고 타임아웃 의자에 앉혀 놓으면 소리를 지르고 울어도 그 자리에 앉아서 울었었는데, 이젠 아예 자리에 앉으려고 하지도 않아요. 억지로 앉혀놓으면 막 발로 차면서 내려와 엄마를 때리기까지 합니다. 어떻게 해야 할지 정말 힘드네요.

처방 및 대책

딱 그냥 보기에도 양육을 참 잘하는 엄마 같다. 열심히 최선을 다하는 모습이 보이지만 안타깝게도 많이 지쳐 있는 것을 알 수 있다.

울면서 소리를 지르는 아이는 엄마가 훈육의 방법을 정확히 파악하고 있어야 그 습관을 교정해 줄 수 있다. 물론 지금 시기가 지나면 소리를 지르는 것은 줄어들 것이다. 하지만 자신의 화를 참아내지 못하는 습관은 건강한 해결 습관으로 고쳐주지 못하면 소리를 지르는 것이 다른 모습으로 변형되어 나타날 가능성이 높다.

이 경우에 가장 쉽고 안전한 방법은 상담전문가에게 치료와 훈육 및 양육에 대한 맞춤형 교육을 받는 것이지만 그럴 수 없는 상황이라면 부모가 직접 많은 독서와 연구를 통해 훈육방법을 새로 세워나가야 한다.

특히 떼를 심하게 쓰거나, 소리를 지르거나, 자학을 하거나, 분에 못 이겨 스스로 컨트롤을 하지 못하는 자녀에 대해서는 부모의 인내와 희생과 노력이 갑절로 요구된다는 것을 인식하고 힘들더라고 꾸준히 사랑으로 양육하시기를 바란다.

사례9 너무 수다스런 아이

저희 아이는 현재 3살 반입니다. 아이는 돌이 지나면서 말이 트여 20개월쯤에는 이미 문장으로 이야기를 시작했어요. 2살쯤 될 때는 어려운 퍼즐도 혼자서 거뜬히 해냈고 엄마, 아빠, 가족들 이름도 다 외웠어요. 동요는 100곡 이상 부를 줄 알고요. 지금은 알파벳과 쉬운 단어는 다 읽고 숫자는 100까지 셉니다. 구구단도 약간 외우고, 산수도 합니다. 제가 일부러 시킨 건 아니고 스스로 터득했거나 주로 아이가 질문을 하고 제가 대답을 하는 식으로 습득했습니다. 어렸을 때는 말이 빨라서 그저 기특하다고 생각했는데 2살이 넘어서면서 어른들이 이야기하는 걸 듣고 가만히 있지를 못합니다. 무조건 끼어들어 본인이 하고 싶은 이야기들을 마구 쏟아내고 주의를 주면 계속 혼자서 노래를 하거나 말을 합니다.

화장실에서 볼일을 볼 때도 노래를 쉬지 않고 부릅니다. 혹은 엄마 아빠하는 걸 보고 그러는지 책을 가지고 들어가서 쉬지도 않고 읽어댑니다. 현재는 상황이 악화(?)되어 집에 누가 오거나 하면 대화를 할 수 없을 정도로 끼어들어 말을 하고 특히 식사할 때 거의 매일 혼이 납니다. 말을 하느라 밥을 먹지 못해요. 문제는 어디를 가든지 말이 너무 많아서 정말 곤욕이라는 것 입니다. 어떻게 해야 할까요? 어떻게 이 아이의 행동을 고칠 수 있을까요?

처방 및 대책

발달사항이 빠르고 영특한 학습력을 지닌 자녀를 둔 부모로서 주의해야 할 몇 가지 사항이 있다.

첫째, 자녀와의 대화를 통해서 '해도 되는 것'과 '하면 안 되는 것'에 대한 교육을 해야 한다.

행동에 있어서 규율과 틀을 정해주고 지키도록 도와주어야 한다. 이것은 물론 부모의 기본적인 역할이지만 발달사항이 빠른 자녀에게는 특히 중요하다. 그리고 지금은 벌써 올바른 훈육으로 행동에 대한 교육을 시켜줄 시기이기 때문에 설명과 대화 그리고 상과 벌을 통해 자녀의 행동을 교정해주도록 노력해야 한다. 예를 들면 식사예절이라든지 어른들이 대화할 때 끼어들지 못하게 한다든지 하는 것이다.

둘째, 너무나 자기 위주의 사고방식을 도와주어야 한다.

자녀의 장점을 억누르는 게 아니라 좋은 쪽으로 유도를 해야 한다. 구체적인 칭찬과 더불어 생각하는 시간, 타임아웃과 같은 훈육을 정립시키는 것이 부모에게도, 자녀에게도 많은 도움이 될 것이다. 학교에 다니게 되면 여러 가지의 규범을 따라야 하고 제재가 있기 때문에 많은 도움이 되지만 이것에 기대어 나아지기를 기대하는 것보다 가정 안에서도 동시에 훈육이 이루어져야만 한다.

셋째, 자녀의 성향에 주의를 기울이고 사회성 발달에 초점을 두어야 한다.

사례10 자다가 울면서 깨는 아이

제 아들은 3살 반입니다. 잠을 자다가 갑자기 깨서 낮에 있었던 안 좋은 일들을 기억하면서 반복해서 소리 지르고 떼를 쓰며 웁니다. 이때는 엄마의 어떤 말도 통하지가 않습니다. 그러다 꿈에서 깨고 정신이 들면 엄마에게 안겨 다시 잠을 자는데 10분에서 길게는 20~30분 정도 걸립니다.

거의 매일 밤을 이렇게 보내니 아이도 엄마도 너무 힘이 듭니다. 무슨 병인가요? 말하기 힘들지만 TV에서 본 몽유병 같은 건지, 불안하고 무섭네요.

아주 어릴 때는 그냥 울기만 해서 나쁜 꿈을 꾸었나보다 했는데 이젠 말을 하니까 들어보면 낮에 울면서 떼썼던 일들을 다시 꿈 속에서 겪는 것 같아요.

평소 아이 성격은 낯을 가리고 낯선 사람에겐 전혀 가질 않아요. 유독 엄마에게만 말도 잘하고 표현도 많이 하고 그래요. 무슨 문제일까요?

처방 및 대책

2살에서 6살 사이에 많이 보이는 야경증(Night Terror 또는 Sleep Terror)이라는 증세로 보인다. 파보 넉터너즈(Pavor Nocturnus)라는 의학용어가 있지만 사실은 별다른 약이나 치료방법이 없는 증상 중의 하나다. 자녀가 스트레스를 받거나 피곤하면 증상이 더 자주 생긴다고 최근의 연구결과는 밝히고 있다. 만일 거의 매일 증상이 있다면 이런 방법을 추천한다.

우선 대략 몇 시에 이런 증상이 오는지 파악을 해야 한다. 예를 들어 새벽 3시에서 4시 사이라고 하면 새벽 3시 즈음에 아이를 깨운다. 부드럽고 잔잔하게 깨워 다시 잠이 들도록 한다.

수면은 밤 사이 여러 뇌파 단계를 거치는데 3단계와 4단계의 서파 수면(slow wave sleep)이라는 상태에서 야경증이 일어나기 때문에 자녀의 잠을 중간에 깨우면서 수면 스테이지를 다시 초기화시켜 주는 것이다. 번거롭더라도 꾸준히 얼마간 계속하면 반복적으로 일어나는 증상에 대한 직접적인 변화를 줄 수 있다.

사례11 분노 조절을 못하는 아이

제 아들은 4살입니다. 평소 밝고 잘 웃고 착해서 보는 사람들마다 예뻐하고, 부모의 사랑도 많이 받는 아이입니다. 그런데 그렇게 밝고 착한 아이가 화가 나면 분노조절을 못해요. 자기의 화를 주체하지 못해서 장난감을 막 부수고 던지고 난리가 나요. 왜 그럴까요? 어떻게 고쳐줘야 할까요?

아이의 또 하나 특징은 자존심이 엄청 세서 뭘 가르쳐주면 기분 나빠한다는 거예요. 예를 들어 어느 날 아이가 퍼즐을 맞추며 놀다가 "이거, 어디다 맞추는 거야?"라고 물어봐서 제가 퍼즐 하나를 맞춰주었거든요. 그랬더니 갑자기 퍼즐을 도로 다 엎어버릴 정도로 화를 내면서 다시 시작하는 거예요. 그냥 물어봤을 뿐이지 맞춰달란 건 아니었다는 거지요. 그런 아이예요.

이런 성격은 어떻게 다루어야 하나요? 이런 성격은 어릴 때 고쳐줘야 하지 않을까요?

처방 및 대책

자녀의 성격은 유전적인 성향과 학습적인 모습의 두 가지가 함께 있는 것이 일반적이다. 자녀의 현재 성격은 반복적인 학습으로 인해 습관화된 모습이라고 가정할 수 있다. 다시 말하면 자녀가 그런 행동을 할 때 부모의 어떤 행동이나 모습이 자녀가 원하는 결과로 이어지기 때문에 이런 행동이 계속되어 왔다는 것이다.

자녀의 행동은 혼자서 생겨나고 계속되는 것이 아니라 부모의 반응과 상관이 되어 있다는 것을 기억해야 한다. 그러므로 우선 자녀가 그런 행동을 하면서 부모를 지켜본다는 것을 인지하고 양육 중 자녀의 행동을 부추긴 부모의 모습에 변화를 주는 것이 바람직하다.

예를 들어 자녀가 화를 주체하지 못하고 성질을 부릴 때 엄마나 아빠가 어떤 반응을 보였는지 먼저 생각해 봐야 한다. 같이 화를 내거나 당황하거나 놀라거나 아니면 다른 어떤 감정적인 반응을 보였다면 지금부터는 그런 감정적인 반응을 아이 앞에서 보이지 않는 것이 필요하다. 시간은 좀 걸리겠지만 노력을 하면 교정할 수 있다.

수시로 사랑을 확인하는 아이

Q

제 큰딸아이는 4살이구요. 둘째는 16개월 아들입니다. 처음에 큰아이가 동생 시샘을 했었지만 그 과정은 잘 넘어갔다고 생각했습니다. 그런데 최근 두 달 전부터 자주 저에게 사랑을 확인합니다. 뭔가 실수를 할 때마다 엄마는 자기가 자랑스럽냐고 묻습니다. 생각해보니 아빠한테는 그런 질문을 안 하네요. 프리스쿨에서도 집에서도 뭔가 틀어지면 울기부터 합니다. 며칠 전엔 학교 친구한테 넌 맨날 우냐는 소리를 들었다고 했습니다.

학교에서도 집에서도 사랑 받는 아이인데 자신감이 많이 없어진 것 같고 더 소극적으로 변한 것 같아서 걱정이 되네요. 전 아이가 잘못하면 말로 타이르는 스타일이구요, 아이도 이해를 잘 해줍니다. 하지만 가끔 제가 몸이 피곤하거나 하면 언성이 높아지는 경우도 있어요. 그래서인지 아이도 가끔 화를 폭발시키는 것처럼 저에게 목소리를 높일 때도 있습니다. 제가 풀타임 직장인 엄마라 시간이 늘 부족하지만 그래도 집에 오면 많이 놀아주려고 애쓰고 있습니다.

엊저녁에 그림을 그리는데 엄마, 아빠, 자기 얼굴은 웃는 얼굴로 그리면서 동생은 엄마 뱃속에 있다고 안 그리네요. 어떤 방법으로 엄마가 자기를 사랑한다는 확신을 주고 좀 더 적극적이고 자신감 있는 아이로 자랄 수 있게 할 수 있을까요?

처방 및 대책

아이가 그림을 그린 것을 보고 분석하는걸 보니 어머니가 준심리학 박사라고 해도 될 정도의 수준이다. 큰아이는 아무래도 동생이 아직 뱃속에 있을 때가 행복할 때였다고 느꼈나 보다.(물론 실제 테스트는 이렇게 간단하지는 않다.)

지금 4살이면 내부에서도 많은 변화가 일어나고 있고 외부의 상황도 변화무쌍하게 느끼고 있을 때이다. 사회에 적응을 시작해야 하는데 타고난 성향에 따라 자신감이 많이 위축이 될 수도 있을 시기이기도 하다. 게다가 동생이 등장을 했으니 아이에게는 나름 '사는 게 고달프게' 느껴질 수도 있겠다.

이런 경우에는 뭐니뭐니해도 아이와 함께 시간을 많이 보내는 것이 정석이다. 하지만 이가 없으면 잇몸으로 씹는다고, 직장 때문에 함께할 시간이 아무래도 부족하다면 최소한의 적은 시간이라도 양질의 시간을 보낼 수 있도록 노력한다면 많은 도움이 될 수 있다고 생각한다. 그러면 이런 양질의 시간으로 만들려면 어떻게 해야 할까? 곰곰이 생각해 보자. 이 세상 모든 어머니에게 드리고 싶은 숙제이다.

특정한 것에 유독 예민한 반응을 보이는 아이

Q

저는 4살 반 정도 된 딸아이의 엄마입니다. 우리 아이는 비디오나 DVD가 끝나는 것을 너무 무서워합니다. 1년 전부터 보였던 행동인데 강도가 점점 심해져서 몇 번 본 비디오는 거의 끝나갈 때쯤이면 옷을 물어서 잘근잘근 씹어 옷이 온통 젖을 때까지 빨기도 합니다. 제가 보기엔 끝나가는 걸 아니까 불안해서 보이는 행동 같습니다.

끝날 무렵이면 꺼달라고 울면서 온 방안을 뛰어다닙니다. 고쳐보려고 조금 늦게 끄면 방안으로 뛰어 들어가 비명을 지릅니다. 평상시에 보이지 않는 행동들이라 더 걱정입니다. 너무나 활발하고 동생이나 친구들과도 잘 지내며 또래보다 말이나 여러 면에서 빠른 것 같은데 유독 이 문제에선 이러네요.

무엇이 무섭냐고 물어보면 끝나고 나오는 화면이나 자막이 너무 무섭다고 합니다. 좋게 얘기도 해보고 설명도 해보고 끝난 화면을 틀어놓고 아이를 안고 앉아서 차근차근 무슨 그림이며 글씨인지 설명해줘도 그때뿐이고 또 다음엔 똑같은 행동을 보입니다.

제 생각엔 어릴 때 보여줬던 비디오 시리즈가 끝나면 아이들이 그린 얼굴 그림을 배경으로 자막이 올라가는데 제가 보기에도 그림들이 아이가 그린지라 무서워 보이기도 했습니다. 그런데 정확히 언제부터인지, 왜 그런지는 모르겠네요.

오늘은 제가 설거지 중이어서 잠시 기다리라고 했더니 굳은 얼굴로 와서 "엄마 숨을 못 쉬겠어."라고 하네요. 왜 그러냐고 했더니 무서워서 목이 이상하고 숨이 안 쉬어진다고 합니다.

정말 저도 너무 당황하고 겁이 나서 어떻게 해야 할지 모르겠습니다. 물론 아이가 그렇게 무서워하는데 왜 보여주냐고 할지도 모르지만 아이 둘 키우면서 잠시라도 편하게 집안일을 하려면 어쩔 수 없을 때가 있고 또 아이도 보기를 너무나 원합니다. 그래서 하루에 1시간 정도 보여주는데 꺼달라고 할 때 꺼주면 아무 문제가 없는데 조금이라도 늦어지면 이런 행동을 보입니다. 물론 TV를 없앨까도 생각했는네 집에서만 안보여 준다고 해결될 일도 아니라서 너무나 걱정입니다. 얼마 전에 여름성경학교에 갔는데 문 뒤에서 보니 아이가 울 것 같은 얼굴로 있더군요. 그래서 불러서 왜 그러냐고 했더니 선생님이 비디오를 보여주고 끄질 않아서 그런다고 하네요. 정말 어떻게 해야 하나요?

소아과 선생님께 여쭤봤더니 초등하교 2학년쯤 되면 괜찮아진다고 하는데 그때까지 집에서라도 보여주지 말고 기다려야 할까요? 심한 경우에 치료를 받아야 한다고 하는데 객관적으로 우리아이가 어느 정도 문제인지 판단이 안 서네요.

정말 요즘 이 문제로 너무나 걱정입니다. 이제는 제가 직장에 들어가는데 학교에서 아이 혼자 이런 일들로 힘들어하고 적응하지 못할까봐 더 걱정입니다.

처방 및 대책

차근차근 설명한 아이의 상황에 대해 지면상으로 부족하겠지만 최대한 조언을 해보겠다. 첫 문단을 읽었을 때 "아마 자막이 올라가는 것 때문에 그럴 것이다."라는 생각이 들었는데 맞았고, 자녀와 함께 앉아서 설명을 해보려 했지만 방법이 통하지 않았다는 것, 그리고 가끔은 숨을 못 쉴 정도로 공황증과 같은 반응을 보이는 것으로 보아, 2학년쯤 되면 괜찮아지니까 내버려 둬도 된다는 다른 분의 의견은 현재의 모습에서는 좋지 않은 조언이라고 생각된다.

TV를 없애는 것도 궁극적인 해결책이 되지 않는다. 밖에서 이런 상황이 계속 될 것이기 때문이다. 그래서 해결을 보아야 하는데, 이런 경우에는 일반적인 상식에서 고안할 수 있는 방법보다 임상 심리학에 의거한 치료가 필요하다.

근대 행동학의 시초가 된 러시아의 학자 파블로프(Pavolv)가 발표했던 개와 고기, 그리고 벨소리에 대한 너무나도 유명한 이야기가 있다. 아다시피 개는 고기를 주며 울렸던 벨소리에 침을 흘리고 나중에는 벨소리만 나도 침을 흘리며 반응했다. 벨소리는 침을 흘리도록 개를 자극했지만 벨소리가 고기와 관계가 없이 울리는 상황이 계속되자 개는 침 흘리기를 멈추었다.

여기에서 나온 것이 플러딩 치료방법(flooding treatment technique)이나. flooding이란 '홍수'라는 뜻으로 두려움의 자극을 가득 차게 경험하도록 유도하는 치료법이다. 현재 플러딩 치료는 공포증의 치료에 가장 효과적인 방법으로 연구되고 알려져 있다.

자녀가 현재의 두려움을 이겨낼 수 있도록 이 방법을 이용하는 것이 좋을 것 같다. 하지만 아직 나이가 어린 자녀이기 때문에 전적인 플러딩 치료(straight flooding)보다는 약간 완만하게 강도를 누그러뜨린 변형 플러딩 치료를 해야 좋은 결과를 얻을 수 있을 것으로 생각된다.

사례14 동생을 시샘하는 첫째 아이

Q

저에게는 아이가 둘이 있습니다. 제가 작은아이를 너무 편애하여 큰 아이가 동생에게 너무 못되게 하고 저에게도 미운 짓만 합니다. 저는 큰아이의 그런 행동이 저 때문인 것 같아 그냥 둬볼까 하다가도 미운 말과 행동을 하는 때마다 참지 못하고 야단을 치게 되네요.

당분간은 미운 짓을 해도 그냥 두고 지켜봐도 될까요? 저희 남편은 제가 계속 혼만 내니까 오히려 더 상태가 심해진다고 그냥 두라고 하는데(그러면서 본인은 정작 참지 못하고 더 심하게 혼낼 때도 있답니다.) 정말 어떻게 해야 할지 모르겠습니다.

저 때문에 점점 자신감이 없어지는 것 같기도 해서 미안하다가도 동생에게 못되게 굴고 저에게 미운 말을 할 때면 또 그냥 내버려두면 안 될 것 같은 생각이 듭니다.

처방 및 대책

자녀의 나이에 따라 대처방법이 틀릴 수 있는데 이 사례에서는 아이의 나이를 알 수 없어서 일반적인 대답을 할 수밖에 없을 것 같다.

이런 경우에 대체적으로 그냥 내버려 두는 것은 해결방법이 될 수 없다. 왜냐하면 만일 큰아이의 잘못된, 과장된 행동이 편애에서 비롯된 것이라면 이 행동은 "나를 좀 봐주세요. 나도 엄마, 아빠의 사랑이 필요해요."의 잘못된 표현이기 때문이다.

관심에 목말라 있는 아이들은 상을 받는 것이나 벌을 받는 것이나 상관하지 않고 갈구한다. 자신도 모르게 그렇게 행동하는 것이기 때문에 부모님의 현명한 인도가 필요하다.

큰아이가 동생에게 못되게 굴고 미운 짓을 할 때 화를 내거나 혼을 내는 것은 오히려 그런 행동을 더 하라고 부추기는 역효과를 낼 뿐이다. 이런 경우에는 장기간의 따뜻함으로 아이를 감싸주고 보호하며, 아이가 올바른 행동을 할 수 있도록 부드럽게 토닥거려주는 것이 도움이 된다.

3

5~6세
아이들의
사례별 처방 및 대책

사례1 친구 문제로 유치원 가기를 거부하는 아이

Q

5살짜리 딸아이가 있는데요. 유치원 생활을 즐겁게 별 문제없이 잘 해오던 아이인데, 요즘 유치원에서 친하게 지내던 단짝 친구로 인해 상처를 많이 받는 것 같습니다. 그래서인지 아이가 유치원 가기를 강하게 거부하게 되었어요.

하루는 저에게 유치원에 와서 자기와 같이 있어주면 안되겠냐고 간절하게 부탁하는 거예요. 그래서 알아보니, 친하게 지내던 그 단짝 친구아이가 자기 맘에 안 드는 일이 있을 때면 제 아이 팔뚝을 때리기도 하고, 줄을 설 때도 제 아이를 밀치고서라도 앞에 서겠다고 끼어들기를 하루에도 여러 번 반복하는 것이었어요. 또 제 아이가 다른 친구들과 손 붙잡고 놀고 있는 걸 보면 달려와서 못 놀게 떼어놓기까지 합니다.

이런 일들이 몇 달 동안 계속되어 왔었던 것 같아요. 그 친구아이는 그렇게 못되게 대하다가도 자기가 도움이 필요할 땐 제 아이에게 도움을 청하고, 유치원 수업이 끝나면 항상 집에 놀러가자고 한다고 합니다. 친했던 친구가 다른 친구들에게도 또 자기에게까지 못되게 대하는 걸 보고 충격을 많이 받았던 것 같아요. 그 친구아이 엄마와 상의해보려 조심스레 말을 꺼내봤지만 힘들었어요. 자기 딸이 그런 행동을 했다는 사실을 믿지 못하고 받아들이지 못하더라구요.

담임선생님께선 그 친구아이는 너무 아이 같지 않게 행동하는 게 문제라고 하면서 유치원에 아이와 같이 와 있어도 괜찮다고 하시네요.

힘든 부분들도 이기고 견뎌내야 한다지만 그런 상황을 알면서도

아이를 그냥 유치원에 보내기엔 너무 불안합니다.

얼마 전에 같은 반에 있던 또 다른 한 여자아이가 친구들 간에 우정 문제로 스트레스를 너무 받아 탈모가 시작되더니, 너무 많이 심해져서 거의 머리가 없을 정도로까지 악화되었고, 그래서 유치원을 그만두고 정신과 치료를 받게 되었던 일도 있었습니다. 그래서 많이 겁이 납니다.

이런 경우에는 어떤 게 최선일까요? 선생님과 엄마들의 도움도 받지를 못하는 상황에서, 두 달 남은 유치원을 그만두게 할까 하는 생각과 유치원을 같이 다니는 한이 있더라도 유치원을 끝까지 다니게 해야 할까 하는 생각 사이에서 어찌해야 할지 너무 고민입니다.

처방 및 대책

아이의 성향이나 스트레스에 대한 대처방법, 그리고 그 외의 여러 가지 요소에 대한 관찰이 필요하지만 일단 일반적인 상황으로 간주하고, 이 경우에는 두 달 남은 유치원을 끝까지 마치도록 권한다. 필요한 여러 가지 방법을 다 동원해서라도 자녀가 이 힘든 상황을 이겨내는 모습을 갖추도록 유도하는 것을 권한다.

자녀의 입장에서 그동안 가장 어려웠던 것은 아마 엄마를 포함한 누구도 자신이 겪고 있는 어려움과 스트레스를 이해하지 못했던 것일 것이다. 이제 엄마가 상황을 다 알고 있고 이해하고 있다는 것을 아이에게 말해주고, 대화를 통한 자존감과 자신감의 구축, 상황코치, 어떻게 하면 달아나지 않고 꿋꿋하게 이겨낼 수 있는지에 대한 방법 제안, 이 방법도 써보고 저 방법도 써보면서 함께 어려움을 이겨내는 방법을 찾아볼 수 있다.

탈모를 겪은 아이는 다른 어떤 어려움이 있었는지 모르겠지만, "우리 딸이 그렇게 될까봐 유치원을 그만두겠다."라는 해결방법은 좋지 않다. 그 아이는 전문적인 도움이 없다면 지금이 아니라도 언젠가는 탈모나 다른 어려움을 겪게 될 가능성이 무척 높기 때문이다.

자녀와 더욱 친해지고 서로 마음을 열고 대화할 수 있는, 그래서 앞으로 다가올 수많은 어려움을 엄마와의 대화로 해결할 수 있도록 유도할 수 있는 기회로 삼겠다는 긍정적이고 적극적인 마음으로 아이에게 최대한의 관심과 사랑을 기울여 주길 권한다.

Q

유치원생인 5살 딸아이가 어린이집에 다닐 때부터 선생님들께 들은 얘기인데요. 아이가 친구들과 놀 때는 목소리도 크고 아주 활동적인데 수업시간 중 질문을 하면 손은 잘 들지만 대답은 못한다고 합니다. 대답을 해도 너무 목소리가 작다고 하며, 전반적으로 아이가 똑똑한 편이라 몰라서라기보다는 수줍어서 그런 것 같다고 하시더군요. 딸아이가 새로운 장소에 가거나 낯선 사람들 앞에서는 수줍음을 많이 타기는 합니다.

친구들과 함께 하면 새롭고 큰 무대에서도 자신감 있게 하는데 왜 혼자서는 안 되는 걸까요? 혹 도움이 되는 대화법이 있으시면 조언 부탁드려요.

처방 및 대책

이 경우에는 수줍어서라기보다는 자신감이 없어서 그런 것 같다. 어린 자녀의 자신감이 아직 자리 잡히지 않은 경우 몇 가지의 방법을 통해 학교 등의 사회생활에 적응할 수 있도록 도울 수 있다.

① 자녀에게 든든한 부모가 있다는 확신이 생길 수 있도록 평소에 애정표현을 충분히 한다.
② 부모가 생활 속에서 자신감 있는 모습을 보여야 한다.
③ 자녀와 자주 놀아준다.
④ 자녀의 이름을 자주 불러주어 자존감을 심어준다.
⑤ 자녀가 생활 속에서 쉬운 심부름 등으로 칭찬을 자주 받도록 유도한다.
⑥ 학교의 환경을 부모가 아주 잘 파악한다.
⑦ 자녀에게 약간씩의 책임을 지워준다. 예를 들어 매일 심부름을 조금씩 해야 하는 것으로 가족이라는 팀의 일원이라는 의미를 주는 것이 좋다.
⑧ 자녀가 평소에 생각과 느낌을 솔직하게 표현할 수 있도록 자유롭고 편안한 분위기를 조성해 준다.

(Q)

5살 4개월 된 아들에 관한 이야기예요. 그림 그리기를 아주 좋아하고 엄마 아빠 말도 잘 듣고 말썽 한 번 부린 적도 없고 배려심도 깊어요. 2살 1개월 된 여동생이 하나 있는데 이 아이는 좀 욕심도 많고 툭하면 오빠를 약 올리고 오빠에 대한 경쟁심이 대단해요.

그런데 어제 큰아이가 갑자기 안 하던 짓을 하는 거예요. 그림을 그리면서 못 보게 하고 그려서는 얼른 넘겨버리더라고요. 그때는 별 생각 없이 그냥 지나쳤는데 오늘 책상 위를 정리하다가 아이가 어제 그린 그림을 무심코 보게 되었는데요. 너무 잔인해서 제가 어쩔 줄을 모르겠더라고요. 지금도 생각하면 눈물이 나요.

사람을 꽁꽁 묶어두고 총을 쏘아서 맞추는 그런 그림이에요. 쏘는 사람은 남자이고 맞는 사람은 여자인 걸로 봐서는 동생이랑 자기의 모습을 그린 거 같기도 하구요. 컴퓨터 게임을 좋아하는데 그런 영향인지 제가 무얼 잘못했는지 너무 가슴이 아파요. 그림이 무섭다 하고 별 반응을 보이진 않았지만 너무너무 무섭고 슬퍼요.

처방 및 대책

우리는 흔히 어린아이들이 순수하다고 표현한다. 때 묻지 않았기 때문에 인간이면 모두가 지니고 있는 원초적인 느낌을 여과 없이 이렇게 표현할 수 있는 것이다. 그러니 아이가 그렇게 표현한다고 지나치게 경계를 하거나 놀랄 필요는 없다고 생각한다.

말로는 표현할 수 없는 느낌을 그림으로 그릴 수 있다면 오히려 다행이라고 생각해야 한다. 자연스러운 기회를 만들어 이런 그림을 통해서 '다그치지 말고' 아들과 편안한 대화를 유도할 수 있는 크나큰 기회로 활용할 수 있기를 바란다. 이런 상황은 아들을 '몬스터'로 몰고 가면 '몬스터'가 될 수밖에 없는 상황이다.

큰아이에게 부모의 무조건적인 사랑을 각인시켜 주는 동시에 앞으로 자라면서 다가올 깊은 대화를 미리 시작할 수 있는 기회라 생각하고 아이가 속 깊은 곳에 감춰두었던 말을 꺼낼 수 있게 용기를 북돋워 주고 아이가 일단 말을시작하면 끝까지 들어주어야 한다. 이때 주의할 점은 아이의 말을 끊지 말고 아무리 얼토당토않은 말이라 해도 야단치지 말아야 한다는 것이다.

사랑스러운 아들을 더욱 사랑스럽게 만들 수 있는 기회로 활용하기 바란다.

6세인 막내아들이 기분이 좋을 때는 세상에 둘도 없이 다정하고 사랑스러운데, 자기 기분이 안 좋다거나 졸리거나 하면 극과 극으로 바뀝니다. 기분이 나쁘면 심하게 골을 내고 엄마, 아빠한테 버릇없는 행동을 할 때가 있는데, 이럴 때는 제가 어떤 태도를 취하는 게 좋을까요? 무시하고 하던 일을 계속하기도 하는데, 저도 힘들거나 하면 화를 내게 되더라고요. 지혜로운 엄마가 되고 싶은데, 참 힘들어요. 조언 부탁드립니다.

처방 및 대책

적절한 훈육 체계가 제대로 자리 잡고 있을 때는 상황에 따라서 관계적인 접근방법을 적절히 이용해야 한다. 그래야 자녀와의 관계가 더욱 따뜻하고 공조하는 관계로 발전할 수 있다.

대화의 타이밍은 자녀가 기분이 좋을 때를 선택해서 칭찬으로 분위기를 띄운 후에 요점을 이야기한다.

"우리 예쁜 아들이 화를 낼 때는 이렇게 행동을 하는데, 그러면 엄마는 참 곤란해져. 엄마가 기분이 나빠질 때도 있고, 그럴 때는 엄마가 화를 낼 때도 있고 그랬지. 전에 화를 내고 그런 것 미안하다. 앞으로는 화 안 내도록 할게. 그러니까 우리 예쁜 아들도 앞으로 기분이 나빠지면 그렇게 행동하는 대신에 엄마한테 왜 기분이 나쁜지, 어떻게 하면 기분이 좋아질 수 있도록 엄마가 도와줄 수 있는지 얘기해줄래? 그러면 엄마도 고마워하고 도와주도록 노력할게. 대신에 그렇게 얘기하지 않고 화를 내면 엄마도 화를 내거나 바로 타임아웃 벌을 줄지도 몰라. 우리 같이 노력해 보자."

자녀의 성숙도에 따라 반응도 틀리기 때문에 이런 대화가 얼마나 많은 변화를 가져올지는 알 수 없다. 하지만 일단은 자녀에게 부모가 예전에 화내던 것을 고치도록 노력해보겠다는 얘기를 하고 자녀도 고치도록 가이드 해주는 것이 공평하게 느껴지고 고맙게 느껴질 수 있을 것이다.

또한 이 나이 즈음에 행동교정에 큰 도움이 되는 것은 '집안일 돕기'다. 신발 정리나 방 치우기 등의 간단한 임무를 정해 주고 '가족은 함께 일하는 일원'이라는 관념을 서서히 가르쳐 주는 것이 좋다. 또한 앞으로는 소액의 용돈을 주며 이를 통해서 좋은 행동에는 보너스를 나쁜 행동에는 체벌을 정해주는 것도 좋다. 용돈은 물론 자녀가 좋아하는 '비디오 게임 시간'과 맞바꿀 수도 있다. 지금은 자녀의 행동에 효과적인 변화를 주기 위해 얼마간의 상과 벌을 통한 관계 회복을 이루는 것이 좋다.

도벽에 거짓말이 의심되는 아이

Q

유치원 과정의 남자아이입니다. 담임선생님의 편지를 받고서야 알게 된 일입니다. 우리 아이가 목소리가 좀 큰 편인데, 학교에서 너무 큰소리로 말하고, 교실에서 소리 지르면서 뛰어다니고, 다른 친구들한테 "너는 이런 것도 못해." 이런 식으로 단점을 말한대요. 그런데 며칠 전에는 친구 장난감을 자기 가방에 슬쩍 넣었다고 하네요. 담임선생님이 보고 우리 아이의 가방에서 그 장난감을 꺼낸 다음 물었더니 자기가 깜빡했다고 거짓말을 하더래요.

평소에 성격은 활발하고, 발표도 잘 하고, 쉽게 기가 죽는 편이 아닌데요. 사실은 요즘 너무 걱정이 됩니다. 집에서 자주 주의를 주는 편인데 그 때뿐이고 뭘 잘못했을 때, 야단 맞을까봐 거짓말을 하려 하는 것 같아요. 제가 어떻게 해야 좋을지 너무 걱정이 됩니다. 도와주세요.

처방 및 대책

자녀와의 열린 대화가 많이 필요한 상황이다. 엄마 아빠가 자녀와 함께 하는 시간을 자주 만들고 자녀가 필요로 하는 것이 무엇인지 파악하도록 노력해야 한다. 가끔은 부부 사이가 좋지 않을 때 자녀가 행동장애를 일으키는 수도 있으니 부부 사이를 점검해 보는 것도 좋을 것이다.

지금은 부모님이 학교 선생님과의 협력을 통해 자녀의 문제 행동을 바로잡을 수 있는 기회를 잡은 것이라고 할 수 있다. 선생님과 자주 연락하고 행동교정 차트를 학교와 가정에서 각각 작성해서 교차 체크하면 서서히 행동의 과격함과 거짓말을 바로 잡아줄 수 있다.

물론 요만한 나이의 아이들에게는 있을 수 있는 일이라 생각할 수도 있고, 잠시 지나가는 과정이라고 볼 수도 있지만, 지나갈 것이라 단정하고 노력을 소홀히 하면 성격발달에 장애가 될 수도 있다. 학교 선생님과 대화를 하고 더 도움이 필요하다면 개인상담 전문가에게 의뢰를 하는 것도 아주 좋은 방법이다.

사례6 집중력이 떨어지는 아이

Q

안녕하세요? 약간 자세히 써야 저와 아이, 그리고 환경 파악에 도움이 될 것 같아 약간 길어질 것 같습니다. 양해 부탁드려요.

저의 첫째딸은 5살 반입니다. 9월에 유치원에 들어갑니다. 2살 반부터 4시간짜리 프리스쿨을 다니기 시작했는데, 그때부터도 다른 아이들에 비해 집중력이 부족해 보였습니다. 해마다 선생님들께 아이가 혹시 ADHD로 보이지 않느냐고 여쭤보는데, 하나같이 웃으십니다.

"아이가 정말 순하고, 다른 아이들에 비해 집중력이 좀 부족하긴 하지만, 욕심이 많아서 크면 공부도 잘하고 괜찮을 거 같습니다."

이 말만 거의 3년을 들었습니다.

그 때부터 쭉 집중력이 부족하다는 생각은 했으나, 차츰 좋아지는 것 같았습니다. 4개월 전부터 1주일에 한번 1시간씩 사립 유치원 선생님이었던 분에게 책보며 놀고 게임을 같이 1:1로 하는 수업을 하는데, 다른 아이들에 비해 좀 집중력이 부족하다고 하시네요. 수업을 하다가 갑자기 자기 생일 얘기를 꺼내고, "그래서?" 이렇게 물어보면 또 딱 1문장 정도만 말을 한답니다. 자기 생각엔 ADHD는 아닌 것 같은데, 문득 다른 생각이 나도 다른 아이들은 상황판단을 해서 말할 필요가 없다거나, 말할 상황이 아니라고 생각하면 말하고 싶은 것도 참는데, 저의 아이는 그냥 스스로 컨트롤이 안 되는 것 같답니다. 그리고 뭔가를 하다가 하기 싫으면 피곤하다고 한다거나 좀 산만하답니다.

아직 공부를 시킬 나이는 아니라고 판단되어, 3시간 프리킨더, 그

298 ● 부모라면 꼭 알아둘어야 할 자녀교육 콘서트

후 친구들과 3시간 정도씩 거의 매일 이집저집 다니며 함께 놀게 해주며, 그 후 발레, 짐네스틱 같은 부담되지 않는 아이들이 좋아하는 운동을 1주일에 두 번 정도 시켜줍니다. 도서관에서 책도 함께 보구요.

발레나 짐네스틱은 아이가 하고 있는 걸 다 볼 수 있는데, 1년 반이 되어가는 발레수업을 보면서 항상 느끼는 것은 다른 아이들에 비해 선생님이 뭔가를 설명하면 듣지 않고 딴 짓을 한다는 것입니다. 주의도 줘보고 엄마가 항상 보고 있다고 하는데도 수업 중에도 저와 눈이 마주치면, 너무 행복하게 웃고 눈치를 보질 않습니다. 그래서 얼굴도 찡그려보고 입모양으로 "집중해" 이러는 데도 그때만 잠깐입니다.

짐네스틱은 5개월쯤 됐는데 처음이나 지금이나 너무 좋아합니다. 하지만, 다른 교실 아이들이 뭐 하는지 계속 쳐다보느라 자기 차례가 되면 코치가 뭘 시켰는지를 몰라 항상 "XX coach, what should I do?" 이렇게 물어봅니다. 자기 차례 앞 친구들이라도 보면 알 텐데, 봐도 건성으로 보고 뭔가 수업에 대한 주의력이 너무 부족합니다. 1시간 내내 코치가 시킨 걸 자기 차례가 되면 다시 물어보고 또 물어보고 합니다.

오늘은 "2살 된 동생과 엄마가 너 좋아하는 거 재미있게 잘 하는지 보느라 여기서 1시간을 서있었다. 네가 하는 것에 관심이 없으면 그만둬도 된다. 엄마는 코치가 너에게 5분마다 한 번씩 '왜 집중을 안 하냐?'라고 말하는 소리를 듣기 싫고 너무 부끄럽다."고 말하면서 정말 크게 혼을 냈더니 한참을 울었습니다.

좀 진정된 후에, 자꾸 안아달라고 해서 안고 차분히 말했습니다.

"만약에 관심이 없어서 하기 싫은 거라면 안 해도 돼. 요즘 피아노에 관심 있는 거 같은데 바꿀까?" 그랬더니, 아니랍니다. 발레랑 짐네스틱 좋아서 하고 싶답니다. 아이 입장에서 하기 싫고 지루해서 집중을 못하나 싶어서 모든 활동을 그만둘까 싶었더니 너무 좋답니다. 저도 느낍니다. 항상 짐네스틱 가는 날은 너무 좋아합니다. 그런데 막상 가면 주변의 다른 큰언니들 하는 거에 관심이 많고, 자신의 수업에는 집중을 안 합니다.

제가 소아과 닥터에게 소견서를 받아서 ADHD 테스트를 받는 게 좋을까요? 아니면 그냥 주시를 쭉 하는 게 좋을까요? 다른 사람들은 퍼즐 같은 걸 시키라고도 하고(이것도 잘합니다. 많이 시켰었구요.) 그림도 시켜보라고(저랑 가끔 그림도 그리면서 얘기도 잘합니다.) 권유하곤 합니다.

아이에게 좋은 엄마가 되고 싶고, 어릴 때 바로 잡을 수 있는 것이 있다면 해주고 싶습니다. 사실 이 모든 상황을 매번 겪고 보는 제가 우울증이 생기지 않을까 걱정이 됩니다. TV도 안 틀고 사는 집인데, 아이가 집중력이 부족하고, 그런데 또 욕심은 많아서, 친구들과 게임을 하고 지면 구석에 가서 서럽게 웁니다.

어떻게 해야 할까요? 조언 부탁드립니다.

처방 및 대책

어머니가 글 쓰는 솜씨를 보니 생각하는 스타일이 논리적이고 자녀를 심리적으로 이해하려고 노력하는 것이 보인다. 덕분에 현재의 상황이 왜 힘든지 잘 설명이 되었다.

전문가와의 상담을 통해 감별진단을 받는 것이 꼭 필요할 때도 있지만 그렇게 심각한 경우가 아니라면 굳이 진단을 해서 자녀에게 어떤 병명을 붙이는 것이 최선의 방법은 아니라고 생각한다. 그런 병명을 붙이는 것에는 자녀의 자신감이나 정체성("나는 문제가 있는 아이다.") 등에 여러 가지의 부정적인 결과가 따르기 때문이다. 그리고 소아과 닥터는 전반적으로 심리학에 대한 이해가 비교적 없어 체계적인 심리 테스트를 하지 않고 증상만으로 진단을 내리는 경우가 많기 때문에 권해 드리지 않는다.

임상심리 전문인이 진단을 내릴 때는 증상의 '원인'을 규명해서 자녀를 치료하기 위한 판단을 내리는 것이기 때문에 진단 자체는 사실 별 의미가 없다. 그리고 이 아이의 경우에는 만일 ADHD로 신난이 나더라도 당장 약물로 치료하기보다는 심리치료 등 덜 침해적인 방향으로 먼저 접근할 것을 권하며 약물치료에 대해서는 많은 심사숙고 후에 결정하기를 바란다.

캐나다의 저명한 교수이며 심리학 박사인 도날드 마이켄바움 (Donald Meichenbaum)은 ADHD를 치료하기 위한 자가치료(Self Instruction Therapy)를 개발했는데 이것은 전 학계에서 가장 효과가 있는 치료방법이라고 알려져 있는 기술이다. 필자도 마이켄바움 박사와 두 번의 대화를 나눌 기회를 가졌었는데 그 후 느낀 것은 이것이 ADHD 증상의 정곡을 찌르는 치료법이라는 것이었다. 그러므로 이런 치료를 할 수 있는 전문인에게서 진단 및 치료를 받을 것을 권한다.

일단은 자녀의 잠재력을 극대화시킬 수 있는 것은 학교 등에서 주어진 지도를 잘 따르고 선생님의 기대를 잘 이해하며, 각 상황에서 적절히 행동하는 것에서 나온다는 것을 이해하고 부모는 이것을 직, 간접적으로 도와주는 것으로 방향을 잡아야 좋은 결과를 기대할 수 있다. 동시에 부모는 다음 몇 가지를 잘 실천해야 한다.

① 부모가 ADHD에 대한 많은 이해가 있어야 한다.
② 선생님과 학교 스태프 등과 긴밀하고 좋은 관계를 지속적으로 유지해야 한다.
③ 학교 관계자들과 자주 만나서 솔직한 대화를 하는 것이 필요하다.
④ 자녀의 집중력을 조절하기 위해 많은 노력이 필요하므로 전문가를 통한 치료가 중요하다.
⑤ 자녀의 치료 과정과 학교에서의 모든 기록을 잘 살펴보고 모니터 해야 한다.

자폐스펙트럼 장애

예전에는 그냥 친구가 없거나 괴팍하다고 생각했던 사람들이 최근에는 자폐성 스펙트럼 장애(아스퍼거 장애)와 관련이 있는 것이 알려지면서 과거에 사회성이 부족했지만 인류에 크게 기여하는 등 역사에 큰 획을 그은 인물들에 대한 자폐성 장애 여부가 학계의 논란으로 이어지고 있다. 예를 들어 우리가 흔히 아는 인물 중 자폐스펙트럼 장애가 있는 것으로 추측되는 사람은 마이크로 소프트의 빌 게이츠, 스릴러 영화의 대부 알프레드 히치콕, 만유인력의 아이삭 뉴턴, 최고의 물리학자 아인슈타인, 진화론의 찰스 다윈, 천지창조의 화가 미켈란젤로, 볼프강 아마데우스 모차르트, 동물 농장의 조지 오웰, 발명가 토마스 에디슨, 허클베리 핀의 저자 마크 트웨인 등이 있다.

흔히 자폐성 장애는 생활이 불가능한 것으로 알려져 있지만 고기능 자폐장애는 인간의 능력치를 극대화시킬 수 있기 때문에 과거와 현재의 많은 노벨상 수상자들이 이런 해당범주에 있지 않을까 하는 추측을 할 수 있다.

필자의 신랑들러리를 했던 한 친구는 노벨상 31명을 배출한 칼텍에서 박사과정(PhD)에 있는 동시에 UCLA에서 의학박사(MD)과정에 있었던 수재로 187cm의 키에 훤칠한 외모로 사람들의 시선을 사로잡았다. 하지만 친구는 선천적으로 사회성이 부족하고 대인관계가 무척 어색해 연구소에서 생활하는 것이 행복하다고 느끼곤 했다. 이후 에메랄드 에너지라는 대체연료를 연구, 개발해서 수억 달러 가치의 벤처기업을 창출했다. 고기능 자폐장애를 가진 자녀의 부모는 자녀의 미래에 대해 긍정적인 관점을 가질 이유가 있다고 생각한다.

4

7~10세
아이들의
사례별 처방 및 대책

Q

7살인 저희 딸아이가 선생님을 너무 싫어해요. 학교는 가는데 교실 앞에서 너무 무섭다고 못 들어가요. 성격이 활달하고 좋은 편인데요. 올해에 교장선생님을 비롯해서 다른 반 선생님들까지도 많이 바뀌었어요. 그래서인지 새 학기가 시작되면서 또 다시 아이가 학교를 낯설어하고 적응을 못하고 있습니다. 그런데 이젠 아예 교실에 들어가지 않으려고 하네요. 혹시 동생을 본 첫째들의 심리로 엄마에게 떼를 부리는 건지 아니면 제가 집에서 잘 못해주는 게 있어서 그런 건지 생각이 많습니다.

선생님은 아이가 집중력도 뛰어나고 사교성도 좋다고 합니다. 저는 아이가 싫다고 해도 문 앞에서 30분이든 1시간이든 실랑이를 벌여서라도 들여보내야 하는지 다른 반으로 옮겨봐야 할지 아직 확신이 서질 않습니다. 지금 반에 들어가길 거부하는 이 문제를 어찌 도와주어야 할지 모르겠어요.

처방 및 대책

지금 이 어머니의 말만으로는 이렇다 할 이유를 찾을 수가 없지만 요즘 아이들이 많이 그렇듯이 이 아이도 독립성이 강하고 자기주장이 뚜렷한 성향을 가진 것으로 보인다. 학기 초에는 학교에 적응하는 기간이기 때문에 환경의 변화에 민감할 수밖에 없는데 이 아이의 경우에는 자신의 느낌과 의견을 반항하는 모습으로 전달하는 것일 수도 있다.

이럴 때의 가장 정석적인 방법은 가능한 한 자녀와 솔직한 대화를 하는 것이다. 자녀가 선생님을 왜 싫어하는지, 학교에 가기 싫어하는 특별한 이유가 있는지를 알아야 자녀의 심리적, 혹은 현실적 상황을 제대로 정확하게 이해할 수 있고 해결책을 찾을 수 있기 때문이다.

예를 들어 자녀가 예전의 선생님과의 애착관계를 그리워하고 동시

에 현재의 선생님의 행동이나 모습이 예전에 친했던 선생님을 잃어버렸다는 상실감을 자꾸만 상기시켜주게 된다면 어떤 특정 이유 없이 현재의 선생님이 싫어질 수도 있다.

이 상황에서 필자의 개인적인 의견은 자녀가 변화에 잘 적응할 수 있도록 인도하라는 것이다. 이 접근 방법의 이점은 첫째, 앞으로 있을 많은 변화에 적응할 수 있도록 미리 도울 수 있는 기회이기 때문이다. 둘째, 자녀가 엄마와 함께 선생님에 대해 솔직한 대화를 나누면서 자신의 느낌을 말로 표현하는 연습을 점점 더 하게 되고 앞으로 스스로 어려움을 해소할 수 있게 되는 기회를 가질 수 있다.

반대로 지금 반을 바꾸거나 선생님을 바꾸는 데에는 약간의 부작용이 따를 수 있다. 첫째, 자녀가 감당해야 하는 생활의 부분에 엄마의 관여가 너무 깊어지면 자녀가 싫어하는 것을 혼자 이겨내고 적응하는 것을 지연시킬 수 있다. 둘째, 자녀가 자신의 입장과 관점을 엄마를 통해 어른의 세계에서 관철시킴으로 인해서 이기적이거나 자기중심적인 불합리한 자아를 키워나가게 될 수 있다.

물론 자녀가 현재의 상황에 너무나 고통스러워하고 선생님을 싫어하는 이유가 선생님이 자녀를 학대한다든지 등의 문제라고 한다면 별개의 문제일 것이다.

사례2 화내고 소리 지르는 아이

Q

제 아들은 7살입니다. 지금까지 저의 잘못된 성격과 행동과 말투가 아이의 행동에 큰 영향을 주고 있었던 것 같습니다. 제 아들은 본인이 싫어하는 부분에 있어서(특히 제가 행동을 저지하는 부분에 있어서) 일단 화를 잘 내고 목소리도 커집니다. 학교에선 자제력이 부족하다는 평도 듣습니다.

그래서 아들이 화내고 소리를 지를 때마다 아들한테 화를 내지 말고 얘기를 하라고 합니다만 아들에게는 이미 그 습관이 몸에 밴 듯합니다.

저도 제 자신이 아이한테 화도 잘 내고 성격도 급하고 소리도 잘 지르고 한다는 걸 압니다. 아이가 변화하기를 바라기에 앞서 제가 먼저 변해야 할 것 같아서 저라도 일단 참으면서 부드럽게 아이를 대해야겠다고 생각합니다. 저의 이런 결정이 과연 저의 아이의 행동을 바꿀 수 있을까요?

그 밖에 아이나 제가 노력할 수 있는 어떤 방법이 있는지 알고 싶습니다.

처방 및 대책

7살이면 아직은 마치 찰흙처럼 부모의 지혜로 마음대로 변화시킬 수 있을 나이라는 생각이 든다. 아이에게 고집부리고 화내고 자신의 성격을 컨트롤하지 못하는 모습을 보이고 가르쳐준 후 아이와 대립하는 부모님은 어떻게 보면 마치 자신과 싸우는 것 같다.

자녀와 대화를 함에 있어 부모는 공평함과 사랑, 그리고 부모의 사랑이 받쳐주는 권위를 다시 정립해야 한다. 자녀와 대화 중 자녀에게 상을 주건 벌을 주건 어머니는 얼굴을 붉히거나 음성을 높일 필요가 없다. 아니 그래서는 안 된다. 자녀가 배우기 때문이다.

필자가 상담학을 공부하면서 부모학에 대해 공부를 하게 된 계기는 스스로가 좋은 아빠가 되기 위해서였다. 필자의 딸은 고집이 세고 독립성이 아주 강하지만 부모학을 공부하고 집에서 함께 노력을 해서 그런지 훈육할 때 음성을 높이는 일이 거의 없다. 말을 듣지 않으면 잔잔하게 타임아웃(timeout) 등의 훈육을 시키고 차분하게 상황을 이해할 수 있도록 도와준다. 그리고 항상 사랑받고 있고 든든한 부모님이 있다는 것을 기억시켜 준다.

자녀와의 대화에서는 부모의 온유함, 확신, 긍정적인 태도, 그리고 사랑이 느껴져야 한다. 그런 분위기는 마치 자라고 있는 나무에 좋은 환경을 조성해 주는 것처럼 자녀에게 크고 포괄적인 영향을 줄 것이다.

Q

7살 외아들입니다. 2학년이구요. 비교적 학교도 잘 다니고, 공부도 잘 하고 악기를 가르쳐주면 잘 따라하는 등, 영리한 편입니다. 그런데 집 중시간이 짧고 수업태도가 산만하고 감정 조절을 잘 못하고 똑같은 잘못을 반복해서 합니다. 선생님 대신 친구에게 지시를 하거나 큰소 리로 말하거나 하면서 다른 사람의 인정과 관심을 받고 싶어 합니다.

예를 들면 자기가 어떤 행동을 하고 나면 상대방의 반응을 지켜봅 니다. 만약 상대가 반응을 보이면 신이 나서 멈추지 않고 같은 행동을 계속해서 합니다. 그런 문제로 선생님한테 지적을 자주 받고 있습니다.

자기가 잘못한 것도 알고 이런 문제가 생기면 어떻게 대처해야 하 는지 말로는 대답을 아주 잘하지만 정작 그 상황에서는 조절을 못합 니다. 자기 잘못이 많으니까 저한테 혼나지 않기 위해 자꾸 거짓말을 하는데 그걸 알면서도 그냥 모른 척할 수도 없고 제가 어떻게 대처해 야 할지 모르겠습니다.

처방 및 대책

7살이면 한참 문제를 많이 일으킬 나이다. 오죽하면 미운 7살이란 말이 생겼을까! 수업태도는 1학년 때나 유치원 때, 아니면 그전과 비교해서 갑자기 달라진 건지 아니면 원래 처음부터 문제가 있었는지가 일단 궁금하다.

어머니의 설명으로 보아서는 아이에게서 관심을 많이 필요로 하는 모습이 보이는 것 같은데 이런 현상은 아이가 부모에게서 필요한 만큼의 충분한 관심을 평소에 받지 못하고 있을 때 나타나는 것이다. 아이에게 평소에 충분한 사랑과 관심을 주고 있는지, 아이와 대화를 충분히 나누는지, 평소에 아이와 함께 하는 시간을 충분히 갖는지 돌아볼 필요가 있겠다.

이 나이 또래 아이들의 감정조절이나 거짓말에 대한 문제는 대부분 부모의 육아법에 대한 자신감의 결여에서 비롯된다고 볼 수 있다. 자녀교육에 대한 책과 인터넷 검색을 통해 공부하고 연구하는 자세가 요구된다.

전문가와 상담을 통해 양육에 대한 자신감을 찾을 수 있다면 더욱 좋겠다.

스트레스 받는 우리 아이

Q

지금은 10살이 된 아들이 일상에서 자주 스트레스를 받아 걱정이 되어 문의를 드립니다. 아직 어린데 뭐가 그리 걱정이 되는지 혼자 앉아서 한숨을 쉬고 있고, 무언가 자꾸 두려워하고, 잠을 설치기까지 해서 학교생활에 지장을 줄 정도입니다. 어떻게 하면 도움을 줄 수 있을까요?

처방 및 대책

최근 조사에 의하면 약 20%의 초등학교 연령대의 아이들이 불안증과 스트레스 장애를 겪는다고 한다. 실제로 요즘의 아이들은 평소에도 많은 불안함을 느끼면서 살아간다. 아이들은 부모의 감정을 먹고 산다는 말처럼 부모의 불안함은 자녀에게 여과 없이, 오히려 어떤 때는 한층 더 증폭되어 열이 이 물체에서 저 물체로 전도되는 것처럼 반영되기도 한다.

자녀들의 불안과 두려움, 스트레스를 도울 수 있는 방법을 알아보려면 일단 자녀가 무엇에 가장 스트레스를 많이 받는지, 또 무엇에 대한 두려움이 있는지 정확히 이해할 필요가 있다. 그런 이후에 부모는 자녀가 두려워하는 것을 피하거나 도망치지 않고 차츰차츰 직접 감당할 수 있도록 도와주는 것이 바람직하다. 무엇인가 두렵다면 누구라도 일단 피하고 싶은 것이 당연한 일일 테지만 그것을 극복하는 것만

이 문제에 대한 궁극적인 해결이 될 수 있을 것이기 때문이다.

자녀가 부모의 노력에 부응해 자신의 두려움을 감당하려는 노력이 보이면 상이나 칭찬으로 그 노력에 힘을 더해주는 것이 좋다. 물질적으로 보상을 해주는 것이 양육상 바람직하지 않다고 생각이 든다면 자녀를 일정한 궤도에 올려놓기 위해 힘을 보태주는 행동학적인 활력제 정도로 이해를 하면 된다.

우리는 자녀가 모든 것에서 성공하기를 바란다. 그것이 운동이든 학업이든 자녀가 잘하고 뛰어나길 바라는 것이 한결같은 부모의 마음이다. 하지만 이것은 자녀에게 커다란 부담이라는 '양날의 검'으로 다가올 수도 있고, 때로는 이러한 부담감이 장기적인 후유증으로 남을 수도 있다. 노력은 하더라도 자녀가 불완전한 것은 꾸짖거나 노여워하지 말고 아이가 아이다울 수 있도록 포용해주는 것이 필요하다.

훌륭한 부모는 언제나 긍정적인 관점으로 자녀를 바라본다. 자녀들은 부모가 생각하는 것보다 훨씬 더 자신에게 가혹할 수 있고 자신의 실수에 대해서 관대하지 않을 수도 있다. 우리가 생각하기에 아무 생각이 없어 보이고, 게으름을 피우는 아이들도 내면에는 부모의 기대에 못 미치는 것에 대한 좌절감으로 인하여 힘들어하기도 한다. 부모는 자녀에게 잘못된 행동을 고쳐주는데 급급할 것이 아니라 좀 더 밝고 긍정적인 가치관을 심어주기 위해 노력해야 한다. 이런 노력은 부모가 자녀에게 보다 폭넓게 포용할 수 있는 관용의 마음을 심어줄 수 있는 좋은 기회가 될 것이다.

부모가 자녀의 스트레스를 완화시키는데 도움을 주기 위해서는 일단 자녀의 건강부터 돌봐야 한다. 현대인의 건강을 해치는 가장 나쁜 습관 중의 하나는 올바르지 못한 취침 습관이다. 이런 취침 습관은 어릴 때부터 잡혀가기 때문에 부모가 자녀의 수면 습관을 올바르게 잡아주는 것은 자녀가 일상의 스트레스를 이겨낼 수 있도록 하는 큰 선물이 될 것이다.

부모는 스트레스를 받고 불안해하는 자녀에게 두려움을 자유롭게 표현할 수 있는 환경을 조성해주어야 한다. 두렵다는 자녀에게 '그렇지 않다'라는 식의 생각과 느낌을 강요하는 것은 자녀에게 전혀 도움이 되지 않는다. 대신 '그럴 수도 있다', '무슨 얘기인지 한번 들어보자' 등의 대답이 오히려 자녀에게 심리적으로 큰 위안이 될 수 있다.

부모는 자녀를 키우면서 '세대 차이를 느낀다', '아이가 너무 말을 안 듣는다'는 말을 자주 하지만 어린 자녀에게 했던 자신의 행동이 부모자녀 간의 관계에 어떤 부작용을 초래하는지 그다지 이해하지 못하는 편이다. 자녀는 두렵다는데 두려운 것이 아니라고, 두려워하면 안 된다고 하면 자녀는 자신의 감정이 잘못되었다고 느끼는 것이 아니라 부모가 자신을 이해하지 못한다고, 또는 두려움을 느끼는 자신을 받아들이지 못한다고 느끼게 되기 때문에 서로 간에 이질감이 자리 잡게 된다. 자녀가 감정을 표현하면 그 감정 자체를 받아들이고 포용해주어야 한다. 예를 들면 "그래, 두려울 수도 있겠구나. 뭐가 어떻게 두렵니?"로 시작되는 대화로 자녀가 자신의 감정과 두려움을 표현하도록 돕는 것이 좋다.

거짓말하는 아이

초등학교 2학년인 아들에 대해 문의하려고 합니다. 하루는 학교에서 연락이 왔어요. 아이가 가계수표를 갖고 있기에 물어보니 책을 사기 위해 가져왔다고 한다면서 아이에게 가계수표를 준 게 맞느냐는 것이었어요. 알아보니 저의 아이가 엄마한테 물어보지도 않고 혼자 저지른 일이었습니다. 너무 경제관념 없는 아이로 가르치지 않았나 하는 생각도 들고 강압적인 훈육으로 일관해서 이렇게 된 건 아닌지, 많은 걱정이 앞섰습니다. 조용히 아이를 데려다 물었더니 자기가 안 그랬다고 거짓말을 했습니다. 계속해서 다그쳤더니 그때서야 시인을 했습니다. 거짓말을 너무 쉽게 아무렇지도 않게 하는 모습에 속이 상해서 그만 아이 앞에서 눈물을 흘리고 말았습니다.

본인의 물건이 아닌 것에 손을 대면 안 된다고 훈육을 하고 정직함에 대해서도 알려주며 원하는 게 있을 땐 엄마에게 부탁하라고 말했습니다. 대화를 좋게 끝마무리하고 공원에 가서 노는데 거기서 모르는 아이들에게 나이를 속이는 장면을 또 보게 되있습니다. 다시 한 번 숨을 가다듬고 타일렀는데 집에 가는 길에 아이가 갑자기 "나 집에 가서 숙제 안 할 거야!"라며 으름장을 놓았습니다. 아빠가 퇴근 후 아이를 따로 잘 타이르긴 했지만 이렇게 상습적으로 거짓말을 하고 반항하는 모습에 많이 놀랍고 걱정이 됩니다.

처방 및 대책

부모는 아이가 반항을 하거나 잘못된 행동을 하는 것을 보게 되면 답답하기도 하고 가슴이 덜컥 내려앉을 만큼 두려운 마음이 앞서게 마련이다. 하지만 아이들이 실수를 하고 문제를 일으키는 것은 어린 만큼 당연한 일이다. 그리고 이것을 바로 잡아줘야 하는 것 또한 당연한 부모의 역할이다.

자녀가 상습적으로 거짓말을 하거나 행동장애를 보이고 분노하는 등의 모습을 자주 보인다면 그 자녀는 화를 낼만한 이유가 있거나 어떤 결핍되는 요소에 대한 자연스러운 반응을 표출하고 있다고 가정할 수 있다.

미국에서의 통계에 의하면 반항성 장애와 행동장애는 자그마치 100명의 어린이 중 2명에서 16명에 이를 정도로 흔한 편이다. 따라서 부모의 효과적인 자녀 양육기술이 얼마나 중요하고 많은 자녀의 인생에 지대한 영향을 주는지는 따로 설명할 필요가 없다. 현대의 자녀들은 미디어와 인터넷 등 다양한 외부의 영향에 크게 노출이 되어 있기 때문에 더욱 부모의 현명한 판단을 필요로 한다.

부모는 효과적인 자녀양육을 위해 자녀가 무엇을 가장 좋아하는지, 그리고 소중하게 생각하는지를 관찰하고 이해해야 한다. 그래야 자녀를 이해할 수 있고 있는 그대로 사랑할 수 있다. 또한 부모는 자녀의 모습을 무시하지 않고 있는 그대로를 받아들일 준비가 되어 있어야 한다.

모든 것이 그렇듯이 양육법은 칭찬과 체벌의 밸런스가 맞아야 하며 꾸중보다는 칭찬을 더 많이 해주어야 건강한 자아를 키우고 훈육이 인격에 대한 공격이 아니라 행동의 교정을 위한 것임을 인식시켜 줄 수가 있다.

훈육에 앞서 서로의 관계를 돈독히 하기 위해 자녀와 일대일 시간을 자주 가져주고 뭔가 자녀가 즐거워하는 것(부모가 생각하기에 좋아할 것 같은 것이 아니라)을 함께 해주는 것이 관계 향상을 위한 좋은 방법이다.

우선 어린 자녀에게는 건강하고 사랑이 담긴 부모의 터치가 필요하다는 연구가 있었다. 자녀의 손이나 어깨를 감싸주며 사랑이 담긴 대화를 하는 것은 부모로서 해줄 수 있는 큰 선물 중 하나이다.

부모는 시야에 자녀가 나타날 때 아무런 반응 없이 가만히 있는 것보다 반가운 미소와 간단한 인사를 건네는 것이 좋다. 이것은 자녀의 사회성을 길러주고 자존감을 길러줄 수 있는 좋은 방법 중의 하나이다. 아이가 지나가건 말건 아무 반응이 없는 것은 '너는 있으나 마나 하는 존재다'라는 의미를 심어주는 것과 다름없다. 자녀를 바라봐 주고 인사해 주는 것은 '우리에게 너의 존재는 소중하고 중요하다'라고 표현해 주는 것이며 이것은 장차 서로 간에 감정적인 이해를 도울 수 있는 지름길이다.

어린 자녀에게 칭찬을 할 때는 그냥 "잘했어!"가 아니라 "우리 준이가 학교 갈 준비를 혼자 잘했구나. 어른스러워. 참 잘했다." 이런 식으로 좀더 구체적인 설명을 해주어야 한다. 그래야 좋은 행동은 장려하되 비현실적인 자아를 심어주는 것을 피할 수가 있다.

만일 자녀가 반항적인 모습 등의 행동장애를 보인다면, 그 가정은 보다 분명하고 일관된 생활구조를 갖춤으로써 효과적인 훈육을 이룰 수 있는 환경을 마련해야 한다. 예를 들어 식사시간을 매일 같은 시간에 하거나 수면시간, 기상시간을 일정하게 맞춰주는 것이 좋다. 생활 속에서의 루틴을 갖춰줌으로써 자녀에게 무의식적으로 좀 더 안전하게 느껴지는 환경을 조성해 줄 수 있다.

많은 부모가 실수를 하게 되는 것은 자신이 경험해온 부모의 양육법을 자기도 모르게 자신의 자녀들에게 그대로 답습하는 데서 찾을 수 있으며, 이것은 아동학대로 이어질 수 있는 지름길이 되기도 한다. 그래서 자신의 부모가 그렇게 했기 때문에, 아니면 그만큼 심하게 체벌하지 않았기 때문에 괜찮을 것 같은 생각을 하는 것은 결코 옳지 않으며 자녀와의 공감대 형성에 큰 장애물이 된다.

자녀에게 지나치게 친구가 되고 싶고 자녀가 좋아하는 부모가 되고 싶어 하는 마음도 또한 자녀양육에 있어서 해가 될 수도 있다. 자녀에게 인기관리를 해야 한다면 필요한 훈육을 제대로 할 수 없기 때문이다.

부모는 자녀를 양육할 때 자신이 어떤 감정적인 문제가 있지 않는지를 돌아보지 않으면 자녀의 어려움을 효과적으로 도울 수가 없게 된다. 동시에 체벌을 할 때 무력(도구)을 통한 훈육은 결코 바람직하지 않다. 일시적으로 자녀의 행동을 교정할 수 있을지는 몰라도 이 방법으로 인해 생기는 부작용과 자녀 내면에서 생기는 반항적인 태도나 분노는 부모와 자녀 사이에 부메랑처럼 돌아와 서로에게 상처가 되는 상황이 벌어지게 될 수 있다.

또한 자녀를 훈육할 때 언성을 높이거나 얼굴을 붉히는 것보다 자녀의 손을 부드럽게 잡아주거나 팔에 손을 얹어 대화 속에서의 집중도를 높여주는 것이 보다 좋은 방법이라 할 수 있다.

양육기술에 있어서 똑바로 인식해야 할 것은 자녀의 문제 행동과 분노는 자녀가 상처받거나, 두렵거나, 위협을 느끼는 환경에서 나오는 자연스럽고 건강한 감정이라는 것이다. 이것은 마치 불에 덴 부분이 쓰라리고 아픈 것처럼 양육 과정에서의 문제가 자녀의 행동으로 불거져 나오는 것이라고 이해할 수 있다.

부모는 자녀양육에 있어서 자신이 생각하는 것보다 훨씬 더 많은 영향력을 가지고 있다. 그리고 이러한 영향력은 무력이나 강압적인 요소가 아닌 사랑이 바탕이 되거나 전제되어야 좋은 결과를 낳을 수 있다.

사례6 산만하고 충동적인 아이

Q

초등학생 아들에 대한 질문입니다. 어릴 적부터 워낙 에너지가 넘치고 산만한 아이였지만 아이에게 어떤 문제가 있다고 생각해본 적은 없었습니다.

그런데 학교를 다니기 시작하면서 갑자기 여러 가지 문제가 생기기 시작했습니다. 수업에 집중을 못하는 것뿐만이 아니라 다른 아이를 괴롭히고 심지어는 자꾸 아이가 수업을 이탈하는 등 충동적인 행동을 합니다.

걱정이 되어 전문가에게 의뢰해서 심리검사와 학교생활 관찰을 한 결과 어느 정도 ADHD의 위험 지역에 근접해 있다는 진단이 나왔습니다.

아이가 자주 대들어 다루기가 점점 힘들어지고, 엄마인 저도 매사가 힘들어지며, 점점 부부 사이까지 나빠지는 것을 느낍니다. ADHD를 가진 우리 아이와 저희 부부를 도울 수 있는 방법은 없을까요?

처방 및 대책

ADHD란 주의력 결핍과 과잉성 행동장애로 가장 흔히 접할 수 있는 아동장애 중 하나다. 거의 20명 중 한 명이라는 높은 발병률을 보이는 이러한 아동장애는 대부분의 경우 성장하는 과정에서 자연스럽게 없어지지만 성인이 되어도 없어지지 않는 경우도 간혹 볼 수 있다. ADHD는 이름 그대로 집중력이 부족하고 과격한 행동과 충동성이 강한 모습을 보이기 때문에 부모에게 감당하기 쉽지 않은 장애라고 볼 수 있다.

최근의 연구결과에 의하면 ADHD 자녀의 부모는 다른 부모에 비해 많은 스트레스에 시달리며 자녀의 훈육을 힘들어 하는 것으로 밝혀졌다. ADHD를 가진 아동은 반항적이고 공격적인 모습을 자주 보이고 규율을 자주 어기는 등의 문제 행동을 장기간 지속하기 때문에 부모는 자연히 많은 스트레스에 시달리게 된다.

한국에서 최근 발표된 연구에서도 ADHD 자녀의 어머니는 다른 어머니에 비해 합리적 지도, 애정 항목의 점수가 낮게 나왔고 권위주의적 통제, 과잉보호 항목의 점수는 높게 나오는 등 양육과 관련된 스트레스가 심해 부모에게 우울장애를 일으킬 수 있는 어려움의 원인이 되는 것으로 나타났다. 동시에 부모의 우울장애는 무기력감과 빈번한 짜증으로 인해 강압적인 양육행동을 유발해서 ADHD의 자녀를 양육하는데 더욱 많은 지장을 초래할 가능성이 높아지게 된다.

우울증에 시달리는 부모는 감정적이고 일관적이지 못한 양육태도를 보이게 되어 자녀는 이에 저항을 하는 등 더욱 공격적인 반응을 보이게 된다. 부모는 여기에 상응하는 더욱 강압적인 훈육으로 대처하는 등 심한 악순환이 지속될 수 있다.

자녀의 ADHD의 진행과 치료는 환경에 많은 영향을 받게 된다. 따라서 자녀의 집중력은 자신과 부모의 노력을 통해 좋은 가정환경과 학습환경을 조성해줌으로써 변화를 꾀할 수 있는 것으로 알려져 있다. 자녀의 타고난 집중력이 부족하더라도 부모가 지혜로운 양육법을 통해 자녀의 증상치료를 위해 노력한다면 집중력 증가 등에 많은 도움이 된다고 밝혀져 있다.

집중력에 심한 문제가 있는 자녀들도 게임이나 컴퓨터 등 자신이 흥미를 느끼는 것에는 장시간 집중하는 것을 흔히 볼 수 있는데, 이것에서 알 수 있듯 아이들은 동기부여를 통해 스스로 하고 싶은 마음을 가지는 것이 집중력을 높이는데 도움이 된다. 이것은 어떻게 보면 자율성과도 관계가 있는데 이렇게 아이의 자율성을 높여주는 것은 가정의 화목에도 좋은 영향이 있다는 분석이 있다.

그러면 어떻게 주의력이 산만하고 과잉행동으로 문제가 잦은 자녀를 올바른 길로 인도하고 자율성을 심어줄 수 있을까?

정답은 부모와 자녀 간의 관계에 있다. 자녀는 부모와의 관계가 좋을수록 자연스럽게 부모가 인도하는 길로 가고 싶어 하고 노력을 하게 된다. 충동성이 심한 아이일수록 자발적인 노력을 하도록 유도해야지 일방적인 강요로 일관해서는 안 된다.

쉽게 말하면 타오르는 불은 시원한 물로 다스리는 것이 좋은 것처럼 아이가 강하게 저항할 때는 더욱 강하게 대하는 것이 아니라 부드럽고 권위 있게 대해주는 것이 현명한 방법이다. 이렇게 아이의 마음을 이해하고 포용할 수 있을 때 비로소 아이가 부모를 신뢰할 수 있게 되며 부모와 대립하는 대신 더욱 자신이 스스로 노력을 할 수 있게 되는 기회가 생기게 된다.

어떻게 보면 아이의 문제행동이 잦아질 때 부모는 그 문제행동을 고치려는 노력에 앞서 혹시 자녀와의 관계가 악화되지 않았나 하는 것을 성찰하는 것을 우선시해야 한다. 자녀가 부모의 진심을 알게 되면 언젠가는 자녀에게서 '나도 이제 노력해야겠다'라는 자발적인 동기와 자율성이 우러나올 수 있다. 이 시점부터 좋은 변화를 관찰할 수 있을 것이다. 그러나 자녀의 자발적인 노력이 가시적으로 보이는 데도 불구하고 많은 변화가 없다면 그때는 부모가 현명하고 구체적인 방법을 제시해주는 것이 좋다. 그렇게 해서 조금씩 성취감을 느끼며 '나도 할 수 있다'는 자신감을 심어주고 의욕을 심어주면 더욱 긍정적인 방향으로 나아갈 수 있을 것이다.

자녀의 행동교정을 위해 부모가 참고해야 할 지침이 있다. 일단 부정적이고 강요적인 훈육으로 인해 굳어진 자녀의 잘못된 습관과 부모 자녀 관계의 대립화 된 모습은 채찍보다는 당근으로 우선 변화를 주어야 한다. 많은 칭찬과 보상 등 긍정적인 메시지로 자신감을 심어준 후 다음의 지침을 생활 속에서 꾸준히 실천한다면 많은 도움이 될 것이다.

첫째, 상과 벌은 자녀와 대화를 통해 함께 정한다. 중요한 것은 자녀가 부모의 상과 벌이 공평하다고 느낄 수 있어야 한다는 것이다.

둘째, 자녀의 행동에 대한 상벌은 그때마다 바로 해준다. 자녀의 훈육이 최우선이 되어야 할 것이다.

셋째, 상과 벌은 꾸준하고 변함이 없어야 한다.

자녀의 같은 잘못에 대해 벌의 강도나 유무에 변화가 있게 되면 자녀에게 도움이 되지 않고 오히려 해가 될 수 있다. "벌은 엄마의 기분에 따라서 받는 것이 아닌가!" 하는 의구심을 심어주면 안 된다.

넷째, 자녀의 문제나 장애를 부모가 자신의 탓으로 돌리고 손을 놓거나 무조건 받아들여서는 안 된다. 부모의 막연한 '죄책감'은 부모가 자녀에게 많은 희생을 하는 원동력이 되면서도 동시에 자녀가 올바르게 성장하는데 큰 장애물이 될 수도 있다.

자녀가 생활 속에서 집중력 부족과 과잉행동이 오랫동안 지속되어 많은 어려움이 있다면 전문인에게 받을 수 있는 ADHD 진단 및 치료와 ADHD 아동의 부모의 우울증에 대한 적극적인 진단과 치료가 많은 도움이 될 것이다.

사례7 혼자 중얼거리는 아이

지금 2학년 딸아이가 있습니다. 제가 알게 된 건 6개월 정도 되구요. 몇 번 주의를 줬는데도 나아질 기미가 보이지 않아서 이렇게 질문을 드립니다. 문제는 딸아이가 너무 혼자 끊임없이 계속 중얼중얼거리고 있다는 것입니다. 혼자 화장실에 있거나 샤워할 때나 방에서 자기 방 정리할 때나 마찬가지입니다. 처음에는 많은 인형들을 가지고 역할극을 많이 해서 그런가보다 했는데 정말 이제 보니 시도 때도 없이 계속 얘기를 합니다. 물론 제가 아이랑 자주 놀아주거나 하는 편이 아니라 혼자 심심해서 그런 것 같기도 한데 이게 정말 지나친 거 같아 혹시 무슨 문제가 있나 걱정이 됩니다.

처방 및 대책

어린 자녀가 혼자 중얼거리며 노는 것은 대부분의 경우 아주 정상적인 일이다. 주의를 주거나 벌을 줘서 이런 행동을 없애려 노력할 것이 아니라, 자녀가 무엇을 중얼거리는지 그리고 누구와 이야기를 하고 있는지를 부모로서 파악하고 이해하는 게 중요하다.

만일 아무래도 정상적인 범위를 벗어난다고 생각되거나 걱정이 많이 되면 아동 전문가에게 상담을 받아보기 바란다.

사례8 몽유병이 있는 아이

Q

제 딸아이가 초등학교 2학년인데요, 제 생각에 몽유병인 것 같습니다. 자다가 여기저기 돌아다니는 것은 아닌데, 어제도 새벽에 누가 문밖에서 얘기하는 소리가 들려서 나가봤더니 안방을 향해서 뭐라 뭐라 중얼거리고 있더군요. 꼭 안아주고 나서 다시 잠들 때까지 옆에 있다가 나왔는데 이번이 몇 번째인지 모릅니다. 성격은 좀 마음이 약한 편이고 학교에서는 모범생입니다. 어떻게 대처해야 할까요? 병원에 가서 심리치료를 받아야 하는 것인지, 아니면 제가 너무 예민하게 생각하는 것인지, 걱정도 되고 무섭기도 합니다.

처방 및 대책

몽유병(Sleepwalking, Somnambulism)은 주로 어린아이들이 많이 경험하며 간혹 어른이 되어도 경험하는 수도 있다. 몽유병 자체는 별로 큰 문제는 아니지만, 의식이 없이 다니는 관계로 전기줄 등에 걸려 넘어져 다치는 경우 또는 계단에서 구르는 등 부상이 생길 수 있다. 그래서 걸려 넘어질 만한 것을 치우고 계단을 게이트로 막아 놓는 것도 좋은 생각이다.

필자의 환자 중에는 잠이 든 상태에서 차를 몰고 나가 어딘가에서 주차를 하고 아침에 깨어난 심각한 케이스도 있다.

또 이런 경우도 있다.

새벽에 우는 소리가 나서 아이 방에 가보았더니 누가 자는 동안 이불을 치웠다며 추워서 깼다는 것이었다. 이불을 누군가 치웠다는 말에 온가족이 집안을 구석구석 찾았지만 이불은 도무지 찾을 수 없었다. 다음날 이불은 주방 찬장에서 발견되었고 그 이후 가족이 관찰한 결과 아이가 밤마다 일어나(잠든 채로) 집안을 돌아다니는 걸 알게 되었다. 그러나 몇 년 후 아이의 몽유병 증상은 저절로 없어진 것으로 알고 있다.

몽유병은 아주 심각할 정도로 증세가 심하거나 위험하지 않으면 따로 심리치료를 받을 필요는 없는 것으로 알려져 있다.

Q

저희 딸이 3학년인데, 그전에 다니던 학교에서 1학년 때 같은 반이었던 아이도 함께 이 학교에 같이 다니게 되었어요. 남자아이인데, 1학년 때부터 너무 문제가 많아 선생님들도 골치 아파할 정도였어요. 다행히도 저희 아이는 선생님 말 잘 듣고 공부 잘 하는 모범생이에요.

미국에서는 그런 모범생 옆에는 항상 문제아를 앉혀서 도움을 주도록 하더라구요. 그래서 제 딸아이는 1학년 때 그 아이 옆에 앉아서 수업시간에 많이 방해를 받아서 안 좋은 기억이 있는데, 요번에도 그 아이가 저희 딸아이 바로 앞에 앉아서 너무 힘들어하고 있어서 어떻게 해야 할지 고민이에요.

그 아이의 문제는 다음과 같습니다. 우선 수업시간에 작은 문제가 생길 때마다, 큰소리로 거의 매일 울고, 선생님한테도 막말을 일삼고, 누구의 말도 무서워하질 않아요.

물론 선생님도 여러 가지 방법으로 아이를 고치려 해보고 있지만 전혀 좋아지질 않고, 점점 갈수록 더 심해져 가는 것 같아요. 이 아이는 아무래도 정신적으로 문제가 있는 아이 같은데, 학교에서 아무 대책도 안 세우고 다른 아이들에게까지 피해만 주는 게 이해가 안 가요. 이런 문제는 어디 가서 말해야 되나요? 웬만하면 저도 아이 기르는 부모니까 이해를 하려고 했는데, 정도가 너무 심하고 그냥 모두가 방관만 해야 하나 싶어서 여쭤봅니다.

처방 및 대책

학교에서 어떤 아이에게 문제가 있어서 해결해야 할 일이 있다면 당연히 부모는 학교와 선생님들에게 문제를 알리고 대화에 임해야 할 것이다. "학교는 왜 수수방관을 하고 있을까? 당연히 이렇게 조치를 해야 하는 게 아닌가? 왜 우리아이가 피해를 입어야 하는가?" 하는 생각과 질문은 학교와의 대화 없이는 어머니의 마음속에서만의 문제인 것이다.

필자는 학부모가 특별한 일이 없더라도 학교에 가끔씩 방문해서 선생님과 유대관계를 유지하기를 권한다. 그 영향은 아무리 특정한 요구 사항이 없어도 아주 크다고 볼 수 있다. 이런 문제가 있을 경우에는 특히 더 그렇다.

우리 딸이 받지 않아도 될 피해를 받고 있고 있다거나 스트레스를 받는다는 억울한 마음에 화가 나서 찾아가거나 이메일을 날릴 것이 아니라 우선 선생님과의 관계를 형성하고 의견을 나눌 필요가 없다. 서로 존중해주는 입장을 취하면서 방법을 찾는 것이 최선이라고 생각한다.

사례10 수술 전후에 난폭해진 아이

아이가 며칠 전에 귀에 들어간 이물질을 제거하는 수술을 했습니다. 마취를 하기 위해 수면제를 먹였는데 약을 먹은 후 조금 지나자 갑자기 아이가 난폭한 행동을 하며 도저히 평소의 아이 모습이 아니게 행동을 하는 바람에 거의 수술을 못 할 뻔했답니다. 그런데 수술이 끝나고 나서도 한동안 같은 행동을 지속했고, 어제 다시 또 식당에서 비정상적으로 그런 일이 있었네요.

처음에는 마취약 때문이라고 생각했지만 여러 번 반복되다보니 혹시나 정신분열적인 증세 아닌가 하는 공포감이 들 정도입니다. 마취과 의사는 환자가 극도로 흥분하는 경우도 있을 수 있다고 말했는데, 갑자기 아이가 사람을 물려한다든가 물건을 부수려고 하고 괴성을 지르는 행동을 어떻게 생각하시는지 여쭙니다.

처방 및 대책

아이의 '비정상적인' 모습은 수술마취제로 인한 섬망증세(Delirium)로 보인다. 섬망이라고 하는 이 증상은 주변상황을 잘못 이해하며, 생각의 혼돈이나 방향상실 등이 일어나는 정신의 혼란 상태를 뜻하는데 이럴 때는 아주 무서운 가상적 동물이 보인다든지, 건물이 불에 타고 있다는 생각 등의 환각이 올 수도 있고 때로는 미친 듯한 흥분상태가 뒤따르기도 한다. 진정제나 진통제(최면제) 등의 투약이나 금단현상의 경우 섬망 상태가 될 수 있다.

섬망이 나타나려고 할 때 환자를 집에서 병원으로 옮기는 것은 환자에게 위협이 될 수 있는데, 이때 가족이 곁에 있으면 훨씬 안전하게 느낄 수 있다고 한다.

아마도 약물이 아직 몸에 남아있어 그런 부작용을 느끼는 것으로 추정되며 정신분열의 증상이라고 보기에는 무리라고 생각된다. 일반적으로 마취제(Barbiturate)는 몸에서 92시간이 지나야 빠져 나가기 때문에 수술 후 며칠 동안에도 이런 증상이 남을 수 있지만 만일 그 이후에도 그런 증상이 보이면 전문인과 상담을 해보기를 권한다.

사례11 과잉성 행동장애가 있는 아이

Q

과잉성 행동장애(ADHD)는 보통 아이가 어릴 적에 표시가 난다고 하는데 우리 아이는 10세 때까지는 별 어려움이 없었어요. 그런데 이젠 학교생활에 자꾸 문제가 생겨서 걱정이 됩니다. 처음에는 그저 사춘기라서 그런가 생각했어요. 학교 수업과 친구 관계에서는 별다른 어려움이 없었는데 다만 학교 규칙을 몇 번 어겨서 정학 당하고 그랬어요.

학교 측에서 이젠 ADHD 같다고 치료를 받아보라고 하네요. 인터넷에서 검색을 해보니 약을 먹인다고 하는데 부작용도 걱정되고 어떡해야 할지 정말 너무 앞이 깜깜해요. 약물치료 외에 또 어떤 치료 방법이 있는지, 약은 언제까지 복용해야 하는지 등이 궁금합니다.

처방 및 대책

과잉성행동장애(ADHD)가 있는 경우 한 가지에 집중하는 것이 힘들기 때문에 특히 학생들의 경우에는 공부의 성과를 내기가 어렵다. 그러므로 학생의 생활이 좀 더 쉬워지도록 도와주기 위해서라도 약물치료 등으로 치료를 하는 것이 좋다. 필자의 경험상 ADHD 약의 대표적인 부작용은 체중감소라고 볼 수 있는데 아주 나이가 어린 아이들의 경우에는 약이 성장에 지장을 주지 않도록 여러 면에서 세심하게 신경을 써야 하지만 지금 나이의 경우에는 별 다른 후유증이나 어려움은 없을 것이라 생각된다.

그러나 아무리 안정적이라고 해도 부모의 입장에서는 자녀에게 약을 먹이는 것이 아무래도 많이 망설여지고 주저되는 일이다. 일단 2~3주 정도 단기적으로 기간을 정해놓고 약물을 투여하면서 자녀에게 어떤 변화가 있는지, 공부와 집중에 도움이 되는지를 관찰해보는 것도 좋은 방법일 것이다. 물론 학교에서의 상담 또한 병행하는 것이 많은 도움이 될 것이다.

저는 딸만 둘인데 8살 된 큰 아이에 대한 질문입니다. 어렸을 때부터 같은 또래의 다른 아이들과 확연히 틀리게 성숙하던 아이인데 며칠 전 우연히 보게 된 일기가 절 너무나 절망스럽게 만들었습니다. 일기의 내용은 저를 비롯해 자기 동생, 아는 아줌마들을 심하게 욕하는 나쁜 말들로 가득 차 있었습니다. 평상시에도 툭하면 벌컥 화를 내고 학교에서도 친구들에게 못되게 군다고 선생님이 말씀하신 적이 있어서 걱정이었습니다. 어찌하면 좋을까요?

처방 및 대책

어린 자녀들도 나쁜 감정을 안전하게 배출할 수 있어야 하기 때문에, 아이가 일기장에 글로 그런 화가 난 감정들을 표출하는 것을 꼭 나쁘게만 생각할 일은 아니다. 글로 그런 생각을 옮겨 쓸 때 내면의 분노가 풀리고 배출이 되기 때문에 안으로 쌓여 다른 감정적이나 정서적인 문제가 생기지 않을 수 있다. 여기서 자녀의 생각이 옳은지 그른지는 중요하지 않다. 오히려 이럴 때 부모는 일기에 대해 추궁하지 않고 덮어주고 대화를 더 자주하면서 장시간 자녀의 감정 상태를 일기를 통해 모니터 하는 것이 현명할 것이다. 스파이가 어렵게 정보를 캐왔는데 정보가 마음에 안 든다고 귀중한 정보(일기)를 노출시킨다면 바보가 아닐까?

무조건적인 칭찬은 독(毒)

칭찬을 올바로 해주기는 쉽고도 어려운 일이다. 그 밸런스를 어떻게 맞추면 자녀의 자신감에 가장 도움이 될까? 예전에는 칭찬에 인색해서 문제가 있었지만 지금은 칭찬중독이 생길정도로 무분별한 칭찬이 난무한다. 과다한 칭찬은 자녀가 칭찬 속에서만 살게 해 나약해지게 하거나 허영심이 들어 잘못된 가치관이 들어서게 된다.

부모들이 칭찬을 지나치게 남발하거나 의도적으로 행할 경우에는 아이들에게 나쁜 결과를 초래할 여지가 크다. 왜냐하면 아이들이 금방 느끼게 될 뿐만 아니라 오히려 역이용하려는 여지를 심어주거나 반발 심리를 유발시키기 때문이다.

가장 효과적인 칭찬은 자녀가 노력의 대가를 얻게 될 때이며, 이 칭찬의 초점은 결과물보다 결과를 얻는 과정에 두어야 자신감 함양에 도움이 된다. 예를 들어 축구팀에서 축구를 한다면, 경기에 이겼다고, 또는 점수를 냈다고 칭찬하는 것보다 팀의 승리의 여부에 관계없이 열심히 노력한 것에 대한 칭찬을 해주는 것이 좋다. '칭찬은 고래도 춤추게 한다' 라는 말도 있지 아니한가!

♠ 칭찬하는 요령

1) 칭찬할 일이 생겼을 때는 즉시 칭찬하라.

2) 잘한 점을 구체적으로 칭찬하라.

3) 가능한 한 공개적으로 칭찬하라.

4) 거짓 없이 진실한 마음으로 칭찬하라.

5

10세 이후
아이들의
사례별 처방 및 대책

조울증 증상이 확실한 17살 딸을 둔 엄마입니다. 수면욕구가 없고 짜증과 공격적 행동, 판단력 감소, 충동적, 환상 환청, 과대사고 등의 증상이 있습니다. 미국에 온지 3년 됐는데 학교에서 왕따를 당했던 경험과 영어에 대한 공포, 그리고 경제적인 어려움과 엄한 부모님이라는 환경과 목사의 자녀라는 짐을 감당하기 어려워서 이런 병에 걸린 것 같습니다. 치료는 받고 있지만 큰 변화는 없고 무엇을 어떻게 해야 할지 막막합니다.

처방 및 대책

증상이 있는 것을 확인하고 치료에 임하고 있다면 일단 다행이라고 생각된다. 조울증의 필수적인 치료 방법 중 하나는 약물치료이다. 하지만 약물치료와 함께 가족상담치료와 개인상담치료가 병행된다면 치료가 훨씬 빠르고 효과적이다. 그리고 치료 받는 동안에도 가족과 본인 모두 견뎌내기가 훨씬 더 수월해진다.

특히 발병에 가까운 기간 동안은 약물치료와 가족상담치료, 그리고 개인상담치료를 병행하는 것이 거의 필수적이라 할 정도로 도움이 된다고 볼 수 있다.

Q

제 딸아이는 12살입니다. 딸아이의 문제는 만성적으로 거짓말을 한다는 것입니다. 자신의 실수나 잘못한 일에 대해 아무런 죄책감 없이 눈을 마주보며 초지일관 거짓을 말합니다. 주로 학교에서 숙제를 해오지 않아 주의를 듣거나, 수업시간에 떠들거나 하는 등의 제가 커버하지 못하는 학교 일에 관해서 미국에 온 이후로 2년 넘게 담임선생님께 같은 걱정을 듣고 있습니다. 매번 상담(세미나와 워크숍) 때가 되면 딸의 잘못이 드러나서 저는 배신감에 떨며 식음을 전폐하며 앓아눕곤 합니다. 물론 여러 가지 노력을 했습니다. 선생님과 알림장을 써서 연락을 하며 관리하는 동안은 일시적으로 나아졌는데, 그나마 알림장도 거짓으로 숙제를 줄여 쓰거나 하며 근본적으로 나아지지 않았음을 알게 되었고 상처를 받았습니다. 아이는 지능이 높은 편이고, 환경 덕분인지 3개 국어를 거의 완벽하게 구사합니다. 몇몇 악기를 잘 다루고, 전공해도 무방할 정도로 잘 다루는 악기도 있어 여러 선생님께서 재능이 있다고 합니다. 꾀를 부려 숙제를 안 해가니 성적은 좋지 않고, 선생님의 관찰도 좋지 않습니다. 부모로서 화도 내보고, 벌도 주고, 칭찬도 해보고, 별의 별 방법을 동원했습니다. 문제는 딸아이의 마인드인데, 열심히 사는 모습이 피곤하고 싫다는 것입니다. 힘들게 사는 것보다 즐겁게 사는 것이 본인 삶의 모토라 합니다. 어디서 실마리를 찾아야 할지 막막합니다.

처방 및 대책

이 아이는 아주 재능이 있고 머리가 좋은 경우인 것 같다. 현재 이 어머니의 걱정은 딸이 더 이상 부모의 지시를 따르지 않다는 것이며, 더 나아가서는 지금껏 부모의 머리 꼭대기에서 자신이 하고 싶은 대로 해왔다는 데 있다.

여기서 명확한 것은 지금껏 해오던 양육스타일은 자녀의 행동과 가치관을 잡아주는 역할을 제대로 해주지 못했고, 아직 판단력이 부족한 자녀가 마음대로 생활할 수 있도록 허락해 왔다는 것이다.

따라서 양육 방법에 대한 부모의 시각에 변화를 줄 필요가 있다. 만일 부모 두 분의 힘만으로 어렵다면 전문가에게 조언을 얻는 방법을 권한다. 현재의 상황이 계속해서 이어지면 앞으로 다가올 십대의 반항과 방황에서 부모의 조언과 지도가 훨씬 더 어려워질 수 있기 때문이다.

사례3 아빠 카드를 몰래 쓴 아이

Q

12살 된 딸의 엄마입니다. 활달하고 똑똑하고 엄마에게 잘 순종하는 딸입니다. 얼마 전부터 남편이 자기 은행카드에서 자기는 쓰지 않았는데 지난주부터 돈이 많이 모자란다고 얘기를 했어요. 그런데 어느 날 딸이 와서 "엄마 내가 어떤 얘기해도 엄마 많이 화내고 소리 지르지 마세요."라고 하면서 이야기를 꺼냈습니다. 딸아이가 아빠 카드를 꺼내서 자기가 하고 싶은 컴퓨터 게임을 한 거예요. 그런데 어떻게 애들이 하는 게임에서 그렇게 돈이 많이 나갈 수 있는지 정말 이해가 되지 않습니다. 울면서 잘못했다고 용서해달라고 하는데 어떻게 해야 할까요?

사실 아빠가 알코올중독이 있어 집안이 자주 시끄러운 편입니다. 아이 앞에서는 하지 말아야지 하지만 저도 그것을 참지 못하고 아이 앞에서 이성을 잃고 남편과 다툼으로써 아이도 여러 가지 스트레스가 생기지는 않았나 하는 생각이 듭니다.

하지만 지난 여러 주 동안이나 그렇게 우리한테 속이고 있었으면서도 어떻게 그렇게 아무렇지도 않은 얼굴로 우리를 대했을까 하는 생각을 하면 내 아이지만 정말 무섭습니다. 우리 아이가 게임을 좋아하기는 했지만 이 정도일 줄은 몰랐습니다. 어떻게 해야 할까요?

처방 및 대책

필자는 이런 상황을 위기이며 동시에 기회라고 본다. 딸과 관계를 재정립할 수 있는 기회이며, 또 미래를 새로이 설계할 수 있는 기회가 될 것이라고 생각하기 때문이다. 그러므로 부모는 절대로 흔들리면 안 된다. 아무리 큰일이 벌어져도, 아무리 자녀에게 배신감을 느끼더라도 자녀를 올바로 잡아줄 수 있고 동시에 부모에 대한 존경심을 얻어낼 수 있는 소중한 시기가 아닐까 한다.

천금을 잃더라도 자녀와의 관계를 회복하고 자녀에 대한 영향력을 얻을 수 있다면 이것보다 더 소중한 기회는 없을 것이다. 이미 돈은 없어졌지만 기회는 아직도 살아있다. 필요하다면 자녀와의 상담을 통해 이 기회를 적극적으로 활용하는 것이 어떨까 하는 생각이다.

자녀의 문제 행동은 우발적이든 계획적이든 가정 안에서 곪고 있던 문제를 표면으로 끌어내어 도움을 요청하는 자녀의 외침이다. 그렇기 때문에 단지 '아이를 고치는' 것으로는 궁극적인 문제 해소가 되지 않는 경우가 대부분이다. 부모가 스스로 해결하기 버겁나면 전문가의 도움을 얻는 것이 현명할 것이다.

Q

저희 아이는 14살 여자아이입니다. 평소 성격이 내성적이고 자신감이 없고 사회성도 떨어지는 아이인데요, 반면 자신이 관심 있어 하는 것엔 병적인 집착을 보이기도 하구요. 성적은 좋은 편인데 집중력은 상당히 떨어집니다. 가족에겐 상당히 극도로 흥분된 모습을 자주 보이는 편인데 남들 있는 곳에선 전혀 안 그래요.

2년 전에 저희 가족 문제로 이사를 했는데 전에 살던 곳과 환경이 많이 바뀌었습니다. 그 후로 아이가 자기 머리를 뽑기 시작했어요. 제발 그러지 말라고 애원도 해 보고 혼내기도 해보고 부탁도 했지만 소용이 없었어요.

이제 한창 외모에 신경 쓸 사춘기 나이의 여자아이가 지금 거의 듬성듬성한 머리로 있는 걸 보면 가슴이 찢어집니다. 이런 증상의 원인은 무엇인가요? 또 치료도 가능한지요? 치료를 해야 한다면 어느 병원을 가야 할까요? 아이는 무조건 펄쩍 뛰면서 병원을 거부하는데 어찌 해야 하나요?

처방 및 대책

아이의 증상으로 보아 발모벽(Trichotillomania)의 케이스로 생각된다. 발모벽에 관해서는 다음의 웹사이트(http://www.trich.org/)에 가면 많은 정보를 얻을 수 있다. 물론 치료가 가능하고 나아질 수 있다. 하지만 많은 노력이 필요하다.

어느 병원에서 어떤 약으로 치료를 할 것인지가 물론 중요하지만, 이 경우에는 전문 분야의 심리학 박사를 만나 심리치료를 약물치료와 병행하는 것이 꼭 필요하다. 지금 14세라면 한참 외모가 중요할 때이기 때문에 발모벽은 성격 자체 내의 자신감 배양과 사회성 정립에 꽤 큰 영향을 줄 수 있다. 그러므로 2년이나 방치를 했다면 서둘러 치료를 추진하기를 권한다.

Q

안녕하세요? 답답한 마음에 이리저리 찾다가 이곳을 발견하고 도움을 구합니다. 저희 딸이 이제 6학년이 됩니다. 어릴 때부터 항상 소심하고 조용한 아이였습니다.

어릴 때부터 손톱을 물어뜯고, 코에 이불이나 옷소매를 대고 냄새를 맡는 습관이 있습니다. 혼도 내보고 타일러도 봤지만 11살이 된 지금도 아직도 그러고 있습니다. 손톱을 못 뜯게 하면 입술을 질겅질겅 씹어 피가 나기도 합니다. 뭔가 불안증이 있는 거 같은데 뭔지 솔직히 모르겠습니다.

나쁜 버릇은 더해져서 이젠 자기 물건에 대한 집착도 심한 것 같고, 캔디 껍질까지 주머니에 넣어 집에 들고 들어오고, 그런 것 때문에 지저분해진 자기 방을 치우라 하면 잘 정리를 하는 게 아니라 여기저기 아무데나 다 쑤셔 넣어 놓습니다.

다른 사람 물건에 손을 대는 것도 같고, 자기가 하기 싫은 걸 모면하기 위해서 금방 들통 날 거짓말도 하고, 집중도 잘 못하고, 책을 읽으라고 하면 건성으로 읽고, 머릿속에 무슨 생각을 하는 건지 통 모르겠어요. 다른 애들과 잘 어울리지도 못하는 것 같고 스스로를 왕따 시키는 것 같고……

이런 것들이 지난 일 년 제가 일 때문에 바쁘다는 핑계로 애들을 방과 후 교실에 보내고 간섭하는 사람 없이 자기의 자유시간이 많아지면서 급변한 저희 딸의 실상인 것 같네요. 거기서 나쁜 말도 많이 배운 것 같구요. 연년생인 동생이 자기보다 똑똑한 것도 스트레스가 될 것도 같고요. 이제 머리가 조금 굵어졌다고 엄마의 말에 무조건 OK하고 받아들이던 시절은 지났고요. 여전히 혼내고 다독거리다가 답답한 마음에 이렇게 씁니다.

처방 및 대책

이 자녀의 경우는 선형적인 불안증(anxiety)의 모습을 보이고 있다. 그리고 연줄 끊어진 연처럼 부모의 자녀 관리와 관계 관리에서 문제가 생기는 것으로 보인다.

지금 11살이라면 앞으로 좀 더 안정된 사춘기를 위해 상담 전문가와의 치료를 권한다. 전문 상담 치료는 앞으로 많은 도움이 될 것인데 아이는 상담을 통해서 서서히 긍정적인 변화를 얻을 수 있고, 동시에 부모는 자녀와 대화하는 방법과 양육기술을 배우고 터득할 수 있게 된다.

주변에 가까운 아동전문 상담자나 임상심리학 박사를 찾아 문제가 더 심각해지기 전에 해결을 하도록 권한다.

Q

아이들이 인터넷 게임을 많이 하면, 의욕이 저하되나요? 집중력이 강한 막내가 요즘 하루도 안 빼고 인터넷 게임을 합니다. 공부할 때도 집중을 잘 해서 그런지 게임할 때도 그렇습니다. 학교 공부는 1등을 하는 아이라서 그냥 게임으로 스트레스 푸는 거려니 하고 그냥 지켜보고 있습니다.

그런데 요즘은 하루도 안 하면 안 되는 것처럼, 학교 다녀오면 컴퓨터부터 켭니다. 그만하라고 잔소리하면 몇 번을 "조금만 더, 이것만 끝내고……" 하면서 시간을 끌다가 마무리합니다. 이제 중학생인데, 이러다가 중독되는 거 아닌가 걱정이 됩니다.

잠도 늦게 자려고 하고(게임 때문은 아님), 피곤해 하고, 꼭 해야 할 일들을 전보다는 덜 신경 쓰는 거 같아 걱정이 돼서 문의 드립니다.

컴퓨터 게임(메일, 친구들과의 채팅 등등)이 한창 공부하는 아이들에게 주는 영향이 어떤지 알고 싶습니다. 또한 부모로서 해야 할 일, 도와야 할 일은 무엇인지 가르쳐 주세요. 감사합니다.

참고로, 사춘기에 접어드는 시기라 그런지는 모르겠지만, 웃음이 전보다 없어지고, 유머러스한 아이였는데, 요즘은 그 아이 웃는 거 보기 위해 제가 꽤 노력을 한답니다.

처방 및 대책

중독이 벌써 있거나 아니면 중독에 가까운 것으로 보인다. 인터넷이나 책을 통해 게임과 인터넷 중독에 대한 글을 읽어보고 참고하면 이해하는데 많은 도움이 될 것으로 생각이 된다.

자녀가 어릴 때는 부모가 취침시간과 기상시간 등을 정해주고 지키도록 지도를 하는 것이 도움이 된다. 다 알아서 잘하는 것 같지만 아무리 똑똑하고 성숙한 아이들이라 해도 역시 아이들에 불과하기 때문에 유혹이나 충동을 이겨내는 힘이 부족하기 마련이다. 그러므로 아이가 알아서 하리라 믿어주는 것도 좋지만 생활 규칙처럼 지켜야 할 것은 지키도록 부모가 도와주어야 한다.

사례7 입시 불안증이 있는 아이

이번에 아이비리그에 원서를 넣고 힘들어하는 고등학교 3학년의 아들에 대해 문의를 드립니다. 하루 3~4시간 자면서 준비해 아이비리그 대학에 원서를 넣고 기다렸는데 조기입학 프로그램에 합격이 되지 않아 아들이 무척 힘들어 하고 있습니다. 이 영향인지 이번 학기에 갑자기 성적이 내려갔습니다. 걱정된 나머지 아들에게 더 노력하라고 계속 밀어붙였더니 이제는 아이가 매사가 두렵고, 슬프고, 집중도 안 되고, 혼란스럽다고 호소합니다.

이제는 저녁만 되면 생각이 너무 많고 머리속이 복잡하다고 울면서 "왜 이렇게 사소한 것들이 나에게 상처를 주는지 모르겠다."고 합니다.

지금껏 가족이 옆에 붙어서 뭐든 같이 했고, 스스로 자랄 공간을 마련해 주지 못한 것이 후회가 됩니다. 약물치료가 필요한가요? 어떻게 하면 도와줄 수 있습니까?

처방 및 대책

미국에서 대학 입학을 목전에 두고 있는 학생들에겐 입학 통지서가 날아오는 1월에서 3월 사이가 가장 견디기 힘든 잔인한 기간이라고 한다. 학생으로 살아온 평생의 노력과 희망이 꿈꿔온 대로 이루어질 지 아니면 좌절의 경험과 함께 잔인한 현실과 타협해야 하는 상황에 이를 지가 판가름이 나는 때라고 볼 수 있다. 특히 자녀의 교육에 많은 시간적, 정신적인 부사를 하고 있는 한인 사회는 이런 긴장감이 매년 봄이면 다른 어느 커뮤니티보다도 더욱 고조된다. 항상 그래왔듯이 매해마다 점점 치열해지는 대입경쟁은 이런 입시불안증을 더욱 증폭 시키는 것이 사실이다.

얼마 전 미국 코네티컷 주의 퀴니피악(Quinnipiac) 대학의 입학사무 처장은 미디어와의 인터뷰에서 입학 원서가 한해 사이에 20% 이상 증가하고 있으며 이제는 1,350명의 정원을 채우기 위해 열 배가 넘는 15,000개 이상의 원서를 검토해야 하는 상황이라고 밝혔다. 코네티컷 대학(University of Connecticut)이나 예일 등의 대학들은 이제는 예전에 비해 두 배 이상의 원서를 받게 되며 이는 자그마치 10대 1 이상의 경쟁구도를 이루게 된다는 것을 의미한다.

페어필드(Fairfield) 대학의 입학사무처장인 케런 펠리그리노는 "요즘의 대입 준비생들과 가족들의 초조함은 예전보다 보기 드물게 극에 달해 있다."고 말하며 입학여부의 통지서가 학생의 학교생활에 큰 지장이 되지 않도록 하기 위해서, 그리고 주말 사이에 가족의 보살핌으로 회복되기를 바라는 뜻에서 주말 직전인 금요일에 입학 여부를 통보한다고 한다. 대다수의 학생들, 선생님들, 카운슬러들은 대입을 위한 이러한 절차가 학업에 파괴적인 지장을 줄 수 있으며 높은 레벨의 경쟁구도로 올라갈수록 자존심과 자존감의 충격과 상실로 다가올 수 있다고 주장한다.

이런 환경에서 학생과 가족은 극심한 불안감이나 초조함에 시달리게 되며 학생들은 불안함이 극에 달하여 두려움과 혼돈스러움으로 변하기 쉽다. 이러한 심리적인 고통은 기억력, 현실감 등에 영향을 주며 기운이 없거나, 두통, 근육통, 호흡곤란, 어지러움, 따가운 피부, 가만히 있지 못하는 불안함, 복통이나 가슴이 뻐근해지는 등의 신체적인 증상으로 나타나기도 한다.

이런 증상들이 일상생활에 지장을 줄 정도로 심해서 치료가 필요할 때는 약물치료, 심리치료 등을 병행할 수 있는데, 대부분의 경우 약물치료는 근본적인 원인에 대한 변화를 주지 못한다는 이유 때문에 심리치료가 보다 효과적이라는 것이 전문가들의 일반적인 견해다. 심리치료가 효과를 보기 위해서는 가족의 전폭적인 지원이 필요하고 환경과 상황에 변화를 주어야 하며 이미 불안함이 극도에 달해 있는 학생을 야단치거나 창피를 주는 등의 행동은 자제해야 한다.

문제의 증상을 보인다면 더욱 심한 정신적인 문제가 생기기 전에 단기간이라도 좋으니 전문의와 상담에 임하는 것이 필요하며 다음과 같은 방법으로 불안함을 조절해 줄 수 있다.

불안함을 감소시키는 가장 쉽고 효과적인 방법은 심호흡법을 배우고 연습하는 것이다. 심호흡은 불안함을 감소시켜주고 불안함이 공포증으로 치닫는 것을 막아주며 심신을 안정시켜 줄 수 있다. 또한 스트레스를 해소시켜 줄 수 있는 정기적이고 적당한 운동도 이런 문제를 해결해 주는데 큰 도움이 될 수 있다.

많은 부모는 이런 증상으로 힘들어 하고 있는 자녀에게 정신력이 나약하다며 다그치는 경우가 있는데 이것은 전혀 도움이 되지 않는다. 위기상황 모드에 있는 자녀는 아무리 정신력이 강인해도 전문인의 도움 없이는 인지적, 사고직 변화를 주기 어렵고 또한 현재의 가족의 비효과적인 지원방법에 변화를 주기 어렵다는 것을 부모는 기억해야 한다. 사랑스러운 자녀가 피와 땀을 흘린 노력의 대가는 어떤 모습이든 값진 것이며 이 모든 경험 속에서 더 많은 것들이 존재한다는 것을 상기시켜주는 것이야말로 올바른 가족의 모습일 것이다.

사례8 공부 안 하는 아이

크고 작은 문제들을 일으키며, 21세가 다 되가는 아들 문제입니다. 현재 4년제 대학에 간신히 다니고 있습니다. 3학년 올라갈 차례가 되었는데, 이제서야 정신이 드는지, 성적을 어떻게 하면 올릴 수 있을까 걱정하네요. 제가 보기엔 공부란 걸 스스로 해 본 적이 없고, 시험 때만 겨우 벼락치기 하면서 학교생활을 해 왔고, 책이란 건 전혀 안 읽었고 머리 하나로 지금까지 왔다고 볼 수 있지요. 부모들이 이런 방법, 저런 방법으로, 온갖 노력을 해 보고, 이젠 지쳐서 지금 학교 앞에서 사니까, 학교도 빠지고, 시간관리 뭐 엉망이겠죠. 아빠도 그냥 기다리자고 해서 여기까지 왔는데, 아마 성적은 C 되나 봅니다. 아이 적성은 이과이고, 이번에도 제일 잘한 과목이 물리인데 B더군요. 3학년 올라가려니 이제야 슬슬 전공 걱정도 되고 그런 것 같아요. 혹시 이 아이 같은 경우 어디 가서 어떻게 도움 받을 수 있을까요?

처방 및 대책

부모님의 사랑과 걱정이 보이는 글이다. 자녀의 상황이 그리 보기 드문 케이스가 아니며 한인 대학생들에게서 자주 보이는 모습이다. 대학에 가면서 자신을 위한 자기만의 목표가 없었기 때문에 대학생활과 함께 오는 자유로움에 점점 방황을 하게 되는 것이라고 생각된다. 자녀가 어렸을 때부터 목적의식을 불어 넣어주고 스스로 생각하는 법을 배우도록 '내버려 두는 것'도 어느 정도 도움이 된다.

일반적으로 이런 케이스에서 대학에서 점점 따라가지를 못해 졸업을 못하는 경우를 자주 보게 된다. 지금 단계에서는 스스로 깨닫고 깨어나 다시 공부를 할 마음을 다지게 되는 것이 필요하다. 그렇게 되기 위해서는 가끔은 학교에서 학사경고를 받거나 아예 학교에서 쫓겨나면서 다시 시작을 해야 하는 경우도 있다.

문제는 이런 때 부모로서 해줄 수 있는 것이 많지 않다는 것인데, 그렇다고 일방적인 잔소리 등은 학생 스스로 자신의 문제를 직시하고 이겨낼 수 있는 기회를 더욱 줄인다는 것을 부모가 이해해야 한다.

자녀의 성적이 물론 자신의 목적의식과 동기가 결여 되어 낮아질 수도 있지만, 우울증 등의 정신질환이나 마약이나 알코올 등의 약물 중독 등과도 연관이 있기 때문에 그런 가능성도 확실히 알아보는 것이 좋을 듯하다.

그리고 코칭은 많은 경우 도움이 되지만 단기간에 가시적인 발전을 보기 원한다면 부모님보다 학생 자신이 위급함을 느끼고 노력을 하는 과정이 함께 해야 한다. 그런 의미에서 부모님의 조바심은 사실은 큰 도움이 되지 않는다. 부모가 직접 문제를 해결하려고 하기보다는 자녀가 학교의 상담소를 이용하도록 유도하는 것도 도움이 될 수 있는 상황이라고 생각한다.

6

가정환경 문제의
상황별
대책 및 처방

사례1 재혼한 경우의 훈육

> 몇 년 전에 아이 아빠가 세상을 떠났고 저는 다시 재혼을 해서 아이를 낳았습니다. 그런데 큰아이가 눈치를 보는 것 같아서 마음이 아픕니다. 지금의 남편은 아이에게 잘해 주려고 상당히 노력하고 있습니다. 그러면서도 남편은 제가 아이를 불쌍하게 생각해서 과잉보호를 하고 있다고 말합니다. 남편이 조금이라도 큰아이를 혼내면 마음이 아프고 눈물이 나서 남편한테 하지 말라고 합니다. 그래서인지 아이는 아빠한테 조금이라도 혼나면 저부터 찾습니다. 제가 과잉보호를 하는 걸까요? 아이가 성격이 조용하고 울보라 걱정이 많이 됩니다.

처방 및 대책

이런 사례는 재혼한 경우에 흔히 일어나는 일이다. 과잉보호라고 하기보다는 엄마의 당연하고도 자연스러운 마음일 수밖에 없다. 하지만 아버지가 아이를 훈육하지 못하게 하면 가정의 설계가 비정상적으로 되며 부부 사이에도 틈이 생길 수밖에 없다.

자녀교육에 대해 객관적인 원칙을 정해두는 것이 필요하다. 이런 경우에는 좀 사소하다 싶을 정도로 구체적인 매뉴얼을 만들어두면 안쓰러운 감정에 휘둘리지 않고 올바른 훈육을 할 수 있을 것이다. 무엇보다 자녀의 미래를 위해서 온전한 가정이라는 울타리를 만들어 주는 것이 중요하기 때문이다.

양육의 의견 차이

저는 이제 만 2살, 4살이 되는 두 아들을 두었습니다. 제가 드리고 싶은 질문은 저와 제 남편과의 양육방식이 가끔 잘 맞지가 않는데 그 중에서도 제가 제일 걱정이 되는 것은 TV시청에 관한 겁니다. 저는 아이들 나이에 맞는 프로를 부모가 골라서 보여주어야 한다고 생각합니다. 그리고 되도록이면 같이 시청하면서 아이들이 질문하면 답해주고 제가 물어보기도 합니다. 자란 환경이 달라서인지 제 남편은 아이들에게 TV시청을 많이 시키는 편이고 아이들만 TV 앞에 앉혀놓는 경우도 많습니다. 그리고 가장 걱정이 되는 부분은 아이들에게 슈퍼 히어로 프로그램을 자주 보여준다는 것입니다. 예를 들어 아이언맨, 스파이더맨, 트랜스포머 등을 모두 섭렵했습니다. 그리고 거기에 나오는 장난감들도 다 사주어서 아이들이 요즘에는 그것만 가지고 놀면서 폭력적인 모습을 보이곤 합니다. 제가 우려했던 부분이지요. 남편에게 그런 프로는 아직 아이들에게 맞지 않는다고 아무리 이야기해도 오히려 제가 아빠와 아들과의 관계를 이해 못한다는 식으로 받아들입니다.

이런 프로를 이렇게 어린 나이에 접한다면 성격 형성에 악영향을 주지 않을까요? 저와 있을 때는 절대 볼 수 없고 아빠만 보여준다는 것을 아이들이 압니다. 그래서 제게는 절대 틀어달라고 떼를 쓰거나 하는 일은 없습니다. 단 아빠가 퇴근하고 돌아오면 아이들이 묻지 않아도 틀어준다는 거지요. 특히 잠자리에 들기 전의 시간이 아이들의 두뇌발달에 영향을 많이 미친다고 하는데 저는 정말 걱정이 많습니다.

처방 및 대책

자녀양육에서 가장 중요하고도 어려운 부분이 부모 사이의 의견차이라고 볼 수 있다. 그래서 부부 사이에 대화를 충분히 해서 의견을 일치시키는 것이 대단히 중요하다. 미디어의 폭력에 대한 노출도 물론 주의해야 하지만, 여기에 따른 자녀의 행동의 난폭 수위가 높아진다면 더욱 조절을 해줄 필요가 있다. 아버지의 마음을 십분 이해할 수 있으면서 어머니의 답답함도 잘 드러나는 질문이다.

많은 아이들은 이런 폭력물을 접해도 행동으로 나타나지 않는 경우가 많지만 예전에 놀이거리가 없어 이런 만화밖에 없던 때와는 틀려서 이제는 더욱 자극적이고도 흥미로운 학습요소가 첨가된 다양한 취미를 찾을 수 있다.

전문가로서의 의견은 어머니와 아버지가 서로 충분한 시간을 갖고 대화를 해야 한다는 것이다. 일방적이지 않은, 그리고 어느 정도 서로의 의견을 수용하는 차원에서 서로 합의점을 찾는 것이 좋다.

이제는 TV나 게임기보다는 어린 자녀에게도 전용 컴퓨터를 설치해 주고 학습과 놀이를 함께 섞어 놓은 학습용 게임을 하도록 하는 것이 좋은 방법이라고 생각한다. 예를 들어 pbskids.org나 starfall.com은 2살 남짓의 소아들도 놀이를 통한 학습을 즐길 수 있도록 유도 해준다. 이런 에듀테인먼트(Education:학습 + Entertainment:놀이)는 어린 나이의 자녀에게 놀이의 가치관을 올바로 세워줌으로써 성장기에 중독성이 많은 게임들로부터 지배받지 않도록 도울 수 있다.

Q

저는 이제 초등학교 2학년에 다니는 8살짜리 남자아이를 키우는 엄마입니다.

아이가 아주 어려서부터 남편과 사이가 안 좋아서 제가 아이한테 아주 많이 집착을 하는 편이었습니다. 지난봄에 처음으로 아이를 떼어놓고 혼자 어디에 갈 일이 생겼습니다. 여러 가지로 알아볼 일이 있어서 일을 보다가 갑자기 눈물이 났습니다. 엄마 없이 있을 아이 걱정이 아니라 문득 '아이 없이 어떻게 혼자 있나!'하는 생각이 들면서 언젠가 혼자 남게 될 제 걱정에 그렇게 되더라구요. 그 이후에 '내가 좀 잘못 됐구나!' 하는 생각이 처음으로 들었어요. 아이와 지금까지 같이 자구요. 5살까진 정말 24시간 붙어 있었어요. 학교 들어가서부터는 학교에 가 있는 시간만 떨어져 있는 셈이구요.

아무튼 이런 와중에 제게 아기가 생겼습니다. 7개월 후에 아이가 태어나면 어떻게 될지 걱정입니다. 동생이 생길 거라고 얘길 해줬더니 아들은 속상하다며 울었습니다.

임신 전까지 몇 년 전부터 계속 제가 갑상선 질환과 우울증 때문에 약을 먹고 있었던 것까지 모든 게 불안하게 느껴집니다.

처방 및 대책

아들과의 이런 '특별한' 관계는 아마도 현재의 불안한 상황, 어머니의 아동기와 성장기 때의 환경 및 특정사건들과 연관이 있을 것 같은 생각이 든다. 지금 상황뿐만 아니라 어떤 경우라도 어머니의 '집착'은 자녀에게 득이 되지 않을 것이고, 대체로 자녀에게 여러 가지 심각한 해를 입히게 된다. 그러므로 어머니의 필요를 떠나 자녀를 위해 노력을 시작해야 할 때이다.

어머니는 어려움을 대할 때 의연해야 하고 상황에 굽히지 않아야 한다. 그래야 자녀는 안심하고 밤에 잠을 편히 잘 수 있다.

이 경우에는 가능하면 어머니가 전문가와의 상담을 통해서 변화를 꾀하는 것이 가장 빠르고 바람직한 처신법이라고 생각한다. 특히 이 어머니의 경우에는 심각한 산후우울증이 나타날 가능성이 많기 때문에 미리 그에 대처하기 위해서, 그리고 앞으로 태어날 자녀의 올바른 양육을 위해서 전문 상담자를 찾아보기를 권한다.

Q

큰 아들이 3학년이 되는 지금, 아빠가 심장마비로 세상을 떠난 지 3년이 되어 갑니다. 아들은 먹는 것에 너무 예민하고 지금도 손톱 발톱을 깨무는 버릇이 있습니다. 그리고 학교 숙제를 잘 못해 갑니다. 1학년 때 집중력 테스트를 해봤지만 ADHD는 아닌 것으로 판명이 났고 그냥 용기를 북돋워주고 자신감을 심어주라는 조언으로 상담한 적이 있습니다. 선생님 말로는 숙제를 너무 싱겁게 1학년 수준처럼 대충 해오고 숙제의 중요성을 잘 모르는 것 같다고 합니다. 그런 반면 둘째 아이인 딸은 키도 오빠보다 크고 먹는 욕심도 많고 공부도 우수합니다. 이렇게 차이가 큰 두 아이 사이에서 늘 힘들어하고 욕구불만인 아들을 어떻게 대하며 키워야 하는지 혼자인 저로서 힘이 듭니다. 이제 조금 있으면 방황하는 십대로 들어갈 큰 아들에게 홀엄마인 제가 어떻게 키워나가야 하는지 지혜를 구합니다. 딸아이는 제게 마음을 잘 여는 편이지만 아들은 너무 외로워하는 것 같습니다. 아들에게 어떻게 해 나가야 하는 건지, 그리고 늘 공부와 숙제를 어려워하는 아들을 어떻게 해야 학교에 취미를 붙이고 알아서 혼자 할 수 있게끔 할 수 있는지 궁금합니다.

처방 및 대책

자녀가 어릴 때 부모를 잃는 것은 자녀에게 굉장히 큰 상실감과 함께 커다란 상처를 남긴다. 이렇게 충격적인 사건을 겪을 때, 남자아이와 여자아이는 일반적으로 다르게 그 모습이 나타나게 되는 것을 흔히 보게 된다. 딸은 나이에 맞지 않게 성숙해지는 경우가 많고 아들은 더 어려지는 것처럼 충동적인 행동이 나타나고 학교생활이라든지 대인관계에 있어 징애로 나타날 수가 있다.

상황을 고려해 볼 때 아들의 경우 소아우울증이 있을 가능성이 농후하기 때문에 상담전문인을 만나 전문적인 심리치료를 하는 것이 큰 도움이 될 수 있을 것이라고 생각된다.

만약 어머니가 판단하기에 그렇게까지 심각한 정도는 아니고 단순히 자녀의 의욕이 저하되었다고 느낀다면 자녀가 좋아하는 것이 무엇인지(인터넷, 게임, 친구와 시간보내기 등) 파악하고 상을 위주로 한 양육 시스템을 이용하면 서서히 행동교정으로 이어질 수 있을 것이라 생각된다. 종교나 운동이 힘든 마음에 활력소가 되고 생활의 집중력을 키우는데 큰 도움이 될 수도 있다.

보호자가 자주 바뀐 아이

Q

11살 딸을 둔 엄마입니다. 저희 부부가 별거하게 되면서부터 저는 혼자 살고 있고, 아빠는 사건의 주인공인 여성과 살고, 아이는 한동안 고모와, 한동안은 돌봐주시는 아주머니와, 한 동안은 돌봐주는 교회 20대 언니와, 한동안은 할머니와 지내고, 현재는 20대의 사촌언니와 지내고 있는데, 아빠가 그 여자와 헤어졌다며 지금 잠시 아빠에게 와있답니다.

저는 아이를 생각해서 아직 이혼 안 해준 상태로 지금껏 기다리다 보니 결과적으로는 아이를 완전히 방치해서 망쳐버린 꼴이 되어버렸습니다. 사춘기가 시작되니 아이는 엄마도 아빠도 거부하고 혼자 살고 싶답니다. 공부도 손 놓고 아무것도 안 할 거라고 신경 쓰지 말아달래서 걱정이 태산이었는데, 두어 달 전에는 갑자기 전화해서 하고 싶은 것이 생겼다며 애니메이션을 공부하겠다고 해서 격려해주고 축하해주며 무어든 응원하고 지원할 테니 시도해보라고 너무 기뻐했는데, 잠깐 하는가 싶더니 엊그젠 전화 와서 하는 말이 기타를 배울 거라고 하는데요.

혹시 엇나가는 건 아닌지 걱정입니다. 하고 싶은 욕구와 의지가 생겼다는 것이 대견하지만, 그냥 하고 싶은 대로 다 시켜주어야 할까요? 또 하다가 그만두면 그대로 받아들이고 놔둬야 하는지요?

처방 및 대책

답답하고 안타까운 어머니의 심정이 느껴진다. 이 상황에서 제일 이해하기 어려운 것은 왜 어머니가 따님을, 그렇게 거주지를 옮기며 보호자를 수없이 바꾸면서 살도록 방치를 했느냐 하는 것이다. 나름대로 힘든 사정이 있었을 것으로 생각되지만 아무래도 아쉬운 부분이다. 지금 이 아이의 경우는 공부나 미래의 진로를 걱정할 것이 아니라 정신적인 그리고 감정적인 치유를 먼저 해야 할 것이다.

지금은 아이의 반항적인 모습만 눈에 보이지만 아이의 마음 속 깊은 곳에는 분노, 배반감, 불안정함, 버림받은 상처와 그것에 대한 만성적인 불안 등 상처가 아주 깊을 것으로 판단된다.

다행히도 자녀가 어떤 것에 대한 관심을 보이고 노력하고 싶어 하는 모습은 어머니의 생각대로 바람직한 점이라고 생각된다. 그렇지만 어머니가 질문한 것처럼 자녀가 해달라는 대로 다 해줄 거냐 말 거냐가 중요한 것이 아니라 지금은 자녀가 상담전문인을 통해 도움을 받도록 노력해 주는 것이 큰 도움이 될 것으로 생각된다.

어린 나이에 겪은 이런 문제들 때문에 자해나 거식증, 우울증이나 양극성 장애 등의 심각한 문제로 연결되지 않도록 지금이라도 정신적인 그리고 감정적인 치유를 먼저 시작해야 할 것이다.

자녀와 상담치료에 대한 대화를 해보고 상담에 임하는 조건으로 기타를 배울 수 있도록 유도하는 것도 좋은 방법이라고 생각한다.

어린시절의 상처를 가진 부모의 경우

> 어렸을 때 부모님의 차별과 언어 폭행을 많이 받으면서 자랐습니다. 그래서 아직도 치유되지 못한 상처가 많은데 때때로 힘들고 화가 나면 스스로에게서 제 어머니의 모습을 보곤 해서 혹여 제가 아이에게 상처를 주게 될까 두렵습니다. 또 불행히도 전 아동 성폭행 피해자(11살)이기까지 해서 제 딸아이를 키우는 게 여간 두렵지 않습니다.
>
> 제 딸은 지금 2살 반입니다. 어떤 식으로 아이에게 미리 교육을 시키는 게 좋을까요? 또 저 역시 어떻게 해야 저의 부모님의 전철을 밟지 않을까요? 나름 자기반성도 많이 하고, 노력도 많이 하고 책도 많이 봅니다만 저 역시 사람인지라 화가 나면 아이 앞에서 아이 아빠랑 소리 지르고 싸우기도 합니다. 그럴 때마다 불안해하는 아이를 보면 하지 말아야지 하는데 잘 안 됩니다.

처방 및 대책

성폭행의 경우, 가해자 중 거의 70%가 피해자였다는 것이 조사 결과 밝혀졌다. 이것은 언어 폭력이나 신체적 가해, 그리고 정서적 폭행에 대한 결과도 비슷하다고 믿어지고 있다.

예전엔 아동 학대에 대한 개념이 많이 부족했던 것이 현실이어서 알게 모르게 많은 아이들이 부모의 적절하고 올바른 보호를 받지 못하고 폭행의 피해자가 되어 왔다.

상처가 깊으실 텐데도 불구하고 자신의 상처를 잘 극복하고, 그런 상처를 가지고 살아간다는 것이 얼마나 고통스러운 일인지 잘 이해하는 모습에 마음이 놓인다. 그런 이해와 통찰력은 그런 전철을 다시 밟지 않을 수 있도록 커다란 힘이 되어줄 수 있다.

자녀 앞에서 부부싸움을 하는 부모들은 그런 행동이 아이의 연약한 마음에 얼마나 깊은 채찍 자국을 남기는지 잘 모른다. 일반적으로 대부분의 아이들은 정서적으로 견고해서 그런 상처를 잘 견뎌내고 정상적으로 자라나지만 일부의 아이들은 아동기에 또는 성인이 되어 자아기능 이상, 급성 불안, 대인 관계 장애, 충동 조절 문제, 자아개념 문제, 자학적 또는 파괴적 행동, 사회 적응 문제, 중추신경계 장애 등 많은 어려움을 겪을 수 있다.

프로이드는 오래전 받은 상처를 지니고 있는 사람은 무의식적으로 과거의 상황을 자주 재연하면서 자신을 치유하려고 한다는 반복강박(Repetition Compulsion)을 주장했다. 예를 들면, 부모가 자신이 어릴 때 싸우며 상처를 주던 상황을 삶 속에서 자기도 모르게 반복적으로 연출하게 될 수도 있다는 것이다. 물론 정신적인 상처에서 오는 자가치유를 위한 모습이지만 자녀에게는 큰 어려움이 될 수 있다.

자녀가 2살 반이면 너무나 사랑스러울 때다. 한없이 사랑해주고 보호해 주는 어머니가 되시길 바란다.

아이들의 정서지능을 높이는 존 가트맨의 감정코칭 5단계

■ 1단계 : 아이의 감정 인식하기

감정코칭은 아무 때나 하는 것이 아니다. 아이가 감정을 보일 때 하는 것이다. 그렇게 하려면 아이의 감정을 잘 인지하고 포착해야 한다. 아이의 감정을 제대로 읽는 것이 중요하다는 얘기다. 아이의 행동에 숨은 감정을 잘 포착해야 한다. 아이가 문을 쾅 닫고 방에 들어간다거나 갑자기 말이 없어지는 등의 행동에 숨은 의미를 읽어낼 수 있어야 한다.

■ 2단계 : 감정적 순간을 좋은 기회로 삼기

'화가 났구나!' '짜증이 났구나!' '억울하구나!' 하고 아이의 감정을 알아차렸다면 감정코칭을 할 것인지 그냥 넘어갈 것인지 선택한다. 자녀가 강한 감정을 보일 때가 감정코칭을 하기 좋은 때이다. 예를 들어 키우던 강아지가 죽었거나 동생과 크게 싸웠다든지 하는 일이 일어났을 때 부모가 아이의 감정을 수용하고 공감해주면 단단한 애착을 형성할 수 있다.

■ 3단계 : 아이의 감정 공감하고 경청하기

아이가 감정을 보일 때 잘 들어주고 공감해주는 단계이다. 아이 스스로 자기 감정을 들여다보고 이야기할 수 있도록 해야 한다. 만약 아이가 "오늘 나 학교 가기 싫어!"라고 말하면 대부분의 부모는 "왜?"라고 묻는다. 감정코칭법에서는 이럴 때 "네가 학교에 가고 싶지 않구나!"라고 아이의 마음을 받아줘야 한다고 말한다. 그다음에 왜 그렇게 생각하는지 우회적으로 물어보면서 아이와의 대화를 끌어가는 것이 요령이다.

■ 4단계 : 아이의 감정을 표현하도록 도와주기

감정은 여러 가지 색깔이 있다. 화가 나더라도 열등감으로 화가 날 수 있고, 자만심이나 경쟁심 때문에 결과가 좋지 않아 화가 날 수도 있다. 따라서 이런 감정들에 대해 정확하게 이름을 붙여주는 작업이 필요하다. 만약 자기가 어떤 감정을 느끼는데 어떤 감정인지 잘 모른다면 현명하게 대처할 수 없다. 가능한 한 아이가 스스로 자기 감정을 표현할 단어를 찾도록 부모가 돕는 것이 좋다.

■ 5단계 : 아이 스스로 문제를 해결할 수 있도록 하기

자녀의 감정을 읽어주고 공감하고 감정에 이름을 붙였다면 마지막 단계에서는 함께 문제를 해결하자. 마지막 단계는 한계 정하기, 목표 확인하기, 해결책 찾아보기, 해결책 검토하기 등 아이가 스스로 해결책을 선택하도록 돕기로 구성되어 있다. 감정을 받아줘야 하지만 행동까지 다 받아줘선 안 된다. 예를 들어 동생이 소중한 책을 찢어버려서 화가 났더라도 화난 감정은 수용하되 동생을 때리는 행동을 허용해서는 안 된다.